IT新时代教育
编著

Excel高效办公
应用与技巧大全

中国水利水电出版社
www.waterpub.com.cn
·北京·

内 容 提 要

　　Excel 是微软公司开发的 Office 办公软件中的电子表格软件，它具有强大的数据统计与分析功能，被广泛地应用于日常工作中，尤其对市场销售、财务会计、人力资源、行政文秘等相关岗位来说，更是必不可少的得力助手。本书系统、全面地讲解了 Excel 在日常办公中的应用技巧。在内容安排上，本书最大的特点就是在指导读者做到"会用"的基础上，重在传教如何"用好" Excel 来进行高效办公。

　　《Excel 高效办公应用与技巧大全》共分为 17 章，内容包括 Excel 的基本操作与设置技巧，工作簿与工作表的管理技巧，表格数据的录入与编辑技巧，工作表的格式设置技巧，公式的应用技巧，函数（常用函数、财务函数、数学函数、日期与时间函数、文本函数、逻辑函数、统计函数、查找函数等）的应用技巧，数据和排序与筛选应用技巧，数据分析、预测与汇总技巧，使用图表分析数据的技巧，数据透视表与数据透视图的应用技巧，宏与 VBA 的使用技巧，以及 Excel 页面设置与打印技巧。

　　本书内容系统全面，案例丰富，可操作性强。全书结合微软 Excel 常用版本（如 Excel 2007、2010、2013、2016），以技巧罗列的形式进行编写，非常适合读者阅读与查询使用，是不可多得的职场办公必备案头工具书。

　　本书非常适合读者自学使用，尤其适合对 Excel 软件使用技巧缺少经验的读者学习使用，也可以作为大、中专职业院校计算机相关专业的教学参考用书。

图书在版编目(CIP)数据

Excel高效办公应用与技巧大全：即用即查　实战精粹 /
IT新时代教育编著. —北京：中国水利水电出版社，2018.9（2023.3 重印）

　　ISBN 978-7-5170-6670-5

　　Ⅰ.①E… 　Ⅱ.①I… 　Ⅲ.①表处理软件 　Ⅳ.①TP391.13

中国版本图书馆CIP数据核字(2018)第171330号

丛 书 名	即用即查　实战精粹
书 　　名	Excel 高效办公应用与技巧大全 Excel GAOXIAO BANGONG YINGYONG YU JIQIAO DAQUAN
作 　　者	IT 新时代教育 编著
出版发行	中国水利水电出版社 （北京市海淀区玉渊潭南路 1 号 D 座　100038） 网址：www.waterpub.com.cn E-mail：zhiboshangshu@163.com 电话：（010）62572966-2205/2266/2201（营销中心）
经 　　售	北京科水图书销售有限公司 电话：（010）68545874、63202643 全国各地新华书店和相关出版物销售网点
排 　　版	北京智博尚书文化传媒有限公司
印 　　刷	三河市龙大印装有限公司
规 　　格	185mm×260mm　16 开本　22.75 印张　587 千字
版 　　次	2018 年 9 月第 1 版　2023 年 3 月第 12 次印刷
印 　　数	83001—86000 册
定 　　价	69.80 元

凡购买我社图书，如有缺页、倒页、脱页的，本社营销中心负责调换

PREFACE

前　言

➡ 你知道吗

在工作中，是否经常面对如下问题：

- 工作任务堆积如山，别人使用 Excel 工作很高效、很专业，我怎么不行？

- 使用 Excel 处理数据时，总是遇到这样那样的问题，百度搜索多遍，依然找不到需要的答案，怎么办？

- 想成为 Excel 办公高手，要把数据处理与分析工作及时、高效地做好，却不懂一些 Excel 办公技巧，怎么办？

- 工作方法有讲究，提高效率有捷径。通过对本书的学习，了解一些 Excel 办公技巧，可以让你在工作中节省很多时间，解除你工作中的烦恼，让你少走许多弯路！

➡ 本书内容

本书适合有一定 Excel 基础的学员，目的在于帮助职场人士进一步提高活用、巧用 Excel 的能力，高效解决工作中的制表、数据处理与分析等难题，真正实现早做完不加班！

全书共分为 17 章，内容包括 Excel 的基本操作与设置技巧，工作簿与工作表的管理技巧，表格数据的录入与编辑技巧，工作表的格式设置技巧，公式的应用技巧，函数（常用函数、财务函数、数学函数、时间函数、逻辑函数、统计函数等）的应用技巧，数据的排序与筛选技巧，数据分析、预测与汇总，使用图表分析数据的技巧，数据透视表与数据透视图的应用技巧，宏与 VBA 的应用技巧，以及 Excel 页面设置与打印技巧。

本书内容系统全面，案例丰富，可操作性强。全书结合微软 Excel 常用版本（如 Excel 2007、2010、2013、2016），以技巧罗列的形式进行编写，非常适合读者阅读与查询使用，是不可多得的职场办公必备案头工具书。

通过本书的学习，你将由"菜鸟"变为"高手"。以前，你只会简单地运用 Excel 软件，现在，你可以：

√ 5 分钟制作专业报表，灵活录入、编辑各类数据，合理打印设置文件；

√ 使用公式函数解决实际问题，对于数学函数、财务函数及其他常用函数，都应用自如；

√ 使用 Excel 排序与筛选功能分析简单问题，使用数据透视表、图表分析复杂问题。

➡ 本书特色

花一本书的钱，买到的不仅仅是一本书，而是一套超值的综合学习套餐，内容包括：图书 + 同步学习素材 + 同步视频教程 + 办公模板 +《电脑入门必备技能手册》电子书 +Office 快速入门视频教程 +《Office 办公应用快捷键速查表》电子书。多维度学习套餐，真正超值实用！

❶ 同步视频教程。配有与书同步的高质量、超清晰的多媒体视频教程，时长达 12 小时，扫描书中二维码，即可使用手机同步学习。

❷ 同步学习素材。提供了书中所有案例的素材文件，方便读者跟着书中讲解同步练习操作。

❸ 赠送：1000 个 Office 商务办公模板文件，包括 Word 模板、Excel 模板、PPT 模板文件，拿来即用，不用再去花时间与精力搜集整理。

❹ 赠送：《电脑入门必备技能手册》电子书，即使不懂计算机，也可以通过本手册的学习，掌握计算机入门技能，更好地学习 Office 办公应用技能。

❺ 赠送：3 小时的 Office 快速入门视频教程，即使一点基础都没有，也不用担心学不会，学完此视频就能快速入门。

❻ 赠送：《Office 办公应用快捷键速查表》电子书，快速提高办公效率。

➡ 温馨提示

上面的学习资源可以通过以下步骤来获取。

	第 1 步：对准此二维码【扫一扫】➔ 点击【关注公众号】
	第 2 步：进入公众账号主页面，点击左下角的【键盘⌨】图标 ➔ 在右侧输入 "hte2349k" ➔ 点击【发送】按钮，即可获取对应学习资料的 "下载网址" 及 "下载密码"
	第 3 步：在计算机中打开浏览器窗口 ➔ 在【地址栏】中输入上一步获取的 "下载网址"，并打开网站，提示输入密码，输入上一步获取的 "下载密码"，单击【提取】按钮
	第 4 步：进入下载页面，单击书名后面的【下载⬇】按钮，即可将学习资源包下载到计算机中。若提示是选择【高速下载】，还是【普通下载】，请选择【普通下载】
	第 5 步：下载完成后，有些资料若是压缩包，请通过解压软件（如 WinRAR、7-zip 等）进行解压即可使用

➡ 读者对象

- 有一点 Excel 的基础知识，但无法高效应用 Excel 的职场人士。
- 想快速拥有一门高效办公的核心技能，找到好工作的毕业生。
- 需要提高办公技能的行政、文秘人员。
- 需要精通 Excel 的人力资源、销售和财会等人员。

本书由 IT 新时代教育策划并组织编写。全书由一线办公专家和多位 MVP（微软全球最有价值专家）教师合作编写，他们具有丰富的 Office 软件应用技巧和办公实战经验，对于他们的辛苦付出在此表示衷心的感谢！同时，由于计算机技术发展非常迅速，书中疏漏和不足之处在所难免，敬请广大读者及专家指正。

读者学习交流 QQ 群：744564267

Contents 目录

Excel 高效办公应用与技巧大全

—— 第 **3** 章 ——
表格数据的录入技巧

—— 第 **4** 章 ——
表格数据的快速编辑技巧

Contents 目录

第7章
函数的基本应用技巧

第8章
财务函数的应用技巧

Contents 目录

─── 第 **9** 章 ───

文本函数、逻辑函数、时间函数的应用技巧

第 10 章

数学函数的应用技巧

Contents 目录

第 13 章
数据分析、预测与汇总技巧

第 14 章
使用图表分析数据的技巧

Contents 目录

第1章
Excel 的基础操作技巧

　　Excel 是 Microsoft Office 软件中的一个重要组件，也是目前办公领域普及范围比较广的数据分析、处理软件。本章将讲解如何对 Excel 环境进行优化设置，以便在办公时使用 Excel 提高工作效率。

　　先来看看下面一些日常办公中的常见问题，你是否会处理或已掌握。

【√】制作工作表时经常使用的功能按钮在不同的选项卡中，你知道怎样把常用按钮添加到新建选项卡中，避免频繁切换选项卡吗？

【√】每次保存工作簿都要选择复杂的保存路径，你知道如何更改 Excel 的默认保存路径吗？

【√】每次新建工作簿都要将默认的等线字体更改为宋体，你知道怎样将宋体设置为默认字体吗？

【√】Excel 2016 新建的工作簿只有 1 张工作表，如何将默认的工作表数量设置为 5 张？

【√】在对比工作簿中的两个工作表时，频繁切换效率较低，你知道怎样并排查看同一工作簿中的两个工作表吗？

【√】在查看表格数据时，为了向下翻页之后也能看到表格标题，你知道该如何操作吗？

　　希望通过本章内容的学习，能帮助你解决以上问题，并学会 Excel 更多的工作环境和窗口设置技巧。

1.1 优化 Excel 的工作环境

使用 Excel 进行工作前，可以根据自己的使用习惯和工作需求，对其工作界面进行设置，如在快速访问工具栏中添加常用工具按钮、设置窗口颜色等。

001 在快速访问工具栏中添加常用工具按钮

适用版本	实用指数
Excel 2007、2010、2013、2016	★★★★☆

使用说明

使用 Excel 进行工作时，为了提高工作效率，可以将常用的一些操作按钮添加到快速访问工具栏中。

解决方法

例如，要在快速访问工具栏中添加【新建】按钮，具体操作方法如下。

第1步 ❶单击快速访问工具栏右侧的下拉按钮；❷在弹出的下拉菜单中单击【新建】命令，如下图所示。

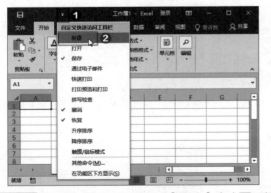

第2步 操作完成后，即可看到【新建】命令□已经添加到快速访问工具栏，如下图所示。

温馨提示

在快速访问工具栏的下拉菜单中，前面打勾的命令表示该工具按钮已经出现在状态栏中，未打勾的表示尚未在状态栏中显示。可以单击该菜单中的命令来显示或隐藏该工具按钮。

002 将常用命令按钮添加到快速访问工具栏

适用版本	实用指数
Excel 2007、2010、2013、2016	★★★★☆

使用说明

在 Excel 中，还可以将不在快速访问工具列表中显示，但又比较常用的工具按钮添加到快速访问工具栏中。

解决方法

例如，将功能区中的【插入函数】按钮添加到快速访问工具栏中，具体操作方法如下。

第1步 单击【文件】命令，在打开的【文件】选项卡中单击【选项】命令，如下图所示。

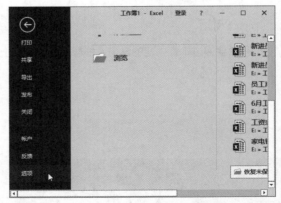

第2步 ❶打开【Excel 选项】对话框，在对话框的左侧选择【快速访问工具栏】选项卡；❷在右侧【从下列位置选择命令】列表中选择类型，如【常用命令】；

❸在命令列表中单击选择要添加的命令，如【插入函数】；❹单击【添加】按钮，即可将选择的按钮添加到右侧的列表中；❺单击【确定】按钮，如下图所示。

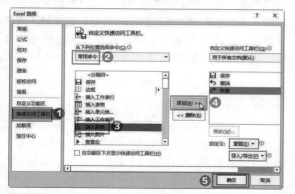

第 3 步 操作完成后，即可看到【插入函数】命令 f_x 已经添加到快速访问工具栏，如下图所示。

003	在工具栏添加新的选项卡

适用版本	实用指数	
Excel 2007、2010、2013、2016	★★★☆☆	

使用说明

　　在使用 Excel 时，可以将常用命令添加至一个新的选项卡中，在操作时免去了频繁切换选项卡的操作，提高工作效率。

解决方法

　　例如，要在工具栏中添加一个名为【常用命令】的选项卡，具体操作方法如下。

第 1 步 ❶使用前面所学的方法打开【Excel 选项】对话框，在对话框左侧选择【自定义功能区】选项卡；

❷在对话框右侧单击【新建选项卡】按钮，如下图所示。

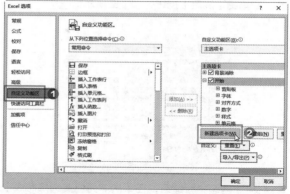

第 2 步 ❶选中【新建选项卡（自定义）】选项；❷单击【重命名】按钮，如下图所示。

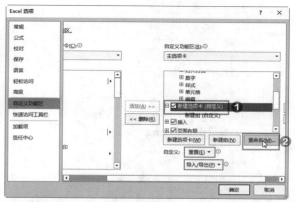

第 3 步 ❶在弹出的【重命名】对话框中的【显示名称】文本框中输入新选项卡名称，如常用命令；❷单击【确定】按钮，如下图所示。

第 4 步 ❶返回【Excel 选项】对话框，选中【新建组（自定义）】选项；❷单击【重命名】按钮，如下图所示。

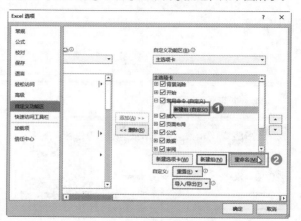

第5步 ❶在弹出的【重命名】对话框中设置组的名称；❷单击【确定】按钮，如下图所示。

第6步 ❶选中新建组，在【从下列位置选择命令】列表中选择需要添加的命令；❷单击【添加】按钮将其添加到新建组中；❸添加完成后单击【确定】按钮，如下图所示。

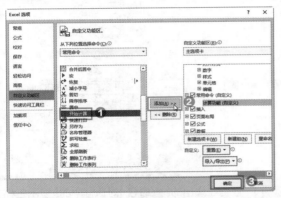

第7步 操作完成后，返回到工作表中即可看到新建选项卡，如下图所示。

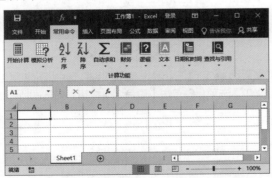

| 004 快速显示或隐藏功能区 |

适用版本	实用指数	
Excel 2007、2010、2013、2016	★★★★☆	

使用说明

在录入或者查看文件内容时，如果想在有限的窗口界面中显示更多的文件内容，可以将功能区进行隐藏。在需要应用功能区的相关命令或选项时，再将其显示。对功能区隐藏的操作并不会完全隐藏功能区，实际上是将功能区最小化后只显示出选项卡的部分。

解决方法

如果要显示和隐藏功能区，具体操作方法如下。

第1步 ❶在功能区的任意位置处单击鼠标右键；❷在打开的快捷菜单中选择【折叠功能区】命令，如下图所示。

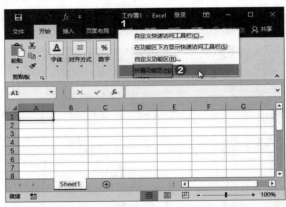

第2步 ❶如果要显示功能区，可以在选项卡上单击鼠标右键；❷在打开的快捷菜单中再次选择【折叠功能区】命令使其前方的【√】标记消失，如下图所示。

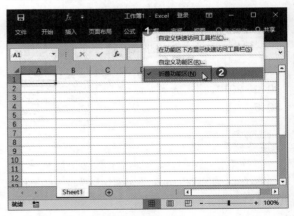

知识拓展

单击窗口右上角的【最小化功能区】按钮 ∧，可以快速隐藏功能区。

005 将功能区同步到其他计算机

适用版本	实用指数
Excel 2007、2010、2013、2016	★★★☆☆

使用说明

为了提高工作效率，用户往往会将一些常用的命令添加到快速访问工具栏或功能区中，但当在其他计算机上工作或重新安装 Office 软件时，就得再次添加相关命令。为了不再这么繁琐，可以将自定义设置的配置文件导出，然后执行导入操作，以便获得相同的界面环境。

解决方法

例如，要在其他计算机上使用相同的功能区和快速访问工具栏，导出／导入自定义设置文件的具体操作方法如下。

第1步 ❶打开【Excel 选项】对话框，切换到【自定义功能区】选项卡；❷单击【导入／导出】按钮；❸在弹出的下拉列表中单击【导出所有自定义设置】，如下图所示。

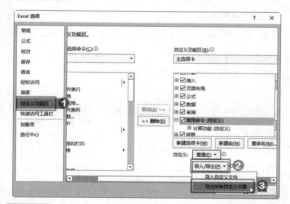

第2步 ❶在弹出的【保存文件】对话框中设置保存路径和文件名；❷单击【保存】按钮，如下图所示。

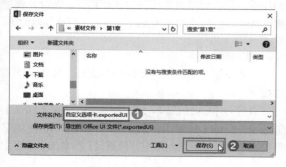

第3步 ❶将导出的自定义文件复制到其他计算机，打开【Excel 选项】对话框，切换到【自定义功能区】选项卡；❷单击【导入／导出】按钮；❸在弹出的下拉列表中单击【导入自定义文件】，如下图所示。

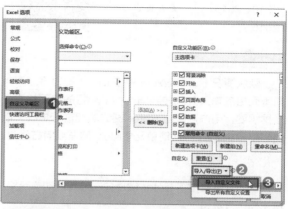

第4步 ❶在弹出的【打开】对话框中选择自定义配置文件；❷单击【打开】按钮，如下图所示。

第5步 弹出提示对话框，询问"是否替换此程序的全部现有的功能区和快速访问工具栏自定义设置？"，单击【是】按钮即可，如下图所示。

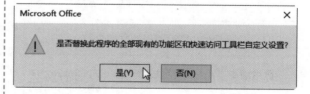

知识拓展

在【Excel 选项】对话框的【自定义功能区】选项卡中，若单击【重置】按钮，在弹出的下拉列表中选择【重置所有自定义项】选项，则可以快速将功能区恢复至默认设置。

006　更改 Enter 键的功能

适用版本	实用指数
Excel 2007、2010、2013、2016	★★★☆☆

使用说明

默认情况下，在 Excel 中按 Enter 键时将结束当前单元格的输入并跳转到同一列下一行的单元格中。根据需要，用户可以对 Enter 键的功能进行更改，以便在按 Enter 键时，活动单元格向上、向左或向右移动。

解决方法

例如，设置按下 Enter 键后向右选择活动单元格，具体操作方法如下。

❶打开【Excel 选项】对话框，切换到【高级】选项卡；❷在【编辑选项】选项组中，保持【按Enter 键后移动所选内容】复选框的默认勾选状态，在【方向】下拉列表中选择需要的移动方向，如【向右】；❸单击【确定】按钮即可，如下图所示。

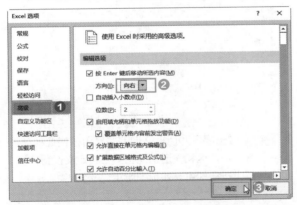

007　设置 Excel 最近使用的文档个数

适用版本	实用指数
Excel 2007、2010、2013、2016	★★★★☆

使用说明

默认情况下，【最近使用的文档】列表中显示了最近使用过的 25 个工作簿，根据实际操作需求，用户可以自行更改显示工作簿的数目。

解决方法

例如，要将最近使用的文档数目设置为 15 个，具体操作方法如下。

❶打开【Excel 选项】对话框，切换到【高级】选项卡；❷在【显示】选项组中，将【显示此数目的"最近使用的工作簿"】微调框的数值设置为 15；❸单击【确定】按钮即可，如下图所示。

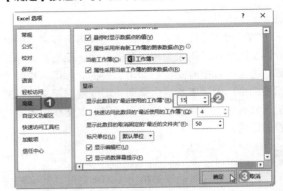

温馨提示

如果在【显示此数目的"最近使用的文档"】数字框中输入 0，则不会在【文件】菜单中显示最近使用的工作簿名称，这样可以提高 Excel 文件的隐私性和安全性。

008　更改工作簿的默认保存路径

适用版本	实用指数
Excel 2007、2010、2013、2016	★★★★☆

使用说明

新建的工作簿都有一个默认保存路径，而在实际操作中，用户经常会选择其他保存路径。因此，根据操作需要，用户可将常用存储路径设置为默认保存位置。

解决方法

如果要更改工作簿的默认保存路径，具体操作方法如下。

❶打开【Excel 选项】对话框，切换到【保存】选项卡；❷在【保存工作簿】选项组的【默认本地文件位置】文本框中输入常用存储路径；❸单击【确定】

按钮即可，如下图所示。

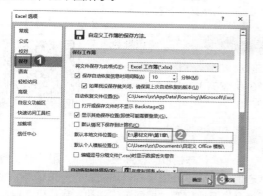

009　更改新建工作簿的默认字体与字号

适用版本	实用指数
Excel 2007、2010、2013、2016	★★★☆☆

使用说明

在新建工作簿中输入文本内容后，默认显示的字体为【等线】，字号为 11。在实际操作中，许多用户对默认的字体并不满意，因此每次新建工作簿都会重新设置字体格式。根据这样的情况，我们可以更改新建工作簿时默认的字体与字号，这样新建的工作簿会采用更改后的字体与字号。

解决方法

例如，要将默认的字体更改为【宋体】、字号更改为 12，具体操作方法如下。

❶打开【Excel 选项】对话框，在【常规】选项卡中的【新建工作簿时】选项组中，在【使用此字体作为默认字体】列表中选择字体，本例中选择【仿宋】；❷在【字号】下拉列表中选择字号，本例中选择 12；❸单击【确定】按钮即可，如下图所示。

010　更改 Excel 的默认工作表数量

适用版本	实用指数
Excel 2007、2010、2013、2016	★★★★☆

使用说明

默认情况下，在 Excel 2016 中新建一个工作簿后，该工作簿中只有 1 张空白工作表，根据操作需要，用户可以更改工作簿中默认的工作表数量。

解决方法

例如，要将默认的工作表张数设置为 5，具体操作方法如下。

❶打开【Excel 选项】对话框，在【常规】选项卡的【新建工作簿时】选项组中，将【包含的工作表数】微调框中的值设置为 5；❷单击【确定】按钮即可，如下图所示。

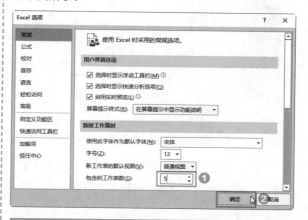

011　将常用工作簿固定在最近使用列表中

适用版本	实用指数
Excel 2007、2010、2013、2016	★★★☆☆

使用说明

启动 Excel 2016 程序后，在打开的窗口左侧有一个【最近使用的文档】页面，该页面显示了最近使用的工作簿，单击某个工作簿选项可快速打开该工作簿。另外，在 Excel 窗口中单击【文件】菜单项，在弹出的命令菜单中选择【打开】命令，在右侧窗格中会显示【最近使用的工作簿】列表，通过该列表也可快速访问最近使用过的工作簿。

当打开多个工作簿后，通过【最近使用的文档】或【最近使用的工作簿】列表来打开最近使用的工作簿时，有可能列表中已经没有需要的工作簿了。因此，我们可以把需要频繁操作的工作簿固定在列表中，以方便使用。

解决方法

如果要把工作表固定到【最近使用的工作簿】列表中，具体操作方法如下。

❶单击【文件】菜单项，在弹出的下拉菜单中选择【打开】命令；❷在【最近使用的工作簿】列表中，将光标指向要固定的工作簿时，其右侧会出现 图标，单击该图标，即可将工作簿固定到【最近使用的工作簿】列表中，如下图所示。

知识拓展

将某个工作簿固定到最近使用的工作簿列表中后，图标 会变成 ，此时单击该图标，可取消工作簿的固定。

---

012 自定义状态栏上显示的内容

适用版本	实用指数	
Excel 2007、2010、2013、2016	★★★☆☆	

使用说明

Excel 状态栏位于程序窗口底部，用于显示各种状态信息，如单元格模式、功能键的开关状态、视图切换及显示比例等。根据操作需要，我们可以自定义状态栏上要显示的内容，以确定需要显示哪些信息。

解决方法

例如，设置在状态栏中显示【最大值】和【最小值】信息，具体操作方法如下。

❶使用鼠标右键单击状态栏中的任意位置；❷在弹出的快捷菜单中分别选择【最大值】和【最小值】命令，使其呈勾选状态即可，如下图所示。

1.2 Excel 窗口的设置技巧

在编辑工作表时，为了提高工作效率，有必要掌握一些视图与窗口的调整技巧，如分页预览工作表、对两个工作表进行并排查看，以及通过冻结功能让标题行和列在滚动时始终显示等。

013 调整文档的显示比例

适用版本	实用指数	
Excel 2007、2010、2013、2016	★★★★★	

使用说明

默认情况下，Excel 工作表的显示比例为100%，根据个人操作习惯，用户可以对其进行调整。

解决方法

例如，要将工作表的显示比例设置为120%，具体操作方法如下。

第1步 ❶在要设置显示比例的工作表中，切换到【视图】选项卡；❷单击【显示比例】组中的【显示比例】按钮，如下图所示。

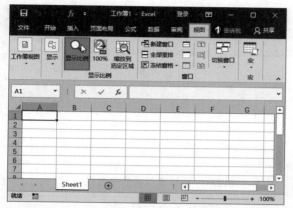

第2步 ❶弹出【显示比例】对话框，选中【自定义】单选按钮，在右侧的文本框中输入需要的显示比例，如 120；❷单击【确定】按钮即可，如下图所示。

温馨提示

用户可以通过单击状态栏右侧的调整比例按钮或拖动滑块来调整显示比例，也可以通过下面的方法来调整比例。拖动状态栏右侧"显示比例"区域上的缩放滑块，可以设置所需的百分比显示比例，可调整的范围是 100%~500%。单击状态栏中的【放大】➕、【缩小】➖图标，可以按每次 10% 的增量减小或增大显示比例。

014 如何分页预览工作表		
适用版本	**实用指数**	
Excel 2007、2010、2013、2016	★★★★☆	

使用说明

分页预览是 Excel 的一种视图模式，在该视图下，可以查看表格的分页效果，以方便完成打印前的准备工作。

解决方法

如果要通过分页预览功能查看表格分页效果，具体操作方法如下。

第1步 在【视图】选项卡的【工作簿视图】组中单击【分页预览】按钮，如下图所示。

第2步 执行上述操作后，系统将根据工作表中的内容自动产生分页符（蓝色边框线便是自动产生的分页符），如下图所示。

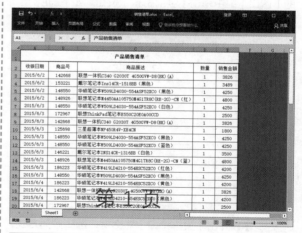

015 对两个工作表进行并排查看		
适用版本	**实用指数**	
Excel 2007、2010、2013、2016	★★★★☆	

使用说明

当要对工作簿中两个工作表的数据进行查看比较时，若通过切换工作表的方式进行查看，会显得非常繁琐。若能将两个工作表进行并排查看对比，将大大提高工作效率。

解决方法

如果要对两个工作表的数据进行查看对比，具体操作方法如下。

第1步 打开素材文件(位置: 素材文件\第1章\2018学生成绩单.xlsx)，在【视图】选项卡的【窗口】组中单击【新建窗口】按钮，如下图所示。

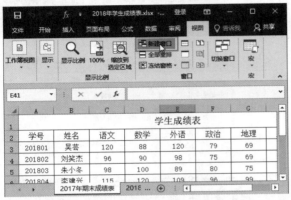

第2步 自动新建一个副本窗口，在【视图】选项卡的【窗口】组中单击【全部重排】按钮，如下图所示。

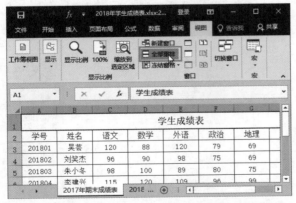

第3步 ❶弹出【重排窗口】对话框，选择排列方式，本例中选择【垂直并排】；❷单击【确定】按钮，如下图所示。

第4步 原始工作簿窗口和副本窗口即可以垂直并排的方式进行显示，此时用户便可对两个工作表的数据同时进行查看了，如下图所示。

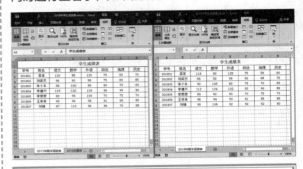

---

016 通过拆分窗格来查看表格数据

适用版本	实用指数
Excel 2007、2010、2013、2016	★★★☆☆

使用说明

在处理大型数据的工作表时，可以通过 Excel 的【拆分】功能，将窗口拆分为几个（最多四个）大小可调的窗格，拆分后，可以单独滚动其中的一个窗格而保持其他窗格不变，从而同时查看分隔较远的工作表数据。

解决方法

如果要将工作表拆分查看，具体操作方法如下。

第1步 ❶在工作表中选中要拆分窗格位置的单元格；❷在【视图】选项卡的【窗口】组中单击【拆分】按钮，如下图所示。

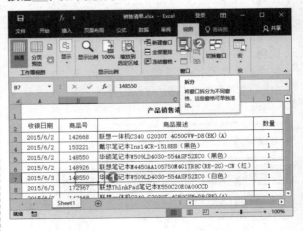

第 2 步 窗口将被拆分为四个小窗格，拖动水平滚动条或垂直滚动条即可查看和比较工作表中的数据，如下图所示。

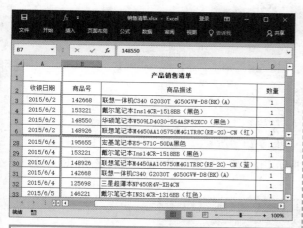

017　隐藏工作簿窗口

适用版本	实用指数
Excel 2007、2010、2013、2016	★★★☆☆

使用说明

完成一个工作簿的编辑后，如果不希望别人查看内容，则可以将其窗口隐藏起来。

解决方法

如果要将窗口隐藏起来，具体操作方法如下。

第 1 步 在【视图】选项卡的【窗口】组中单击【隐藏窗口】按钮，如下图所示。

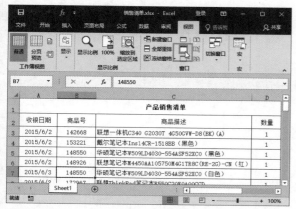

第 2 步 当前工作簿的窗口将被隐藏，如下图所示。

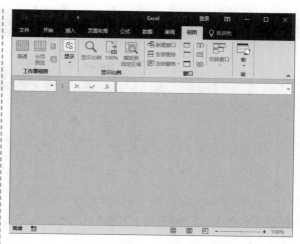

知识拓展

隐藏工作簿窗口后，若要将其显示出来，则在【窗口】组中单击【取消隐藏】按钮，在弹出的【取消隐藏】对话框中选择需要显示的工作簿窗口，然后单击【确定】按钮即可。

018　通过冻结功能让标题行和列在滚动时始终显示

适用版本	实用指数
Excel 2007、2010、2013、2016	★★★★★

使用说明

当工作表中有大量数据时，为了保证在拖动工作表滚动条时，能始终看到工作表中的标题，可以使用冻结工作表的方法。

解决方法

通过冻结功能让标题行和列在滚动时始终显示，具体操作方法如下。

第 1 步 ❶打开素材文件（位置：素材文件\第 1 章\销售清单 .xlsx），选中需要冻结的标题行，在【视图】选项卡的【窗口】组中单击【冻结窗格】下拉按钮；❷在弹出的下拉菜单中选择需要的冻结方式即可，本例中单击【冻结拆分窗格】选项，如下图所示。

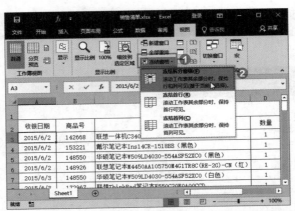

第2步 此时，所选单元格上方的多行已被冻结，这时拖动工作表滚动条查看表中的数据，被冻结的多行始终保持不变，如下图所示。

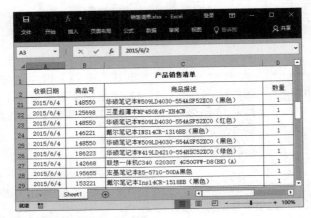

第 2 章
工作簿与工作表的管理技巧

Excel 是专门用来制作电子表格的软件。通过该软件，可以制作各种各样的表格。在使用该软件制作表格前，先掌握工作簿、工作表和单元格的相关操作技巧，可以使工作达到事半功倍的效果。

来看看下面一些日常办公中工作簿与工作表的管理问题，你是否会处理或已掌握。

【√】在 Excel 高版本中创建的文档，转移到 Excel 低版本中，结果无法打开，你知道如何处理兼容问题吗？

【√】工作中需要一次性插入多个工作表，一个一个地插入影响工作效率，你知道怎样一次插入多个工作表吗？

【√】一个工作簿中的多个工作表名称相似，为了快速区分工作表，你知道怎样为工作表标签设置颜色吗？

【√】工作表发送给他人时，只需要一部分人可以修改工作表的部分区域，你知道怎样让他人凭密码修改部分单元格内容吗？

【√】在浏览内容较多的工作表时，想要快速定位到最后一行，有什么快捷的方法吗？

【√】在计算工作表中的数据时，如果数值为 0 大多会显示 0，能不能将 0 值数据隐藏，显示为空白呢？

希望通过本章内容的学习，能帮助你解决以上问题，并学会更多 Excel 工作簿与工作表的管理技巧。

2.1 工作簿的基本操作

工作簿就是通常说的 Excel 文件，主要用于保存表格的内容。下面就为读者介绍工作簿的操作技巧。

019　使用模板快速创建工作簿

适用版本	实用指数
Excel 2007、2010、2013、2016	★★★★★

使用说明

Excel 自带许多模板，使用这些模板，我们可以快速创建各种类型的工作簿。

解决方法

如果要使用模板创建工作簿，具体操作方法如下。

第1步 ❶启动 Excel 2016，在打开的窗口中将显示程序自带的模板缩略图预览，此时可直接在列表框中单击需要的模板选项，也可以搜索联机模板，即在文本框中输入关键字；❷单击【搜索】按钮 🔍，如下图所示。

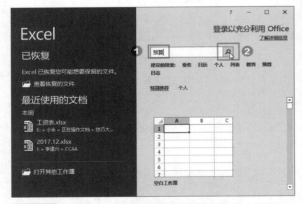

第2步 在搜索结果中选择需要的模板，如右上图所示。

知识拓展

在 Excel 2007、2010 版本中，根据模板创建工作簿的操作方法略有不同。在 Excel 2007 中，需在 Excel 工作窗口中单击 Office 按钮，在弹出的下拉菜单中单击【新建】命令，在弹出的【新建工作簿】中选择模板创建工作簿即可。在 Excel 2010 中，需在 Excel 工作窗口中切换到【文件】选项卡，在左侧窗格中单击【新建】命令，在中间窗格中选择模板创建工作簿即可。

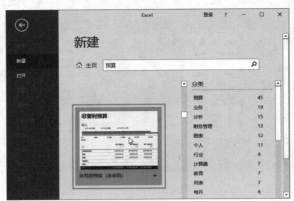

第3步 在打开的窗口中可以查看模板的缩略图，如果确定使用，直接单击【创建】按钮，如下图所示。

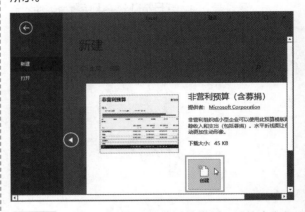

第4步 如果选择的是未下载过的模板，系统会自行下载模板，完成下载后，Excel 会基于所选模板自动创建一个新工作簿，此时可发现该工作簿的基本内容、格式和统计方式基本上都编辑好了，用户只需在相应的位置输入相关内容即可，如下图所示。

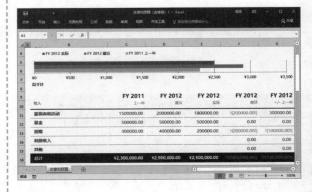

020　将 Excel 工作簿保存为模板文件

适用版本	实用指数
Excel 2007、2010、2013、2016	★★★★☆

使用说明

在办公过程中，经常会编辑工资表、财务报表等工作簿，若每次都新建空白工作簿，再依次输入相关内容，势必会影响工作效率，此时我们可以新建一个模板来提高效率。

解决方法

例如，要创建一个【工资表模板 .xltx】，具体操作方法如下。

第1步　❶新建一个空白工作簿，输入相关内容，并设置好格式及计算方式；❷单击【文件】菜单项，如下图所示。

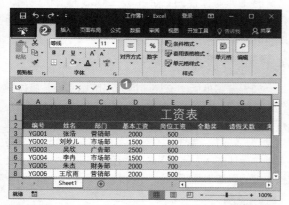

第2步　❶在弹出的下拉菜单中选择【另存为】命令；❷在中间窗格中单击【浏览】按钮，如下图所示。

第3步　❶弹出【另存为】对话框，在【保存类型】下拉列表中选择【Excel 模板 (*.xltx)】选项，此时保存路径将自动设置为模板的存放路径（默认为：C:\Users\zz\Documents\ 自定义 Office 模板 ）；❷输入文件名；❸单击【保存】按钮即可，如下图所示。

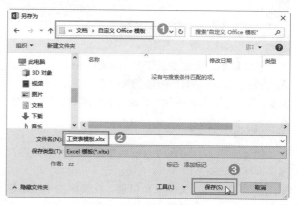

知识拓展

用户可以自己设定模板的存储位置，方法是：在【文件】选项卡中单击【选项】命令，在打开的【Excel 选项】对话框中切换到【保存】选项卡，在【默认个人模板位置】文本框中输入需要设置的路径即可。

第4步　创建好"工资表模板 .xltx"后就可以根据该模板创建新工作簿了，方法是：❶在 Excel 窗口中单击【文件】菜单项，在弹出的下拉菜单中选择【新建】命令；❷在右侧窗格的模板缩略图预览中会出现【特别推荐】和【个人】选项卡，选择【个人】选项卡，就可以看到新建的模板了；❸单击模板即可基于该模板创建新工作簿，如下图所示。

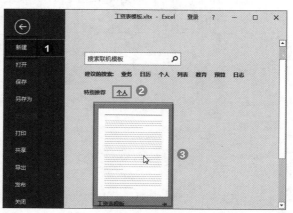

021 将工作簿保存为低版本可以打开的文件

适用版本	实用指数
Excel 2007、2010、2013、2016	★★★★☆

使用说明

若计算机中仅仅安装了低版本的 Excel 程序，则无法打开 Excel 2016 版本编辑的工作簿，针对该类情况，可以将工作簿保存为 Excel 97-2003 兼容模式。

解决方法

如果要将工作簿保存为低版本可以打开的文件，具体操作方法如下。

第1步 ❶单击【文件】菜单项，在弹出的下拉菜单中选择【另存为】命令；❷单击【浏览】按钮，如下图所示。

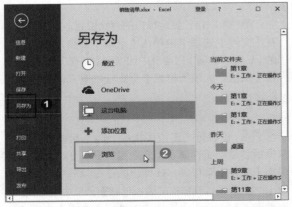

第2步 ❶弹出【另存为】对话框，设置保存路径及文件名后，在【保存类型】下拉列表中选择【Excel 97-2003 工作簿(*.xls)】选项；❷单击【保存】按钮即可，如下图所示。

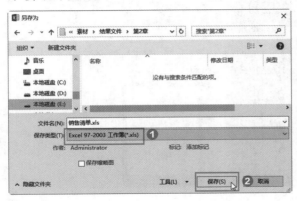

温馨提示

在编辑工作簿时，如果使用了一些低版本没有的功能（如迷你图、切片器等），则将工作簿保存为兼容模式时会弹出对话框，提示用户某些内容无法保存，或者某些功能将会丢失或降级，此时若依然要保存为兼容模式，单击【继续】按钮即可。

022 将低版本文档转换为高版本文档

适用版本	实用指数
Excel 2007、2010、2013、2016	★★★★☆

使用说明

将工作簿保存为 Excel 97-2003 兼容模式后，还可通过转换功能，将兼容模式文档快速转换为最新版本的文档。

解决方法

如果要将低版本文档转换为高版本文档，具体操作方法如下。

第1步 打开素材文件（位置：素材文件\第2章\销售清单.xls），单击【文件】菜单项，在弹出的下拉菜单中默认选择【信息】命令，在中间窗格中单击【转换】按钮，如下图所示。

第2步 打开【另存为】对话框，设置保存路径后直接单击【保存】按钮。

第3步 弹出提示对话框，提示已成功转换为当前的文件格式若要使用当前文件格式的新功能和增强功能，需关闭并重新打开。单击【是】按钮即可，如下图所示。

---

023 将工作簿保存为 PDF 格式的文档

适用版本	实用指数	
Excel 2007、2010、2013、2016	★★★☆☆	

使用说明

完成工作簿的编辑后，还可将其转换成 PDF 格式的文档。保存 PDF 文档后，不仅方便查看，还能防止其他用户随意修改内容。

解决方法

如果要将工作簿保存为 PDF 格式的文档，具体操作方法如下。

❶打开素材文件（位置：素材文件\第 2 章\销售清单.xlsx），按 F12 键，弹出【另存为】对话框，设置保存路径及文件名后，在【保存类型】下拉列表中选择 PDF(*.pdf) 选项；❷单击【保存】按钮即可，如下图所示。

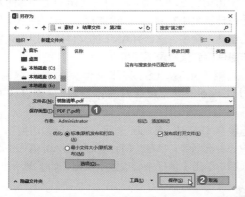

---

024 如何将工作簿标记为最终状态

适用版本	实用指数	
Excel 2007、2010、2013、2016	★★★★☆	

使用说明

将工作簿编辑好后，如果需要给其他用户查看，为了避免他人无意间修改工作簿，可以将其标记为最终状态。

解决方法

如果要将工作簿标记为最终状态，具体操作方法如下。

第1步 ❶单击【文件】菜单项，在弹出的下拉菜单中默认选择【信息】命令，直接在右侧窗格中单击【保护工作簿】下拉按钮；❷在弹出的下拉菜单中选择【标记为最终状态】命令，如下图所示。

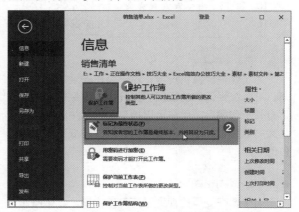

第2步 弹出提示对话框，提示当前工作簿将被标记为最终版本并保存。单击【确定】按钮，如下图所示。

第3步 弹出提示对话框，单击【确定】按钮即可，如下图所示。

第4步 返回工作簿中即可查看到文件已经被标记为最终版本，如果要编辑工作簿，可以单击上方的【仍然编辑】按钮，如下图所示。

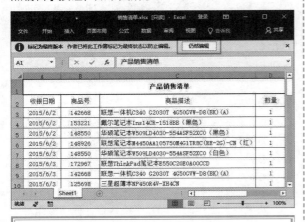

025　在受保护视图中打开工作簿

适用版本	实用指数	
Excel 2007、2010、2013、2016	★★★☆☆	

 使用说明

　　为了保护计算机安全，对于存在安全隐患的工作簿，可以在受保护的视图中打开。在受保护视图模式下打开工作簿后，用户可以检查工作簿中的内容，但是大多数编辑功能都将被禁用，以便降低可能发生的任何危险。

　　解决方法

　　如果要在受保护视图中打开工作簿，具体操作方法如下。

026　启动 Excel 时自动打开指定的工作簿

适用版本	实用指数	
Excel 2007、2010、2013、2016	★★★☆☆	

 使用说明

　　在实际工作应用中，为了提高工作效率，我们可以通过设置，让 Excel 每次启动时自动打开经常需要使用的工作簿。

第1步 ❶在 Excel 窗口中，打开【打开】对话框，选中需要打开的工作簿文件；❷单击【打开】按钮右侧的下拉按钮；❸在弹出的下拉菜单中单击【在受保护的视图中打开】命令，如下图所示。

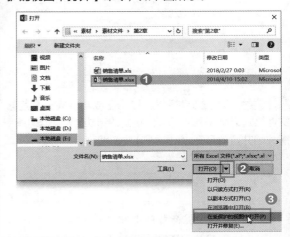

第2步 所选工作簿即可在受保护视图模式下打开，此时功能区下方将显示警告信息，提示文件已在受保护的视图中打开，如下图所示。

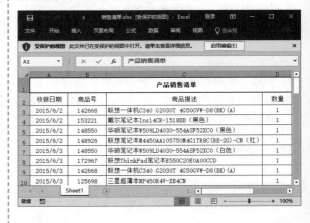

　　解决方法

　　设置启动 Excel 时自动打开指定的工作簿的方法为：在计算机中安装 Office 程序后，其安装目录下会自动创建一个名为 XLSTART 的文件夹，用户只需将工作簿保存到该目录下即可。

　　如果不知道 XLSTART 文件夹的准确路径，可通过【Excel 选项】对话框进行查看，具体操作方法如下。

第1步 ❶打开【Excel 选项】对话框，切换到【信任中心】选项卡；❷在【Microsoft Excel 信任中心】选项组中单击【信任中心设置】按钮，如下图所示。

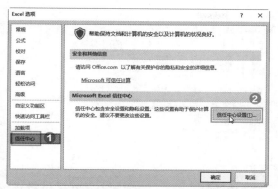

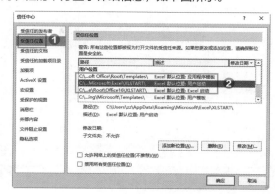

XLSTART 文件夹的准确路径，选中某个路径，会在列表框的下方显示详细信息，如下图所示。

第2步 ❶在弹出的【信任中心】对话框中，切换到【受信任位置】选项卡；❷在列表框中即可查看到

温馨提示

因为本计算机安装了多个版本的 Office 程序，因此列表框中提供了两个 XLSTART 文件夹的路径，其中显示【默认位置：Excel 启动】的路径仅针对当前 Excel 版本的 XLSTART 文件夹路径，显示【默认位置：用户启动】的路径则是针对计算机中所有 Excel 版本的 XLSTART 文件夹的路径。

2.2 工作表的管理

工作簿就是通常所说的 Excel 文件，主要用于保存表格的内容。下面就介绍工作簿的操作技巧。

027 快速切换工作表

适用版本	实用指数	
Excel 2007、2010、2013、2016	★★★★☆	

使用说明

当工作簿中有两个以上的工作表时，就涉及工作表的切换操作，在工作表标签栏单击某个工作表标签，就可以切换到对应的工作表。当工作表数量太多时，虽然也可以通过工作表标签切换，但会非常繁琐，这时我们可通过单击鼠标右键快速切换工作表。

解决方法

通过单击鼠标右键快速切换工作表的操作方法如下。

第1步 使用鼠标右键单击工作表标签栏右侧的滚动按钮 ◀ ▶，如下图所示。

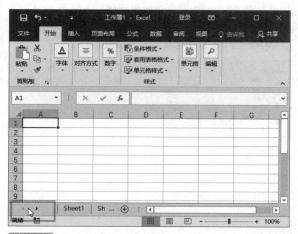

第2步 ❶弹出【激活】对话框，在列表框中选择需要切换到的工作表；❷单击【确定】按钮即可，如下图所示。

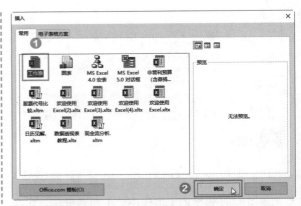

028 一次性插入多个工作表

适用版本	实用指数	
Excel 2007、2010、2013、2016	★★★★★	

第3步 返回工作簿，即可看到工作簿中插入了 3 张新工作表，如下图所示。

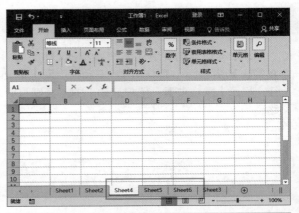

使用说明

在编辑工作簿时，经常会插入新的工作表来处理各种数据。通常情况下，单击工作表标签右侧的【新工作表】按钮 ⊕，即可在当前工作表的右侧快速插入一个新工作表。除此之外，还可以一次性插入多个工作表，以便提高工作效率。

解决方法

一次性插入多个工作表的具体操作方法如下。

第1步 ❶按 Ctrl 键选中多张连续的工作表，使用鼠标右键单击任意选中的工作表标签；❷在弹出的快捷菜单中单击【插入】命令，如下图所示。

第2步 ❶弹出【插入】对话框，选择【工作表】选项；❷单击【确定】按钮，如下图所示。

029 重命名工作表

适用版本	实用指数	
Excel 2007、2010、2013、2016	★★★★★	

使用说明

在 Excel 中，工作表的默认名称为 Sheet1、Sheet2 等，根据需要，可对工作表进行重命名操作，以便区分和查询工作表数据。

解决方法

如果要更改工作表的名称，具体操作方法如下。

第1步 ❶使用鼠标右键单击要重命名的工作表标签；❷在弹出的快捷菜单中单击【重命名】命令，如下图所示。

第2步 此时工作表标签呈可编辑状态，如下图所示。

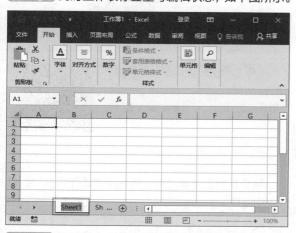

第3步 直接输入工作表的新名称，然后按 Enter 键确认即可，如下图所示。

知识拓展

双击工作表标签,可快速对其进行重命名操作。

030 设置工作表标签颜色

适用版本	实用指数
Excel 2007、2010、2013、2016	★★★★☆

使用说明

当工作簿中包含的工作表太多，除了可以用名称进行区别外，还可以对工作表标签设置不同的颜色以示区别。

解决方法

如果要为工作表标签设置不同的颜色，具体操作方法如下。

❶使用鼠标右键单击要设置颜色的工作表标签；
❷在弹出的快捷菜单中单击【工作表标签颜色】命令；
❸在弹出的扩展菜单中选择需要的颜色即可，如下图所示。

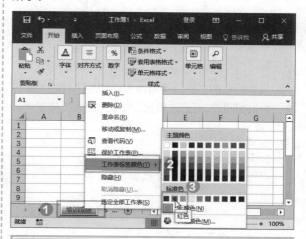

031 调整工作表的排列顺序

适用版本	实用指数
Excel 2007、2010、2013、2016	★★★★☆

使用说明

在工作簿中创建了多个工作表之后，为了让工作表的排列更加合理，我们可以调整工作表的排列顺序。

解决方法

如果要调整工作表的排列顺序，具体操作方法如下。

在要移动的工作表标签上按下鼠标左键不放，将工作表拖动到合适的位置，然后释放鼠标左键即可，如下图所示。

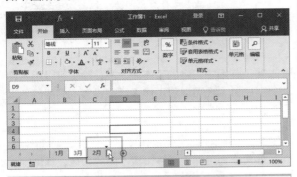

032 复制工作表

适用版本	实用指数
Excel 2007、2010、2013、2016	★★★★★

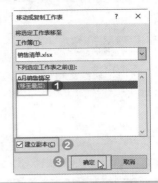

使用说明

当要制作的工作表中有许多数据与已有的工作表中的数据相同时，可通过复制工作表来提高工作效率。

解决方法

如果要复制工作表，具体操作方法如下。

第1步 ❶打开素材文件（位置：素材文件\第2章\销售清单.xlsx），使用鼠标右键单击要复制的工作表对应的标签；❷在弹出的快捷菜单中单击【移动或复制】命令，如下图所示。

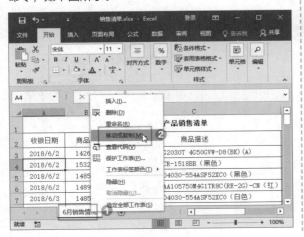

第2步 ❶弹出【移动或复制工作表】对话框，在【下列选定工作表之前】列表框中选择工作表的目标位置，如【（移至最后）】；❷勾选【建立副本】复选框；❸单击【确定】按钮即可，如下图所示。

033 将工作表移动到新工作簿中

适用版本	实用指数
Excel 2007、2010、2013、2016	★★★☆☆

使用说明

除了复制工作表之外，还可以将工作表移动到其他工作簿中。

解决方法

如果要将工作表移动到新工作簿中，具体操作方法如下。

第1步 ❶打开素材文件（位置：素材文件\第2章\销售清单.xlsx），使用鼠标右键单击要复制的工作表对应的标签；❷在弹出的快捷菜单中单击【移动或复制】命令，如下图所示。

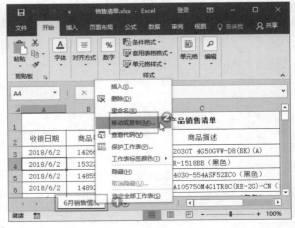

第2步 ❶弹出【移动或复制工作表】对话框，在【将选定工作表移至工作簿】列表框中选择【（新工作簿）】；❷单击【确定】按钮，即可新建一个工作簿并将所选工作表移动到新工作簿中，如下图所示。

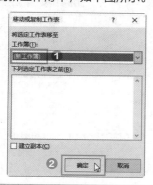

034　删除工作表

适用版本	实用指数
Excel 2007、2010、2013、2016	★★★★★

使用说明

如果工作簿中创建了多余的工作表，可以删除工作表。

解决方法

如果要删除工作表，具体操作方法如下。

❶在要删除的工作表标签上单击鼠标右键；❷在弹出的快捷菜单中选择【删除】命令即可，如下图所示。

035　隐藏与显示工作表

适用版本	实用指数
Excel 2007、2010、2013、2016	★★★★★

使用说明

对于有重要数据的工作表，如果不希望其他用户查看，可以将其隐藏起来。

解决方法

如果要隐藏工作表，具体操作方法如下。

第1步 ❶打开素材文件（位置：素材文件\第2章\出差登记表.xlsx），选中需要隐藏的工作表，使用鼠标右键单击其标签；❷在弹出的快捷菜单中单击【隐藏】命令即可，如下图所示。

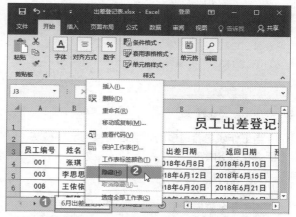

第2步 ❶隐藏了工作表之后，若要将其显示出来，可使用鼠标右键单击任意一个工作表标签；❷在弹出的快捷菜单中单击【取消隐藏】命令，如下图所示。

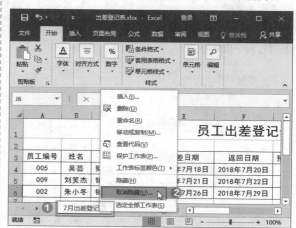

第3步 ❶在弹出的【取消隐藏】对话框中选择需要显示的工作表；❷单击【确定】按钮即可，如下图所示。

温馨提示

当工作簿中只有一个工作表时，不能执行隐藏工作表的操作，此时可以新建一个空白工作表，然后再隐藏工作表。

| 036 | 全屏显示工作表内容 |

适用版本	实用指数
Excel 2007、2010、2013、2016	★★★☆☆

使用说明

当工作表内容过多时，可以切换到全屏视图，以方便查看表格内容。

解决方法

如果要全屏显示工作表内容，具体操作方法如下。

第1步 ❶打开【Excel 选项】对话框，切换到【快速访问工具栏】选项卡；❷在【从下列位置选择命令】下拉列表中选择【不在功能区中的命令】选项；❸在列表框中选择【切换全屏视图】选项；❹通过单击【添加】按钮将其添加到右侧的列表框中；❺单击【确定】按钮，如下图所示。

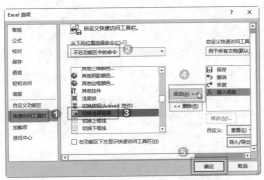

第2步 返回工作表，在快速访问工具栏中单击【切换全屏视图】按钮，如下图所示。

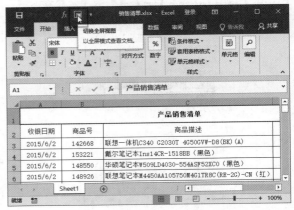

第3步 通过上述操作后，工作表即可以全屏方式进行显示，从而可以显示更多的工作表内容，如下图所示。

第4步 当需要退出全屏视图模式时，按 Esc 键便可退出；或者使用鼠标右键单击任意单元格，在弹出的快捷菜单中单击【关闭全屏显示】命令即可，如下图所示。

2.3　保护工作簿与工作表

在工作应用中，如果不希望其他用户查看工作表内容，或者为了防止工作表中的内容因为误操作而被更改等，则可以对工作表和工作簿设置保护措施。

037　为工作簿设置打开密码		
适用版本	实用指数	
Excel 2010、2013、2016	★★★★★	

使用说明

对于非常重要的工作簿，为了防止其他用户查看，可以设置打开工作簿时的密码，以达到保护工作簿的目的。

解决方法

如果要为工作簿设置打开密码，具体操作方法如下。

【第1步】 ❶打开素材文件（位置：素材文件\第2章\6月工资表.xlsx），单击【文件】菜单项，在弹出的下拉菜单中默认选择【信息】命令，在左侧窗格中单击【保护工作簿】按钮；❷在弹出的下拉菜单中单击【用密码进行加密】命令，如下图所示。

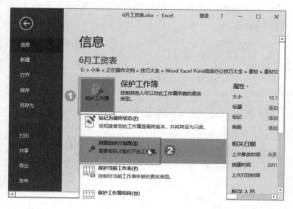

知识拓展

在 Excel 2007 版本中，单击 Office 按钮，在弹出的下拉菜单中依次单击【准备】→【加密文档】命令即可。

【第2步】 ❶弹出【加密文档】对话框，在【密码】文本框中输入密码，如123；❷单击【确定】按钮，如下图所示。

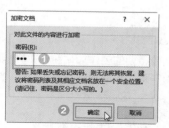

【第3步】 ❶弹出【确认密码】对话框，在【重新输入密码】文本框中再次输入设置的密码 123；❷单击【确定】按钮，如下图所示。

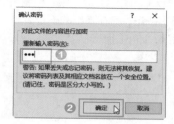

知识拓展

如果要取消工作簿的密码保护，需要先打开该工作簿，然后打开【加密文档】对话框，将【密码】文本框中的密码删除，最后单击【确定】按钮即可。

【第4步】 ❶返回工作簿，进行保存操作即可。对工作簿设置打开密码后，再次打开该工作簿，会弹出【密码】对话框，在【密码】文本框中输入密码；❷单击【确定】按钮即可打开工作簿，如下图所示。

---

038 为工作簿设置修改密码

适用版本	实用指数
Excel 2007、2010、2013、2016	★★★★☆

使用说明

对于比较重要的工作簿，在允许其他用户查阅的情况下，为了防止数据被编辑修改，我们可以设置修改密码。

解决方法

如果要为工作簿设置修改密码，具体操作方法如下。

第1步 ❶打开素材文件（位置：素材文件\第2章\6月工资表 .xlsx），按 F12 键，弹出【另存为】对话框，单击【工具】按钮；❷在弹出的下拉菜单中单击【常规选项】命令，如下图所示。

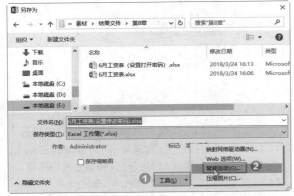

第2步 ❶弹出【常规选项】对话框，在【修改权限密码】文本框中输入密码，如 123；❷单击【确定】按钮，如下图所示。

温馨提示

在【打开权限密码】文本框中输入密码，可以为工作簿设置打开密码。

第3步 ❶弹出【确认密码】对话框，再次输入密码 123；❷单击【确定】按钮，如下图所示。

第4步 返回【另存为】对话框，单击【保存】按钮保存文档.打开设置了修改密码的工作簿时，会弹出【密码】对话框提示输入密码，这时只有输入正确的密码才能打开工作簿并进行编辑，否则只能通过单击【只读】按钮以只读方式打开，如下图所示。

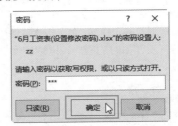

知识拓展

如果要取消工作簿的修改密码，需要先打开该工作簿，然后打开【常规选项】对话框，将【修改权限密码】文本框中的密码删除，单击【确定】按钮即可。

---

039 防止工作簿结构被修改

适用版本	实用指数
Excel 2007、2010、2013、2016	★★★★☆

使用说明

在 Excel 中，可以通过保护工作簿的功能保护工作簿的结构，以防止其他用户随意增加或删除工作表、复制或移动工作表、将隐藏的工作表显示出来等操作。

解决方法

如果要防止工作簿结构被修改，具体操作方法如下。

第1步 打开素材文件（位置：素材文件\第2章\6

月工资表 .xlsx），在【审阅】选项卡中单击【保护】组中的【保护工作簿】按钮，如下图所示。

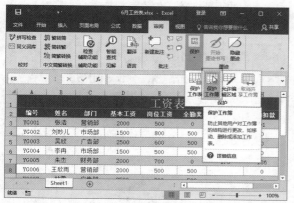

第2步 ❶弹出【保护结构和窗口】对话框，勾选【结构】复选框；❷在【密码】文本框中输入密码，如 123；❸单击【确定】按钮，如下图所示。

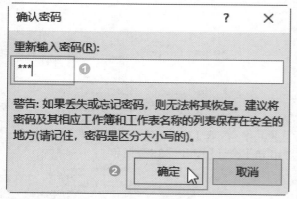

第3步 ❶弹出【确认密码】对话框，再次输入密码 123；❷单击【确定】按钮即可，如下图所示。

第4步 返回工作簿保存文档即可。保护工作簿结构后，当用户在工作表标签处单击鼠标右键时，弹出的快捷菜单中大部分命令将变为灰色，如下图所示。

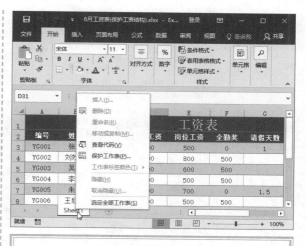

040　保护工作表不被他人修改

适用版本	实用指数
Excel 2007、2010、2013、2016	★★★☆☆

使用说明

对于工作表中的重要数据，为了防止他人随意修改，可以为工作表设置保护。

解决方法

如果要为工作表设置保护，具体操作方法如下。

第1步 ❶在要设置保护的工作表中，切换到【审阅】选项卡；❷单击【保护】组中的【保护工作表】按钮，如下图所示。

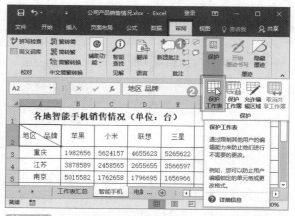

第2步 ❶弹出【保护工作表】对话框，在【允许此工作表的所有用户进行】列表框中，设置允许其他用户进行的操作；❷在【取消工作表保护时使用的密码】文本框中输入保护密码，如 123；❸单击【确定】按钮，

如下图所示。

第3步 ❶弹出【确认密码】对话框，再次输入密码123；❷单击【确定】按钮即可，如下图所示。

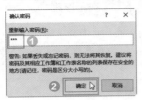

📚 **知识拓展**

若要撤销对工作表设置的密码保护，可切换到【审阅】选择卡，单击【保护】组中的【撤销工作表保护】按钮，在弹出的【撤销工作表保护】对话框中输入设置的密码，然后单击【确定】按钮即可。

041　凭密码编辑工作表的不同区域

适用版本	实用指数
Excel 2007、2010、2013、2016	★★★★☆

使用说明

Excel【保护工作表】的功能默认情况下作用于整张工作表，如果用户希望工作表中有一部分区域可以被编辑，可以为工作表中的某个区域设置密码，当需要编辑时，输入密码即可。

解决方法

如果要为部分单元格区域设置密码，具体操作方

法如下。

第1步 ❶选择需要凭密码编辑的单元格区域；❷切换到【审阅】选项卡；❸单击【保护】组中的【允许编辑区域】按钮，如下图所示。

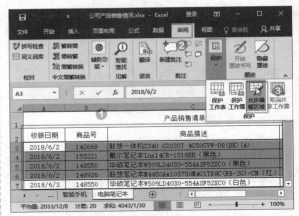

第2步 弹出【允许用户编辑区域】对话框，单击【新建】按钮，如下图所示。

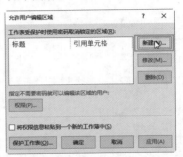

第3步 ❶弹出【新区域】对话框，在【区域密码】文本框中输入保护密码；❷单击【确定】按钮，如下图所示。

第4步 ❶弹出【确认密码】对话框，再次输入密码；❷单击【确定】按钮，如下图所示。

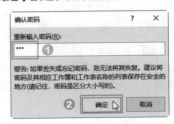

第5步 返回【允许用户编辑区域】对话框，单击【保护工作表】按钮，如下图所示。

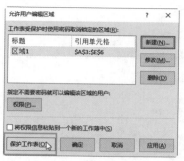

第6步 弹出【保护工作表】对话框，单击【确定】按钮即可保护选择的单元格区域，如下图所示。

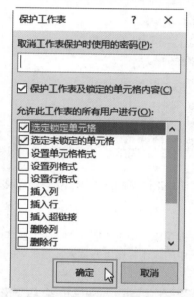

第7步 ❶在 A3:E6 单元格区域修改单元格中的数据；❷弹出【取消锁定区域】对话框，输入密码；❸单击【确定】按钮，如下图所示。

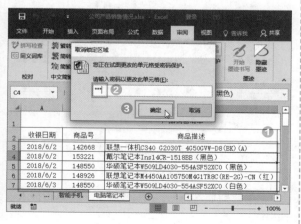

---

042 清除工作簿的个人信息

适用版本	实用指数
Excel 2007、2010、2013、2016	★★★☆☆

使用说明

将工作簿编辑好后，有时可能需要发送给其他人查阅，若不想让别人知道工作簿的文档属性及个人信息，可将这些信息删除掉。

解决方法

如果要删除工作簿的文档属性和个人信息，具体操作方法如下。

第1步 ❶打开【Excel 选项】对话框，切换到【信任中心】选项卡；❷单击【信任中心设置】按钮，如下图所示。

第2步 ❶弹出【信任中心】对话框，切换到【隐私选项】选项卡；❷单击【文档特定设置】选项组中的【文档检查器】按钮，如下图所示。

第3步 ❶弹出【文档检查器】对话框，勾选【文档属性和个人信息】复选框；❷单击【检查】按钮，如下图所示。

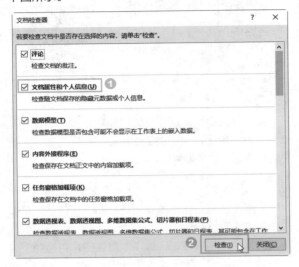

第4步 ❶检查完毕，单击【全部删除】按钮删除信息；❷单击【关闭】按钮关闭【文档检查器】对话框，如下图所示。

2.4 行、列和单元格的编辑操作

在工作应用中，如果不希望其他用户查看工作表内容，或者为了防止工作表中的内容因为误操作而被更改等，则可以对工作表和工作簿设置保护措施。

043 快速插入多行或多列

适用版本	实用指数
Excel 2007、2010、2013、2016	★★★★★

使用说明

完成工作表的编辑后，若要在其中添加数据，就需要添加行或列，通常用户都会一行或一列地逐一插入。如果要添加大量的数据，需要添加多行或多列时，逐一添加行或列会比较慢，影响工作效率，这时就有必要掌握添加多行或多列的方法。

解决方法

例如，要在工作表中插入四行，具体操作方法如下。

❶在工作表中选中四行，然后单击鼠标右键；❷在弹出的快捷菜单中单击【插入】命令，操作完成后，即可在选中的操作区域上方插入数量相同的行，如下图所示。

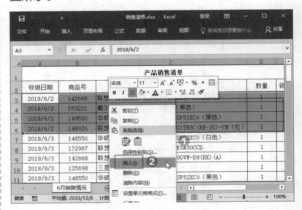

温馨提示

如果要插入多列，则选中多列，再执行插入操作。

044 交叉插入行

适用版本	实用指数
Excel 2007、2010、2013、2016	★★★★☆

使用说明

前面我们讲解了快速插入多行的操作方法，通过该方法，只能插入连续的多行。如果要插入不连续的多行，若依次插入的话，会浪费一定的工作时间，此时可以使用交叉插入行的方法。

解决方法

如果要在工作表中交叉插入行，具体操作方法如下。

第1步 ❶按住 Ctrl 键不放，选择不连续的多行；❷单击【开始】选项卡【单元格】组中的【插入】按钮，如下图所示。

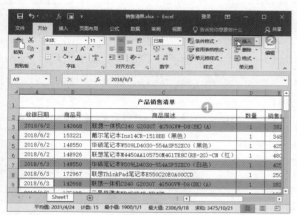

第2步 操作完成后即可在所选择的上方插入对等数量的空白行，如下图所示。

045 隔行插入空行

适用版本	实用指数
Excel 2007、2010、2013、2016	★★★★☆

使用说明

在工作表中插入行时，若希望每隔一行插入新的一行，则可以通过添加辅助列，再通过排序来达到这个目的。

解决方法

如果要在工作表中隔行插入空行，具体操作方法如下。

第1步 在工作表的第 1 列前插入一列作为辅助列，根据行数输入序号"1、2、3……"，再在下方输入"1.1、2.1、3.1……"之类的序号，如下图所示。

第2步 选择辅助列的序号单元格区域，单击【数据】选项卡【排序和筛选】组中的【升序】按钮，如下图所示。

第3步 操作完成后，即可在工作表中隔行插入空行，删除工作表中的辅助列，如下图所示。

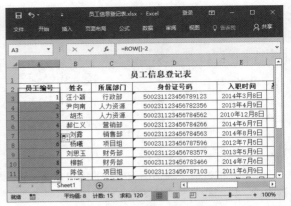

046　在插入或删除行时保持编号连续

适用版本	实用指数
Excel 2007、2010、2013、2016	★★★★☆

使用说明

在制作员工信息表、学生成绩表等表格时，一般都会有一列编号值。若在表格中插入或删除一行记录，其编号就会中断。如果希望在表格中插入或删除行后，保持编号连续，可通过 ROW 函数并插入表实现。

解决方法

如果要在工作表中设置在插入或删除行时保持编号连续，操作方法如下。

第1步 打开素材文件（位置：素材文件\第2章\员工信息登记表.xlsx），在 A3 单元格中输入公式"=ROW()-2"，按 Enter 键即可得出计算结果，如下图所示。

第2步 通过填充功能向下复制公式，计算出所有员工的编号，如下图所示。

第3步 ❶选择数据区域中的任意单元格；❷切换到【插入】选项卡；❸单击【表格】组中的【表格】按钮，如下图所示。

第4步 弹出【创建表】对话框，参数框中自动引用了表格中的数据区域，直接单击【确定】按钮即可，如下图所示。

第5步 操作完成后，此后在表格中插入或删除行时，编号便会保持一致，如下图所示。

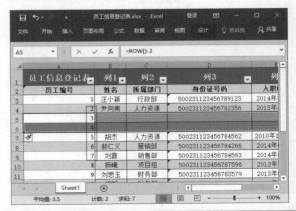

047　精确设置行高与列宽

适用版本	实用指数
Excel 2007、2010、2013、2016	★★★★★

使用说明

默认情况下，行高与列宽都是固定的。当单元格中的内容较多时，可能无法将其全部显示出来，这时就需要设置单元格的行高或列宽了。

通常情况下，用户喜欢通过拖动鼠标的方式调整行高与列宽，若要精确调整行高与列宽，就需要通过对话框进行设置。

解决方法

如果要在工作表中精确设置行高与列宽，具体操作方法如下。

第1步 ❶选中要设置行高的行，单击鼠标右键；❷在弹出的快捷菜单中单击【行高】命令，如下图所示。

第2步 ❶弹出【行高】对话框，在【行高】文本框中输入需要的行高值；❷单击【确定】按钮，如下图所示。

第3步 ❶返回工作表，选中需要设置列宽的列，单击鼠标右键；❷在弹出的快捷菜单中单击【列宽】命令，如下图所示。

知识拓展

选择行或列后，在【开始】选项卡的【单元格】组中，单击【格式】按钮，在弹出的下拉菜单中单击【行高】或【列宽】选项，也可以弹出【行高】或【列宽】对话框。

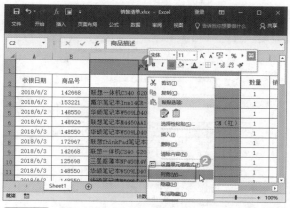

第4步 ❶弹出【列宽】对话框，在【列宽】文本框中输入需要的列宽值；❷单击【确定】按钮即可，如下图所示。

048　设置最适合的行高与列宽

适用版本	实用指数
Excel 2007、2010、2013、2016	★★★★★

使用说明

默认情况下，行高与列宽都是固定的，当单元格中的内容较多时，可能无法将其全部显示出来。通常情况下，用户喜欢用通过拖动鼠标的方式调整行高与列宽，其实，可以使用更简单的自动调整功能调整最适合的行高或列宽，使单元格大小与单元格中内容相适应。

解决方法

如果要设置自动调整行高和列宽，具体操作方法如下。

第1步 ❶选择要调整行高的行；❷在【开始】选项卡的【单元格】组中，单击【格式】按钮；❸在弹出的下拉菜单中单击【自动调整行高】命令，如下图所示。

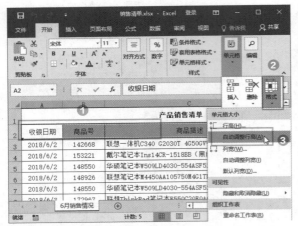

和取消隐藏】命令；④在弹出的级联菜单中单击【隐藏列】命令，如下图所示。

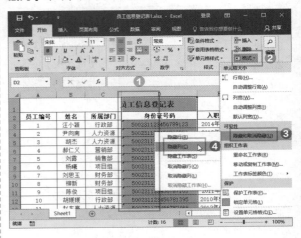

第2步 ①选择要调整列宽的列；②单击【格式】按钮；③在弹出的下拉菜单中单击【自动调整列宽】命令，如下图所示。

049　隐藏与显示行或列

适用版本	实用指数
Excel 2007、2010、2013、2016	★★★★★

使用说明

在编辑工作表时，对于存储重要数据或暂时不用的行或列，可以将其隐藏起来，这样既可以减少屏幕上行或列的数量，还能防止工作表中重要数据因错误操作而丢失，起到保护数据的作用。

解决方法

例如，要在工作表中隐藏列，具体操作方法如下。

第1步 ①选择要隐藏的列；②在【单元格】组中单击【格式】按钮；③在弹出的下拉菜单中单击【隐藏

知识拓展

如果要对行进行隐藏操作，则选中需要隐藏的行，单击【格式】按钮，在弹出的下拉菜单中单击【隐藏和取消隐藏】选项，在弹出的级联菜单中单击【隐藏行】命令即可。此外，还可通过以下两种方式执行隐藏操作。

选中要隐藏的行或列，单击鼠标右键，在弹出的快捷菜单中单击【隐藏】命令。

选中某行后，按 Ctrl+9 组合键可快速将其隐藏；选中某列后，按 Ctrl+0 组合键可快速将其隐藏。

第2步 ①所选列将被隐藏起来，如果要显示被隐藏的列，则可选中隐藏列所在位置的相邻两列；②在【单元格】组中单击【格式】按钮；③在弹出的下拉菜单中单击【隐藏和取消隐藏】命令；④在弹出的级联菜单中单击【取消隐藏列】命令，如下图所示。

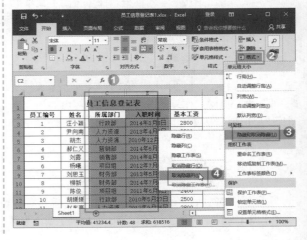

将鼠标指针指向隐藏了行的行号中线上，当鼠标指针呈【÷】时，向下拖动鼠标，即可显示隐藏的行；将鼠标指针指向隐藏了列的列标中线上，当鼠标指针呈【＋】时，向右拖动鼠标，即可显示隐藏的列。

050　快速删除所有空行		

适用版本	实用指数	
Excel 2007、2010、2013、2016	★★★★☆	

使用说明

在编辑工作表中，有时需要将一些没有用的空行删除掉，若表格中的空行太多，逐个删除非常繁琐，此时可通过定位功能，快速删除工作表中的所有空行。

解决方法

如果要删除工作表中的所有空行，具体操作方法如下。

第1步 ❶打开素材文件（位置：素材文件\第2章\销售清单1.xlsx），在数据区域中选择任意单元格；❷在【开始】选项卡的【编辑】组中单击【查找和选择】按钮；❸在弹出的下拉菜单中单击【定位条件】命令，如下图所示。

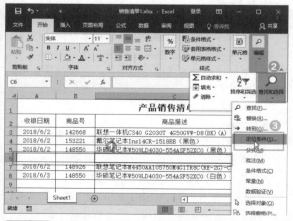

第2步 ❶弹出【定位条件】对话框，选中【空值】单选按钮；❷单击【确定】按钮，如下图所示。

第3步 返回工作表，可看见所有空白行呈选中状态，在【单元格】组中单击【删除】按钮即可，如下图所示。

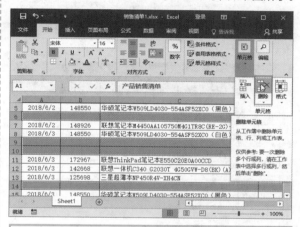

051　巧用双击定位到列表的最后一行		

适用版本	实用指数	
Excel 2007、2010、2013、2016	★★★★☆	

使用说明

在处理一些大型表格时，通常汇总数据在表格的最后一行，当要查看汇总数据时，若通过拖动滚动条的方式会非常缓慢，此时可以通过双击鼠标的方式进行快速定位。

解决方法

如果要快速定位到最后一行，具体操作方法如下。

第1步 选择任意单元格，将鼠标指针指向该单元格下边框，待鼠标指针呈 时，双击鼠标左键，如下图所示。

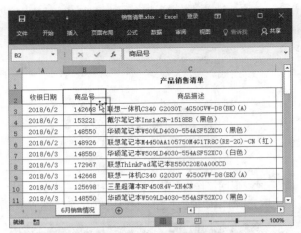

第2步 操作完成后即可快速跳转至最后一行，如下图所示。

052　使用名称框定位活动单元格

适用版本	实用指数
Excel 2007、2010、2013、2016	★★★★☆

使用说明

　　在工作表中选择要操作的单元格或单元格区域时，不仅可以通过鼠标选择，还可以通过名称框进行选择。

解决方法

　　如果要通过名称框选择单元格区域，具体操作方法如下。

第1步 在名称框中输入要选择的单元格区域范围，本例中输入 B4:E8，如下图所示。

第2步 按 Enter 键，即可选中 B4:E8 单元格区域，如下图所示。

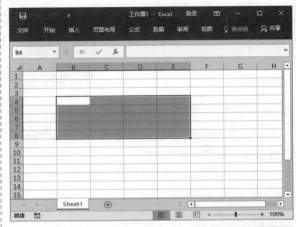

053　选中所有数据类型相同的单元格

适用版本	实用指数
Excel 2007、2010、2013、2016	★★★☆☆

使用说明

　　在编辑工作表的过程中，若要对数据类型相同的多个单元格进行操作，就需要先选中这些单元格，除了通过常规的操作方法逐个选中外，还可通过定位功能快速选择。

解决方法

　　例如，要在工作表中选择所有包含公式的单元格，具体操作方法如下。

第1步 ❶打开素材文件（位置：素材文件\第2章\6月工资表 .xlsx），在【开始】选项卡中单击【编辑】组中的【查找和选择】按钮；❷在弹出的下拉菜单中单击【定位条件】命令，如下图所示。

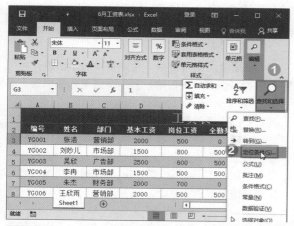

第2步 ❶弹出【定位条件】对话框，设置要选择的数据类型，本例中选中【公式】单选按钮；❷单击【确定】按钮，如下图所示。

第3步 操作完成后，工作表中含有公式的单元格即可被选中，如下图所示。

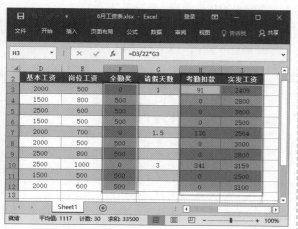

054 隐藏重要单元格中的内容

适用版本	实用指数
Excel 2007、2010、2013、2016	★★★★★

使用说明

在编辑工作表时，对于某些重要数据不希望被其他用户查看，可将其隐藏起来。

解决方法

如果要隐藏工作表中的重要数据，具体操作方法如下。

第1步 ❶打开素材文件（位置：素材文件\第2章\员工信息表1.xlsx），选中要隐藏内容的单元格区域，例如 D3:D17；❷单击【开始】选项卡【数字】组中的对话框启动器 ，如下图所示。

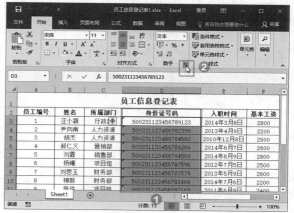

第2步 ❶打开【设置单元格格式】对话框，在【分类】列表框中选择【自定义】选项；❷在右侧的【类型】文本框中输入三个英文半角分号【;;;】，如下图所示。

第3步 ❶切换到【保护】选项卡；❷取消勾选【锁定】复选框，勾选【隐藏】复选框；❸单击【确定】按钮，如下图所示。

第4步 此时单元格内容已经隐藏起来了，但选中单元格后，还能在编辑栏中查看内容。同时为了防止其他用户将其显示出来，还需设置密码加强保护。方法是：❶保持当前单元格区域的选中状态，使用前面所学的方法打开【保护工作表】对话框，在【允许此工作表的所有用户进行】列表框中勾选【选定未锁定的单元格】复选框；❷在【取消工作表保护时使用的密码】文本框中输入密码；❸单击【确定】按钮，如下图所示。

第5步 弹出【确认密码】对话框，再次输入密码，单击【确定】按钮即可。返回工作表，可看见单元格中的内容彻底被隐藏了，如下图所示。

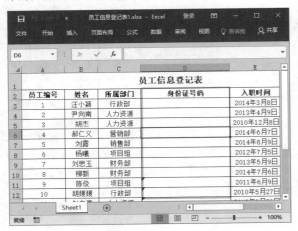

温馨提示

　　隐藏单元格内容后，若要将其显示出来，可先撤销工作表保护，再打开【设置单元格格式】对话框，在【分类】列表框中选择【自定义】选项，在右侧的【类型】列表框中选择【G/ 通用格式】选项，单击【确定】按钮，即可将单元格内容显示出来。对于设置了数字格式的单元格，显示出来后，内容可能会显示不正确，此时只需再设置正确的数字格式即可。

055　将计算结果为 0 的数据隐藏

适用版本	实用指数
Excel 2007、2010、2013、2016	★★★☆☆

使用说明

　　默认情况下，在工作表中输入 0，或公式的计算结果为 0 时，单元格中都会显示为零值。为了醒目和美观，可以将零值隐藏起来。

解决方法

　　如果要将零值数据隐藏起来，具体操作方法如下。

第1步 ❶打开素材文件（位置：素材文件 \ 第 2 章 \8 月 5 日销售清单 .xlsx），打开【Excel 选项】对话框，切换到【高级】选项卡；❷在【此工作表的显示选项】选项组中取消勾选【在具有零值的单元格中显示零】复选框；❸单击【确定】按钮，如下图所示。

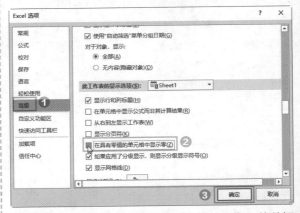

第2步 返回工作表，即可看到计算结果为 0 的数据已经隐藏，如下图所示。

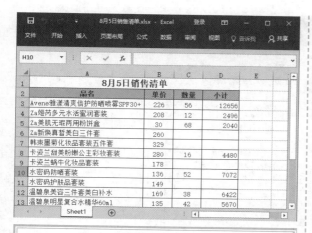

056　合并两列数据并自动删除重复值

适用版本	实用指数
Excel 2007、2010、2013、2016	★★★★☆

使用说明

在工作表中的两列数据中，如果包含一些相同内容，想要将这两列数据进行合并，并自动删除重复值，可通过数组公式实现。

解决方法

如果要合并数据并自动删除重复值，具体操作方法如下。

第1步 打开素材文件(位置: 素材文件\第2章\名单.xlsx)，选中 C2 单元格，输入公式"=IFERROR(INDEX($B$2:$B$14, MATCH(0, COUNTIF($C$1:C1, $B$2:$B$14), 0)), INDEX($A$2:$A$16, MATCH(0, COUNTIF($C$1:C1, $A$2:$A$16), 0)))"，然后按 Ctrl+Shift+Enter 组合键确认，即可得出计算结果，如下图所示。

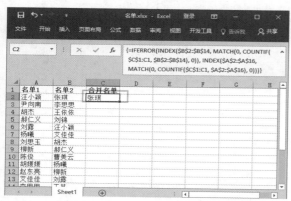

第2步 利用填充功能向下填充公式，直到出现 #N/A 错误值为止，即可完成合并操作，如下图所示。

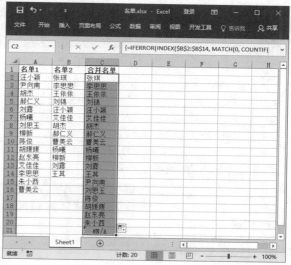

温馨提示

公式中的 $C$1:C1 要根据实际情况进行更改，本例中由于第 1 个计算结果要存放在 C2 单元格，因此计算参数要设置为 $C$1:C1。

057　为单元格添加批注

适用版本	实用指数
Excel 2007、2010、2013、2016	★★★☆☆

使用说明

单元格批注是为单元格内容添加的注释、提示等，为单元格添加批注可以起到提示用户的作用。

解决方法

如果要为单元格添加批注，具体操作方法如下。

第1步 ❶打开素材文件(位置: 素材文件\第2章\出差登记表.xlsx)，选中要添加批注的单元格；❷单击【审阅】选项卡【批注】组中的【新建批注】按钮，如下图所示。

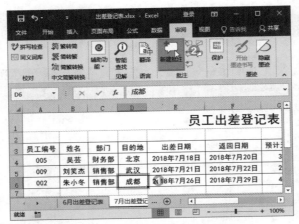

第2步 单元格的批注框处于编辑状态，直接输入批注内容，如下图所示。

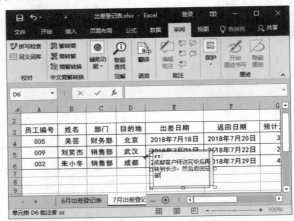

第3步 添加了批注的单元格右上角显示出红色标识，将鼠标移动到有红色标识符的单元格时，将显示批注内容，如下图所示。

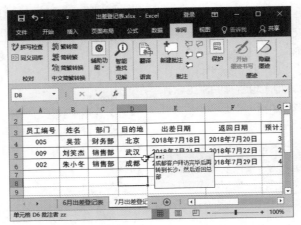

第 3 章
表格数据的录入技巧

在日常工作中，Excel 是处理数据的好帮手。在处理数据之前，需要先将数据录入到工作表中。在录入数据时，一些特殊数据需要设置才能正确显示，而一些有规律的数据，可以通过填充来快速输入，还有一些数据需要限制输入。本章介绍数据录入的技巧，让你在录入数据时能更加得心应手。

先来看看下面一些数据录入的常见问题，你是否会处理或已掌握。

【√】在单元格中录入长数据时，超过 11 位的数字会以科学计数法显示，如果要录入的是身份证号码和手机号码，应该怎样录入？

【√】在录入编号时，编号前有一长串固定的英文字母，你知道怎样快速录入吗？

【√】在录入有规律的数据时，你知道怎样使用填充功能快速录入吗？

【√】在其他软件中录入了数据，现在需要将这些数据输入到 Excel 工作表中，是重新录入，还是直接导入呢？

【√】制作需要他人填写的表格时，为了防止填写错误，能否限制表格的输入内容？

【√】在制作需要他人填写的表格时，你知道怎样在单元格中设置录入前的提示信息吗？

希望通过本章内容的学习，能帮助你解决以上问题，并学会更多的 Excel 录入技巧。

3.1 快速输入特殊数据

在 Excel 工作簿中输入数据时，对于一些非常规数据，输入的方法可能有些不同，例如，输入身份证号码、分数、邮政编码等。下面介绍输入特殊数据的方法。

058 输入身份证号码

适用版本	实用指数
Excel 2007、2010、2013、2016	★★★★★

使用说明

在单元格中输入超过 11 位的数字时，Excel 会自动使用科学计数法来显示该数字，例如在单元格中输入了数字 123456789101，该数字将显示为"1.23457E+11"。如果要在单元格中输入 15 位或 18 位的身份证号码，需要先将这些单元格的数字格式设置为文本。

解决方法

如果要在工作表中输入身份证号码，具体操作方法如下。

第1步 ❶打开素材文件（位置：素材文件\第3章\员工信息登记表.xlsx），选中要输入身份证号码的单元格区域；❷在【开始】选项卡【数字】组中的【数字格式】下拉菜单中单击【文本】命令，如下图所示。

第2步 操作完成后即可在单元格中输入身份证号码了，输入后的效果如下图所示。

知识拓展

在单元格中先输入一个英文状态下的单引号"'"，然后在单引号后面输入数字，也可以实现身份证号码的输入。

059 输入分数

适用版本	实用指数
Excel 2007、2010、2013、2016	★★★★☆

使用说明

默认情况下，在 Excel 中输入分数后会自动变成日期格式，例如在单元格中输入分数"2/5"，确认后会自动变成"2 月 5 日"。要输入分数，需按下面讲解的操作方法进行。

解决方法

如果要在单元格中输入分数，具体操作方法如下。

第1步 打开素材文件（位置：素材文件\第3章\市场分析.xlsx），选中要输入分数的单元格，依次输入"0+空格+分数"，本例中输入"0 4/7"，如下图所示。

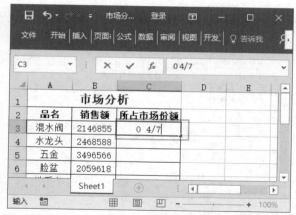

工信息登记表 1.xlsx），选中要输入以 0 开头数字的单元格区域，打开【设置单元格格式】对话框，在【数字】选项卡的【分类】列表框中选择【自定义】选项；❷在右侧【类型】文本框中输入 0000（0001 是 4 位数，因此要输入 4 个 0）；❸单击【确定】按钮，如下图所示。

第 2 步 完成输入后，按 Enter 键确认即可，输入后的效果如下图所示。

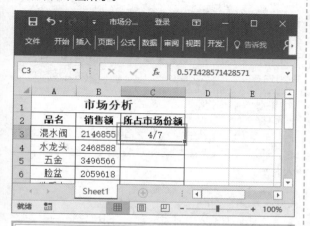

| 060　输入以 0 开头的数字编号 |

适用版本	实用指数
Excel 2007、2010、2013、2016	★★★★★

使用说明

默认情况下，在单元格中输入以 0 开头的数字时，Excel 会将其识别成纯数字，从而直接省略掉 0。如果要在单元格中输入 0 开头的数字，既可以通过设置文本的方式实现，也可以通过自定义数据格式的方式实现。

解决方法

例如，要输入 0001 之类的数字编号，具体操作方法如下。

第 1 步 ❶打开素材文件（位置：素材文件\第 3 章\员

温馨提示

通过设置文本格式的方式也可以输入 0 开头的编号。

第 2 步 返回工作表，直接输入“1、2……”，将自动在前面添加 0，如下图所示。

061 巧妙输入位数较多的员工编号

适用版本	实用指数
Excel 2007、2010、2013、2016	★★★★★

使用说明

用户在编辑工作表的时候，经常会输入位数较多的员工编号、学号、证书编号，如"LYG2014001、LYG2014002……"，此时用户会发现编号的部分字符是相同的，若重复的录入会非常繁琐，且易出错，此时，可以通过自定义数据格式快速输入。

解决方法

例如，要输入员工编号 LYG2018001，具体操作方法如下。

第1步 ❶ 打开素材文件（位置：素材文件 \ 第 3 章 \ 员工信息登记表 1.xlsx），选中要输入员工编号的单元格区域，打开【设置单元格格式】对话框，在【数字】选项卡的【分类】列表框中选择【自定义】选项；❷ 在右侧【类型】文本框中输入 "LYG2018"000（""LYG2018""是重复固定不变的内容）；❸ 单击【确定】按钮，如下图所示。

第2步 返回工作表，在单元格区域中输入编号后的序号，如"1、2……"，然后按 Enter 键确认，即可显示完整的编号，如下图所示。

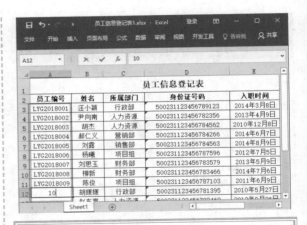

062 快速输入部分重复的内容

适用版本	实用指数
Excel 2007、2010、2013、2016	★★★★★

使用说明

当要在工作表中输入大量含部分重复内容的数据时，通过自定义数据格式的方法输入，可大大提高输入速度。

解决方法

例如，要输入"开发一部、开发二部……"之类的数据，具体操作方法如下。

第1步 ❶ 打开素材文件（位置：素材文件 \ 第 3 章 \ 员工信息登记表 2.xlsx），选中要输入数据的单元格区域，打开【设置单元格格式】对话框，在【数字】选项卡的【分类】列表框中选择【自定义】选项；❷ 在右侧【类型】文本框中输入"开发 @ 部"；❸ 单击【确定】按钮，如下图所示。

第2步 返回工作表，只需在单元格中直接输入"一、二……"，即可自动输入重复部分的内容，如下图所示。

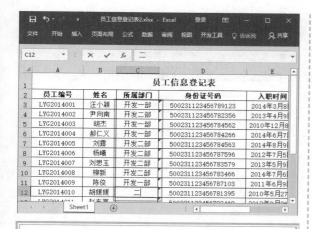

063　快速输入大写中文数字

适用版本	实用指数
Excel 2007、2010、2013、2016	★★★★☆

使用说明

在编辑工作表时，有时还会输入大写的中文数字。对于少量的大写中文数字，按照常规的方法直接输入即可；对于大量的大写中文数字，为了提高输入速度，可以先进行格式设置再输入，或者输入后再设置格式进行转换。

解决方法

例如，要将已经录入的数字转换为大写中文数字，操作方法如下。

第1步 ❶打开素材文件（位置：素材文件\第3章\家电销售情况.xlsx），选择要转换成大写中文数字的单元格区域 B25:G25，打开【设置单元格格式】对话框，在【数字】选项卡的【分类】列表框中选择【特殊】选项；❷在右侧【类型】列表框中选择【中文大写数字】选项；❸单击【确定】按钮，如下图所示。

第2步 返回工作表，即可查看到所选单元格中的数字已经变为大写中文数字，如下图所示。

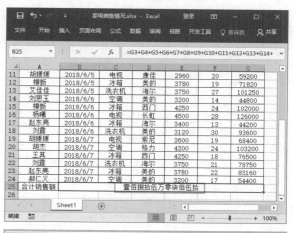

064　对手机号码进行分段显示

适用版本	实用指数
Excel 2007、2010、2013、2016	★★★★★

使用说明

手机号码一般都由 11 位数字组成。为了增强手机号码的易读性，可以将其设置为分段显示。

解决方法

例如，要将手机号码按照 3、4、4 的位数进行分段显示，具体操作方法如下。

第1步 ❶打开素材文件（位置：素材文件\第3章\员工信息登记表3.xlsx），选中需要设置分段显示的单元格区域，打开【设置单元格格式】对话框，在【数字】选项卡的【分类】列表框中选择【自定义】选项；❷在右侧【类型】文本框中输入"000-0000-0000"；❸单击【确定】按钮，如下图所示。

第2步 返回工作表，即可看到手机号码自动分段显示，如下图所示。

---

065 利用记忆功能快速输入数据

适用版本	实用指数
Excel 2007、2010、2013、2016	★★★★★

使用说明

在单元格中输入数据时，灵活运用 Excel 的记忆功能，可快速输入与当前列其他单元格相同的数据，从而提高输入效率。

解决方法

如果要利用记忆功能输入数据，具体操作方法如下。

第1步 打开素材文件（位置：素材文件\第3章\销售清单.xlsx），选中要输入与当前列其他单元格相同数据的单元格，按 Alt+↓组合键，在弹出的下拉列表中将显示当前列的所有数据，此时可选择需要录入的数据，如下图所示。

第2步 当前单元格中将自动输入所选数据，如下图所示。

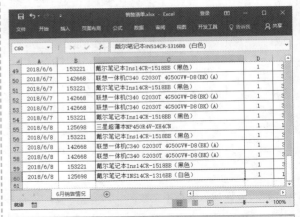

---

066 快速输入系统日期和系统时间

适用版本	实用指数
Excel 2007、2010、2013、2016	★★★★★

使用说明

在编辑销售订单类的工作表时，通常需要输入当时的系统日期和系统时间，除了常规的手动输入外，还可以通过快捷键快速输入。

解决方法

如果要使用快捷键快速输入日期和系统时间，具体操作方法如下。

第1步 打开素材文件（位置：素材文件\第3章\销售订单.xlsx），选中要输入系统日期的单元格，按下Ctrl+；组合键，如下图所示。

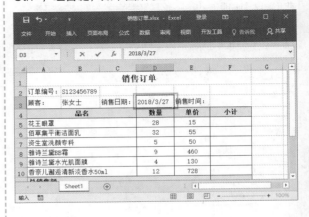

第2步 选中要输入系统时间的单元格，按 Ctrl+Shift+；组合键即可，如下图所示。

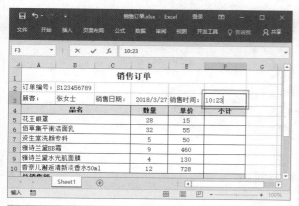

067 快速在多个单元格中输入相同数据

适用版本	实用指数
Excel 2007、2010、2013、2016	★★★★☆

使用说明

在输入数据时，有时需要在一些单元格中输入相同的数据，如果逐个输入，非常费时。为了提高输入速度，用户可按以下方法在多个单元格中快速输入相同数据。

解决方法

例如，要在多个单元格中输入 1，具体操作方法如下。

选择要输入 1 的单元格区域，输入 1，然后按 Ctrl+Enter 组合键确认，即可在选中的多个单元格中输入相同内容，如下图所示。

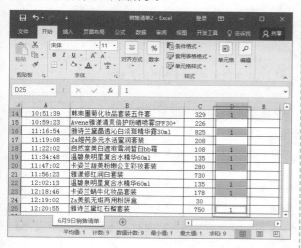

068 在多个工作表中同时输入相同数据

适用版本	实用指数
Excel 2007、2010、2013、2016	★★★☆☆

使用说明

在输入数据时，不仅可以在多个单元格中输入相同的数据，还可以在多个工作表中输入相同的数据。

解决方法

例如，要在"6月""7月"和"8月"这3张工作表中同时输入相同的数据，具体操作方法如下。

第1步 新建一个名为【新进员工考核表】的空白工作簿，通过新建工作表，使工作簿中含有3张工作表，然后分别命名为"6月""7月""8月"，如下图所示。

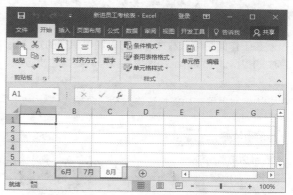

第2步 ❶按住 Ctrl 键，依次单击工作表对应的标签，从而选中需要同时输入相同数据的多张工作表，本例中选中"6月""7月""8月"这3张工作表；❷直接在当前工作表中（如"6月"）输入需要的数据，如下图所示。

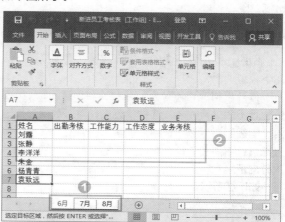

第 3 步 ❶完成内容的输入后，使用鼠标右键单击任意工作表标签；❷在弹出的快捷菜单中单击【取消组合工作表】命令，取消多张工作表的选中状态，如下图所示。

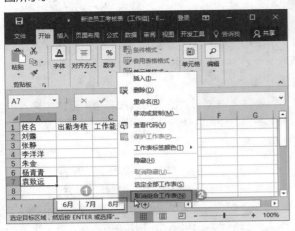

第 4 步 切换到"7 月"或"8 月"工作表，可看到在相同位置输入了相同内容，如下图所示。

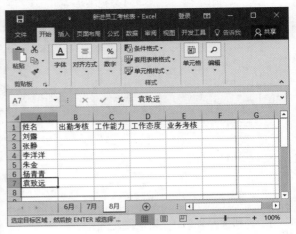

3.2 数据的快速填充和导入技巧

在工作簿中输入数据时，可以通过填充的方法快速输入有规律的数据，还可以通过导入的方法输入其他程序中的数据。下面介绍快速填充和导入数据的技巧。

069 利用填充功能快速输入相同数据

适用版本	实用指数
Excel 2007、2010、2013、2016	★★★★★

> **使用说明**

在输入工作表数据时，可以使用 Excel 的填充功能在表格中快速向上、向下、向左或向右填充相同数据。

> **解决方法**

例如，要在表格中向下填充数据，具体操作方法如下。

打开素材文件（位置：素材文件 \ 第 3 章 \ 员工信息登记表 2.xlsx），选中单元格，输入数据，如输入"销售部"，然后选中之前输入内容的单元格，将鼠标指针指向右下角，指针呈 ✚ 时，按住鼠标左键不放并向下拖动，拖动到目标单元格后释放鼠标左键即可，如下图所示。

070 使用填充功能快速输入序列数据

适用版本	实用指数
Excel 2007、2010、2013、2016	★★★★★

> **使用说明**

利用填充功能填充数据时，还可以填充等差序列或等比序列数字。

解决方法

例如，利用填充功能输入等比序列数字，具体操作方法如下。

第1步 ❶在单元格中输入等比序列的起始数据，如2，选中该单元格；❷在【开始】选项卡的【编辑】组中单击【填充】下拉按钮；❸在弹出的下拉菜单中单击【序列】命令，如下图所示。

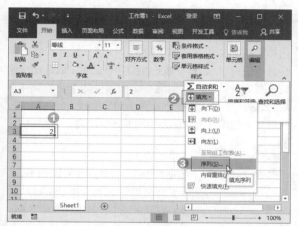

第2步 ❶弹出【序列】对话框，在【序列产生在】中选择填充选项，本例中选中【列】单选按钮表示向下填充；❷在【类型】中选择填充的数据类型，本例中选中【等比序列】单选按钮；❸在【步长值】文本框中输入步长值；❹在【终止值】文本框中输入结束值；❺单击【确定】按钮即可，如下图所示。

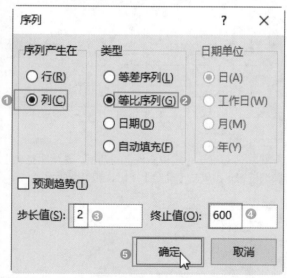

第3步 操作完成后即可看到填充效果，如下图所示。

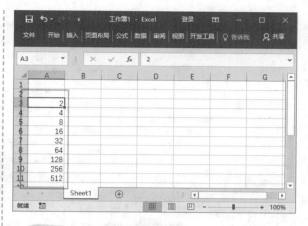

知识拓展

通过拖动鼠标的方式也可以填充序列数据，操作方法为：在单元格中依次输入序列的两个数字，并选中这两个单元格，将鼠标指针指向第二个单元格的右下角，指针呈 ✛ 时按住鼠标右键不放并向下拖动，当拖动到目标单元格后释放鼠标右键，在自动弹出的快捷菜单中单击【等差序列】或【等比序列】命令，即可填充相应的序列数据。当指针呈 ✛ 时，按住鼠标左键向下拖动，可直接填充等差序列。

071　自定义填充序列		

适用版本	实用指数	
Excel 2007、2010、2013、2016	★★★☆☆	

使用说明

在编辑工作表数据时，经常需要填充序列数据。Excel 提供了一些内置序列，用户可直接使用。对于经常使用而内置序列中没有的数据序列，则需要自定义数据序列，以后便可填充自定义的序列，从而加快数据的输入速度。

解决方法

例如，要自定义序列【助教、讲师、副教授、教授】序列，具体操作方法如下。

第1步 打开【Excel 选项】对话框，单击【高级】选项卡【常规】选项组中的【编辑自定义列表】按钮，如下图所示。

第2步 ❶弹出【自定义序列】对话框，在【输入序列】文本框中输入自定义序列的内容；❷单击【添加】按钮，将输入的数据序列添加到左侧【自定义序列】列表框中；❸依次单击【确定】按钮退出，如下图所示。

第3步 经过上述操作后，在单元格中输入自定义序列的第一个内容，再利用填充功能拖动鼠标，即可自动填充自定义的序列，如下图所示。

072 快速填充所有空白单元格

适用版本	实用指数	
Excel 2007、2010、2013、2016	★★★☆☆	

使用说明

在输入表格数据时，有时需要在多个空白单元格内输入相同的数据内容。除了手动逐一输入，或者手动选中空白单元格，然后使用 Ctrl+Enter 组合键快速输入数据外，还可以使用 Excel 提供的【定位条件】功能选择空白单元格，然后再使用 Ctrl+Enter 组合键，快速在空白单元格中输入相同的数据内容。

解决方法

快速填充所有空白单元格的具体操作方法如下。

第1步 ❶打开素材文件（位置：素材文件\第3章\答案 .xlsx），在工作表的数据区域中，选中任意单元格；❷在【开始】选项卡的【编辑】组中，单击【查找和选择】按钮；❸在弹出的下拉菜单中单击【定位条件】命令，如下图所示。

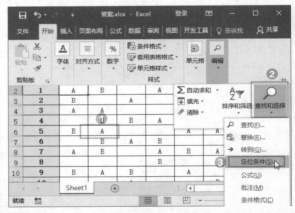

第2步 ❶弹出【定位条件】对话框，选中【空值】单选按钮；❷单击【确定】按钮，如下图所示。

第3步 返回工作表，所选单元格区域中的所有空白

单元格呈选中状态，输入需要的数据内容，如 C，按 Ctrl+Enter 组合键，即可快速填充所选空白单元格，如下图所示。

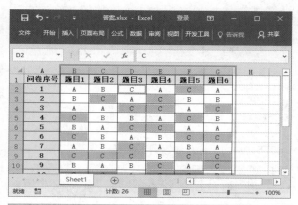

073　如何自动填充日期值

适用版本	实用指数
Excel 2007、2010、2013、2016	★★★☆☆

使用说明

在编辑记账表格、销售统计等类型的工作表时，经常要输入连贯的日期值，除了使用手动输入外，还可以通过填充功能快速输入，以提高工作效率。

解决方法

如果要自动填充日期值，具体操作方法如下。

 打开素材文件（位置：素材文件\第 3 章\海尔冰箱销售统计 .xlsx），在单元格中输入起始日期，并选中该单元格，将鼠标指针指向单元格的右下角，指针呈 ✚ 时按住鼠标右键不放并向下拖动当拖动到目标单元格后释放鼠标右键，在自动弹出的快捷菜单中选择日期填充方式，如【以月填充】，如下图所示。

 操作完成后即可按月填充序列，如下图所示。

温馨提示

当指针呈 ✚ 时，若按住鼠标左键向下拖动，可直接按【以天数填充】方式填充日期值。

074　从 Access 文件导入数据到工作表

适用版本	实用指数
Excel 2007、2010、2013、2016	★★★★☆

使用说明

如果已经在 Access 文件中制作了数据工作表，可以将其直接导入到 Excel 工作表中。

解决方法

如果要从 Access 文件导入数据到工作表中，具体操作方法如下。

 打开素材文件（位置：素材文件\第 3 章\从 Access 导入数据 .xlsx），单击【数据】选项卡【获取外部数据】组中的【自 Access】命令，如下图所示。

第2步 ❶打开【选取数据源】对话框,选择数据源(位置:素材文件\第3章\联系人管理.accdb);❷单击【打开】按钮,如下图所示。

第3步 ❶打开【选择表格】对话框,在列表框中选择要导入的表格;❷单击【确定】按钮,如下图所示。

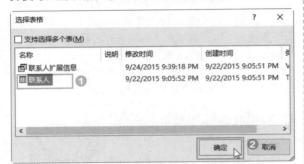

第4步 ❶打开【导入数据】对话框,在【请选择该数据在工作簿中的显示方式】选项组中选中【表】单选按钮;❷在【数据的放置位置】选项组中选择【现有工作表】单选按钮,并选择 A1 单元格作为放置数据的起始单元格;❸单击【确定】按钮,如下图所示。

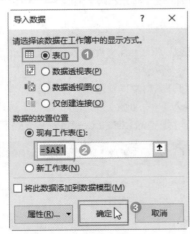

第5步 返回工作表,即可看到 Access 中的数据已经导入到工作表中,如下图所示。

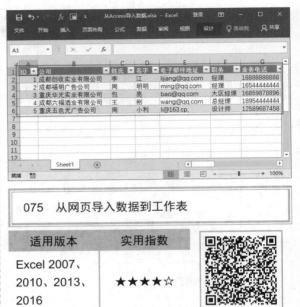

075 从网页导入数据到工作表

适用版本	实用指数
Excel 2007、2010、2013、2016	★★★★☆

使用说明

在工作表中导入外部数据时,不仅可以导入计算机文本文件中的内容,还可以导入网页中的数据,以便能及时、准确地获取需要的数据。需要注意的是,在导入网页中的数据时,需要保证计算机连接上网络。

在国家统计局(http://www.stats.gov.cn/)等专业网站上,我们可以轻松获取网站发布的数据,如固定资产投资和房地产、价格指数、旅游业、金融业等。

解决方法

如果要从网页导入数据到工作表中,具体操作方法如下。

第1步 启动 Excel 程序,单击【数据】选项卡【获取外部数据】组中的【自网站】命令,如下图所示。

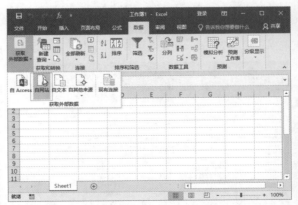

第2步 ❶弹出【新建 Web 查询】对话框,在地址栏中输入要导入数据的网址;❷单击【转到】按钮;

❸打开网页内容，单击表格前的➡图标，如下图所示。

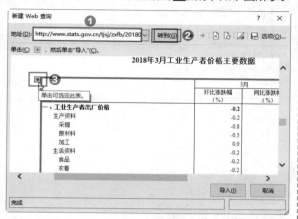

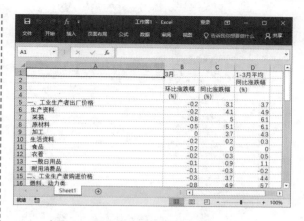

第3步 ➡图标变成✓图标，此时表格呈选中状态，单击【导入】按钮，如下图所示。

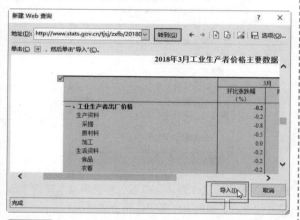

第4步 弹出【导入数据】对话框，直接单击【确定】按钮，如下图所示。

第5步 返回工作表，系统将会从网页上获取数据，完成获取后，就会在工作表中显示数据内容，如下图所示。

076 从文本文件导入数据到工作表

适用版本	实用指数
Excel 2007、2010、2013、2016	★★★★☆

使用说明

在工作表中输入数据时，还可以从文本文件中导入数据，从而提高输入速度。

解决方法

如果要从文件中的数据导入到 Excel 工作表中，具体操作方法如下。

第1步 启动 Excel 程序，单击【数据】选项卡【获取外部数据】组中的【自文本】按钮，如下图所示。

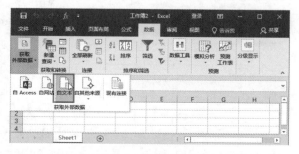

第2步 ❶弹出【导入文本文件】对话框，选中要导入的文本文件；❷单击【导入】按钮，如下图所示。

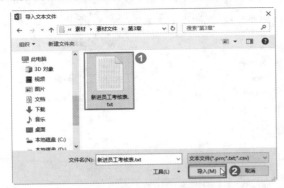

第3步 ❶弹出【文本导入向导－第1步，共3步】对话框，【请选择最合适的文件类型】栏中选中【分隔符号】单选按钮；❷单击【下一步】按钮，如下图所示。

第4步 ❶弹出【文本导入向导－第2步，共3步】对话框，在【分隔符号】选项组中勾选【逗号】复选框；❷单击【下一步】按钮，如下图所示。

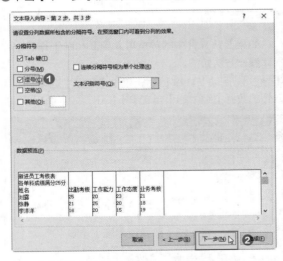

第5步 ❶弹出【文本导入向导－第3步，共3步】对话框，在【列数据格式】选项组中选择【常规】单选按钮；❷单击【完成】按钮，如下图所示。

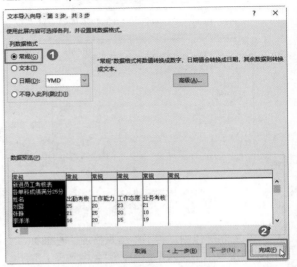

第6步 弹出【导入数据】对话框，直接单击【确定】按钮，如下图所示。

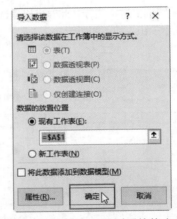

第7步 返回工作表，可以看到系统将文本文件中的数据导入到了当前工作表中，如下图所示。

3.3 设置数据的有效性

数据验证功能用来验证用户输入到单元格中的数据是否有效，以及限制输入数据的类型或范围等，从而减少输入错误，提高工作效率。本节将讲解数据验证的相关操作技巧，如只允许在单元格中输入数字、为数据输入设置下拉列表等。

077 只允许在单元格中输入数字		
适用版本	**实用指数**	
Excel 2013、2016	★★★★★	

使用说明

在工作表中输入数据时，如果某列的单元格只能输入数字，则可以设置限制在该列中只能输入数字而不能输入其他内容。

解决方法

如果要设置单元格区域只能输入数字，具体操作方法如下。

第1步 ❶打开素材文件（位置：素材文件\第3章\海尔冰箱销售统计 1.xlsx），选择要设置内容限制的单元格区域，本例中选择 B3:B14；❷单击【数据】选项卡【数据工具】组中的【数据验证】按钮，如下图所示。

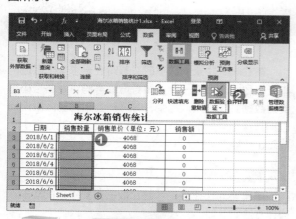

知识拓展

在 Excel 2007、2010 中是通过【数据有效性】对话框进行设置的，打开该对话框的操作方法为：切换到【数据】选项卡，单击【数据工具】中的【数据有效性】按钮即可。

第2步 ❶弹出【数据验证】对话框，在【允许】下拉列表中选择【自定义】选项；❷在【公式】文本框中输入"=ISNUMBER(B3)"（ISNUMBER 函数用于测试输入的内容是否为数值，其中 B3 是指选择单元格区域的第一个活动单元格）；❸单击【确定】按钮，如下图所示。

第3步 经过以上操作后，在 B3:B14 中如果输入除数字以外的其他内容就会出现错误提示的警告，如下图所示。

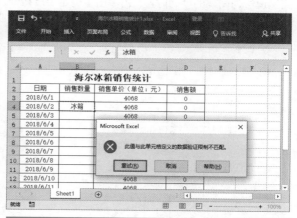

078 为数据输入设置下拉选择列表		
适用版本	**实用指数**	
Excel 2013、2016	★★★★★	

使用说明

通过设置下拉选择列表，可在输入数据时选择设置好的单元格内容，提高工作效率。

解决方法

如果要在工作表中设置下拉选择列表，操作方法如下。

第1步 ❶打开素材文件（位置：素材文件\第3章\员工信息登记表 2.xlsx），选择要设置内容限制的单元格区域；❷单击【数据】选项卡【数据工具】组中的【数据验证】按钮 🖳，如下图所示。

第2步 ❶在【数据验证】对话框【允许】下拉列表中选择【序列】选项；❷在【来源】文本框中输入以英文逗号为间隔的序列内容；❸单击【确定】按钮，如下图所示。

第3步 返回工作表，单击设置了下拉选择列表的单元格，其右侧会出现一个下拉箭头，单击该箭头，将弹出一个下拉列表，单击某个选项，即可快速在该单元格中输入所选内容，如下图所示。

温馨提示

在设置下拉选择列表时，在【数据验证】对话框的【设置】选项卡中，一定要确保【提供下拉箭头】选项为勾选状态（默认是勾选状态），否则选择设置了数据有效性下拉列表的单元格后，不会出现下拉箭头，从而无法弹出下拉列表供用户选择。

079　限制重复数据的输入

适用版本	实用指数
Excel 2013、2016	★★★★★

使用说明

在 Excel 中录入数据时，有时会要求某个区域的单元格数据具有唯一性，如身份证号码、发票号码之类的数据。在输入过程中，有可能会因为输入错误而出现数据相同的情况，此时可以通过【数据验证】功能防止数据重复输入。

解决方法

如果要为工作表设置防止数据重复输入的功能，操作方法如下。

第1步 ❶打开素材文件（位置：素材文件\第3章\员工信息登记表 1.xlsx），选中要设置防止重复输入的单元格区域，打开【数据验证】对话框，本例选择 A3:A17，在【允许】下拉列表中选择【自定义】选项；❷在【公式】文本框中输入"=COUNTIF($A$3:$A$17,A3)<=1"；❸单击【确

定】按钮，如下图所示。

第2步 返回工作表中，当在 A3:A17 中输入重复数据时，就会出现错误提示的警告，如下图所示。

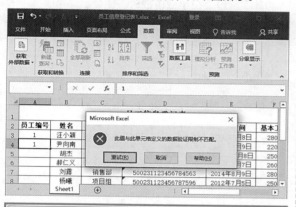

---

080 设置单元格文本的输入长度

适用版本	实用指数
Excel 2013、2016	★★★★☆

使用说明

编辑工作表数据时，为了加强输入数据的准确性，可以限制单元格的文本输入长度，当输入的内容超过或少于设置的长度时，系统就会出现错误提示的警告。

解决方法

如果要设置单元格文本的输入长度，操作方法如下。

第1步 ❶打开素材文件（位置：素材文件\第3章\身份证号码采集表.xlsx），选中要设置文本长度的单元格区域 B3:B15，打开【数据验证】对话框，在【允许】下拉列表中选择【文本长度】选项；❷在【数据】下拉列表中选择【介于】选项；❸分别设置文本长度的最大值和最小值；❹单击【确定】按钮，如下图所示。

第2步 返回工作表中，在 B3:B15 单元格中输入内容时，若文本长度不在 15~18 之间，则会出现错误提示的警告，如下图所示。

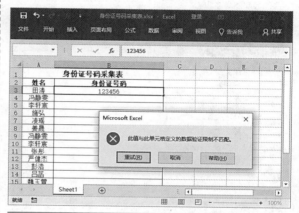

---

081 设置单元格数值输入范围

适用版本	实用指数
Excel 2013、2016	★★★★★

使用说明

输入表格数据时，为了保证输入数据的正确率，可以通过【数据验证】功能设置数值的输入范围。

解决方法

如果要设置单元格数值输入范围，操作方法如下。

第1步 ❶打开素材文件（位置：素材文件\第3章\商品定价表.xlsx），选中要设置数值输入范围的单元格区域 B3:B8，打开【数据验证】对话框，在【允许】下拉列表中选择【整数】选项；❷在【数据】下拉列表中选择【介于】选项；❸分别设置文本长度的最大值和最小值，如最小值为 320，最大值为 650；❹单击【确定】按钮，如下图所示。

第2步 返回工作表中，在 B3:B8 单元格区域中输入 320~650 之外的数据时，会出现错误提示的警告，如下图所示。

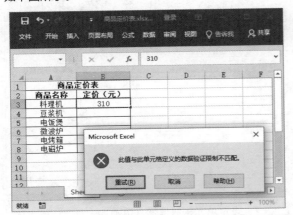

082 限定单元格输入小数不超过2位

适用版本	实用指数
Excel 2013、2016	★★★★★

▶ 使用说明

在单元格中输入含有小数的数字时，还可以通过设置数据有效性，以限制输入的小数位数不超过2位。

▶ 解决方法

如果要设置小数位数不能超过2位，操作方法如下。
第1步 ❶打开素材文件（位置：素材文件\第3章\商品定价表.xlsx），选中要设置数值输入范围的单元格区域 B3:B8，打开【数据验证】对话框，在【允许】下拉列表中选择【自定义】选项；❷在【公式】文本框中输入"=TRUNC(B3,2)=B3"；❸单击【确定】

按钮，如下图所示。

第2步 返回工作表中，在 B3:B8 单元格区域中输入的数字超过 2 位小数位数时，便会出现错误提示的警告，如下图所示。

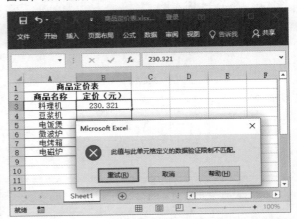

083 设置使单元格只能输入汉字

适用版本	实用指数
Excel 2013、2016	★★★★☆

▶ 使用说明

输入表格数据时，有的单元格只允许输入汉字，为了防止输入汉字以外的内容，可通过【数据验证】功能设置限制条件。

▶ 解决方法

如果要设置只能在单元格中输入汉字，操作方法如下。
第1步 ❶打开素材文件（位置：素材文件\第3章\采购发票.xlsx），选中要设置数值输入范围的单元格区域 B8，打开【数据验证】对话框，在【允许】下拉列表中选择【自定义】选项；❷在【公式】文本框中输入"=ISTEXT(B8)"；❸单击【确定】按钮，如下图所示。

打开【数据验证】对话框，在【允许】列表中选择数据类型，本例中选择【日期】；❷在【数据】下拉列表中选择数据条件，如【介于】；❸分别在【开始日期】和【结束日期】文本框中输入参数值；❹单击【确定】按钮，如下图所示。

第2步 返回工作表，在 B8 单元格中输入阿拉伯数字时，便会出现错误提示的警告，如下图所示。

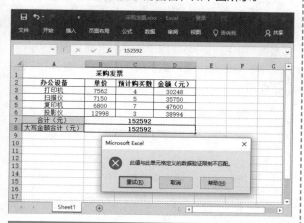

第2步 ❶返回工作表，保持当前单元格区域的选中状态，在【数据工具】组中单击【数据验证】下拉按钮；❷在弹出的下拉菜单中单击【圈释无效数据】命令，如下图所示。

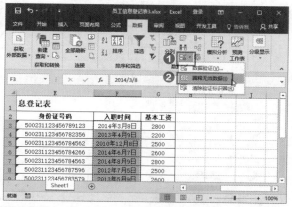

第3步 操作完成后即可将无效数据标示出来，如下图所示。

084 圈释表格中无效的数据

适用版本	实用指数
Excel 2013、2016	★★★☆☆

使用说明

在编辑工作表的时候，还可通过 Excel 的圈释无效数据功能，快速找出错误或不符合条件的数据。

解决方法

如果要在工作表中圈释无效数据，具体操作方法如下。

第1步 ❶打开素材文件（位置：素材文件\第3章\员工信息登记表 3.xlsx），选中要进行操作的数据区域，

085 设置输入数据前的提示信息		
适用版本	实用指数	
Excel 2013、2016	★★★★☆	

使用说明

编辑工作表数据时，可以为单元格设置输入提示信息，以便提醒用户应该在单元格中输入的内容。

解决方法

如果要设置输入数据前的提示信息，操作方法如下。

第1步 ❶打开素材文件（位置：素材文件\第3章\身份证号码采集表.xlsx），选中要设置文本长度的单元格区域 B3:B15，打开【数据验证】对话框，在【输入信息】选项卡中勾选【选定单元格时显示输入信息】复选框；❷在【标题】和【输入信息】文本框中输入提示内容；❸单击【确定】按钮，如下图所示。

第2步 返回工作表，在单元格区域 B3:B15 中选中任意单元格，都将会出现提示信息，如下图所示。

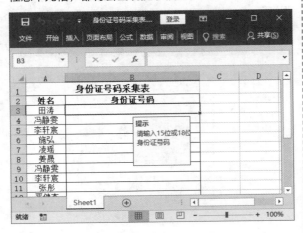

086 设置数据输入错误的警告信息		
适用版本	实用指数	
Excel 2013、2016	★★★★☆	

使用说明

在单元格中设置了数据有效性后，当输入错误的数据时，系统会自动弹出提示警告信息。除了系统默认的警告信息之外，还可以自定义警告信息。

解决方法

如果要设置错误警告信息，操作方法如下。

第1步 ❶打开素材文件（位置：素材文件\第3章\商品定价表.xlsx），选中要设置数据有效性的单元格区域 B3:B8，打开【数据验证】对话框，在【设置】选项卡的"允许"下拉列表中选择"整数"选项；❷"数据"下拉列表中选择"介于"选项，然后分别设置文本长度的最大值和最小值；❸单击【确定】按钮，如下图所示。

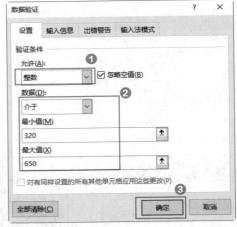

第2步 ❶在【出错警告】选项卡的【样式】下拉列表中选择警告样式，如【停止】；❷在【标题】文本框中输入提示标题；❸在【错误信息】文本框中输入提示信息；❹完成设置后单击【确定】按钮，如下图所示。

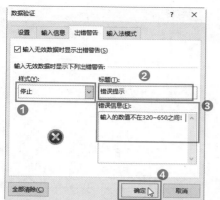

第3步 返回工作表，在 B3:B8 单元格区域中输入不符合条件的数据时，会出现自定义样式的警告信息，如下图所示。

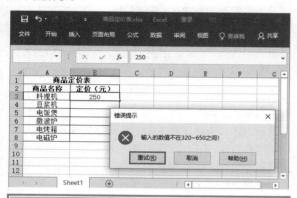

087 设置在具有数据有效性的单元格中输入非法值

适用版本	实用指数
Excel 2013、2016	★★★☆☆

使用说明

在设置了数据有效性的单元格中，如果输入的数据不在有效性范围内，则会弹出出错警告信息，并拒绝输入。如果需要输入的数据不在有效性范围内，但是又希望输入该数据，则可通过设置出错警告解决这一问题。

解决方法

例如，在"商品定价表 1.xlsx"中，为单元格区域设置了只能输入 320~650 之间的数值，现在要设置允许输入 320~650 之外的非法数值，具体操作方法如下。

第1步 ❶打开素材文件（位置：素材文件\第3章\商品定价表 1.xlsx），选中单元格区域 B3:B8，打开【数

据验证】对话框，在【出错警告】选项卡的【样式】下拉列表中选择【警告】或【信息】选项；❷单击【确定】按钮，如下图所示。

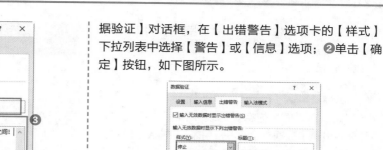

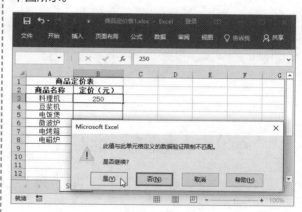

第2步 通过上述设置后，在 B3 单元格中输入 320~650 之外的数据时（如 250），会弹出出错警告信息，若坚持输入 250，则单击【是】按钮即可，如下图所示。

温馨提示

在设置出错警告时，一定不能设置【停止】样式，【停止】样式禁止非法数据的输入，而【警告】样式允许选择是否输入非法数据，【信息】样式仅对输入非法数据进行提示。

088 只复制单元格中的数据验证设置

适用版本	实用指数
Excel 2013、2016	★★★★☆

使用说明

对单元格设置了数据验证条件，并在其中输入了

相应的内容，若其他单元格需要使用相同的数据验证条件，但不需要该单元格中的内容，则可通过选择性粘贴快速实现。

解决方法

例如，在"员工信息登记表 5.xlsx"中，在 C3 单元格中设置了数据有效性下拉列表，并输入了内容，且设置了字体格式、单元格填充颜色，现在仅需要将 C3 单元格中的验证条件复制到 B4:B8 单元格区域中，具体操作方法如下。

第1步 ❶打开素材文件（位置：素材文件\第3章\员工信息登记表 5.xlsx），选中 C3 单元格，按下 Ctrl+C 组合键进行复制操作；❷选中 B4:B8 单元格区域，在【剪贴板】组中单击【粘贴】下拉按钮；❸在弹出的下拉列表中选择【选择性粘贴】选项，如下图所示。

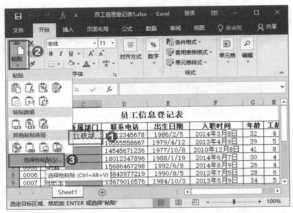

第2步 ❶弹出【选择性粘贴】对话框，在【粘贴】选项组中选中【验证】单选按钮；❷单击【确定】按钮，如下图所示。

第3步 返回工作表，可发现在 B4:B8 单元格区域中选中任意单元格，其右侧会出现一个下拉箭头，单击该箭头，将弹出一个下拉列表，如下图所示。

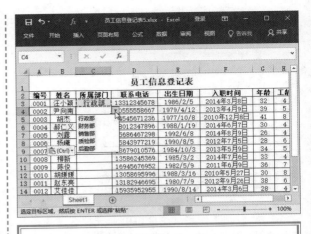

089 快速清除数据验证

适用版本	实用指数
Excel 2013、2016	★★★★★

使用说明

编辑工作表时，在不同的单元格区域设置了不同的数据有效性，现在希望将所有的数据有效性清除掉，如果逐一清除，会非常繁琐，此时可按下面的方法一次性清除。

解决方法

例如，在"员工信息登记表 6.xlsx"中为不同区域设置了不同的数据验证条件，现在要一次性清除，操作方法发如下。

第1步 ❶打开素材文件（位置：素材文件\第3章\员工信息登记表 6.xlsx），在工作表中选中整个数据区域；❷单击【数据工具】组中的【数据验证】按钮，如下图所示。

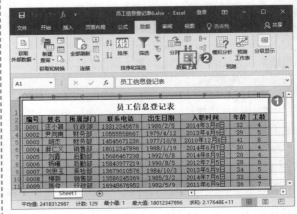

第 2 步 弹出提示对话框，提示选择区域含有多种类型的数据验证，询问是否清除当前设置并继续，单击【确定】按钮，如下图所示。

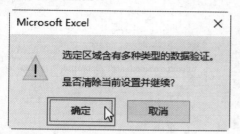

第 3 步 弹出【数据验证】对话框，此时默认打开【设置】选项卡，验证条件为【任何值】，直接单击【确定】按钮，即可清除所选单元格区域的数据验证，如下图所示。

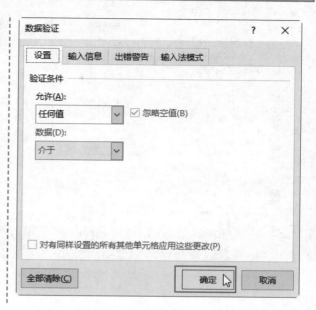

第 4 章
表格数据的快速编辑技巧

在 Excel 中录入数据之后，会面临修改、复制、粘贴等问题，有时候还需要将工作表、文件等链接到工作簿中。本章将为用户介绍数据的快速编辑技巧，学会了这些技巧，可以让用户在工作中更快地编辑数据，提高工作效率。

下面先来看看以下一些数据编辑中的常见问题，你是否会处理或已掌握。

【√】辛苦录入的数据有多处发生同样的错误，你知道如何快速更改错误吗？

【√】为单元格设置了单元格格式，如何通过格式来选中这些单元格？

【√】在复制、粘贴数据后，希望粘贴的数据在源数据更改后也能一起更改，你知道怎样设置吗？

【√】在录入大量数据时，不小心录入了重复的数据，你知道如何快速删除吗？

【√】在制作数据较多的表格时，需要设计一个汇总表格，你知道怎样将各工作表链接到汇总表格中吗？

【√】每次粘贴邮箱数据时，总是会自动创建超链接，怎样才能阻止 Excel 自动创建超链接？

希望通过学习本章内容，能帮助你解决以上问题，并学会 Excel 数据的快速编辑技巧。

4.1 查找与替换数据

在工作表中录入了数据之后，如果要查找或修改某些数据，在庞大的数据库中挨个寻找可能比较困难。此时，我们可以使用查找和替换数据来帮忙。本节将介绍查找与替换数据的操作技巧。

---

090 快速修改多处同一错误的内容

适用版本	实用指数
Excel 2007、2010、2013、2016	★★★★★

使用说明

如果在工作表中有多个地方输入了同一个错误的内容，按常规方法逐个修改会非常繁琐。此时，我们可以利用查找和替换功能，一次性修改所有错误内容。

解决方法

如果要快速修改多处同一错误，具体方法如下。

【第1步】❶打开素材文件（位置：素材文件\第4章\旅游业发展情况.xlsx），在数据区域中选中任意单元格；❷在【开始】选项卡的【编辑】组中单击【查找和选择】按钮；❸在弹出的下拉列表中选择【替换】选项，如下图所示。

【第2步】❶在【替换】选项卡的【查找内容】文本框中输入要查找的数据，本例中输入【有客】；❷在【替换为】文本框中输入替换的内容，本例中输入【游客】；❸单击【全部替换】按钮，如下图所示。

【第3步】系统即可开始进行查找和替换，完成替换后，会弹出提示框告知，单击【确定】按钮，如下图所示。

【第4步】返回【查找和替换】对话框，单击【关闭】按钮关闭该对话框即可，如下图所示。

---

091 查找和替换公式

适用版本	实用指数
Excel 2007、2010、2013、2016	★★★★☆

使用说明

在包含公式的工作表中，如果公式应用错误，也可以通过查找和替换功能，快速将错误的公式更改过来。

解决方法

例如，在"销售清单1.xlsx"的工作表中，本应该使用PRODUCT函数，却在计算过程中使用了SUM函数，现在要利用替换功能将SUM函数替换成PRODUCT函数，具体操作方法如下。

❶打开素材文件（位置：素材文件\第4章\6月9日销售清单.xlsx），按Ctrl+H组合键，打开【查找和替换】对话框，单击【选项】按钮；❷分别输入要查找的函数及要替换的函数；❸在【查找范围】下拉列表中选择【公式】选项；❹单击【全部替换】按钮即可替换错误的公式，如下图所示。

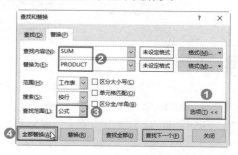

092　在查找时区分大小写

适用版本	实用指数
Excel 2007、2010、2013、2016	★★★★☆

使用说明

对工作表中的英文内容进行查找和替换时，如果英文内容中既有大写字母，又有小写字母，若不进行区分，则会对大小写字母一起进行查找和替换。如果希望按照大小写查找与查找内容一致的内容，则需要区分大小写。

解决方法

如果要在查找时区分大小写，具体操作方法如下。

❶打开素材文件（位置：素材文件\第4章\销售清单 .xlsx），按 Ctrl+F 组合键，打开【查找和替换】对话框，单击【选项】按钮；❷输入要查找的字母，本例中输入 A；❸勾选【区分大小写】复选框；❹单击【查找全部】按钮即可，如下图所示。

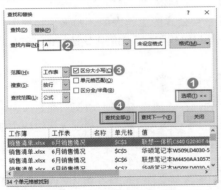

093　使用通配符查找数据

适用版本	实用指数
Excel 2007、2010、2013、2016	★★★★☆

使用说明

在工作表中查找内容时，有时不能准确确定所要查找的内容，此时可使用通配符进行模糊查找。

通配符主要有"?"与"*"两个，并且要在英文输入状态下输入。其中"?"代表一个字符，"*"代

表多个字符。

解决方法

例如，要使用通配符"*"进行模糊查找，具体操作方法如下。

❶打开素材文件（位置：素材文件\第4章\销售清单 .xlsx），按 Ctrl+F 组合键，打开【查找和替换】对话框，单击【选项】按钮；❷输入要查找的关键字，如"* 联想"；❸单击【查找全部】按钮，即可查找出当前工作表中所有含【联想】内容的单元格，如下图所示。

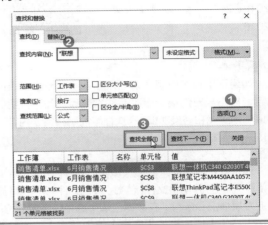

094　设置查找范围提高搜索效率

适用版本	实用指数
Excel 2007、2010、2013、2016	★★★☆☆

使用说明

在对数据进行查找和替换时，可以在搜索内容时设置查找范围和方式，以便提高搜索效率。

解决方法

例如，要查找整个工作簿中数据，具体操作方法如下。

第1步　❶打开素材文件（位置：素材文件\第4章\年度利润表 .xlsx），按 Ctrl+F 组合键，打开【查找和替换】对话框，单击【选项】按钮；❷在【查找内容】文本框中输入要查找的内容，本例中输入"主营业务成本"；❸在【范围】下拉列表中选择搜索范围，本例中选择【工作簿】；❹单击【查找全部】按钮，如下图所示。

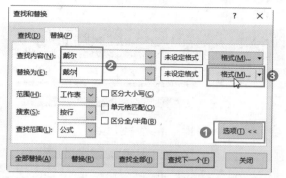

第 2 步 系统即可按照设置的搜索范围进行查找，完成查找后，将在列表框中显示出查找到的单元格地址、数值等信息，单击某条搜索结果，会在工作簿中自动进行定位，如下图所示。

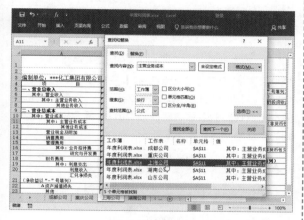

操作方法如下。

第 1 步 ❶打开素材文件（位置：素材文件\第 4 章\销售清单 .xlsx），按 Ctrl+H 组合键，打开【查找和替换】对话框，单击【选项】按钮；❷分别输入查找内容和替换内容；❸在【替换为】文本框右侧单击【格式】按钮，如下图所示。

第 2 步 ❶弹出【替换格式】对话框，切换到【填充】选项卡；❷在【背景色】选项组中选择需要的填充颜色；❸单击【确定】按钮，如下图所示。

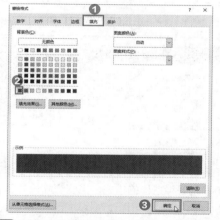

温馨提示

在【查找内容】文本框中输入要查找的内容后，若单击【查找下一个】按钮，则系统会在设置的查找范围中逐一查找。

095　为查找到的数据设置指定格式

适用版本	实用指数
Excel 2007、2010、2013、2016	★★★☆☆

第 3 步 返回【查找和替换】对话框，可看到填充色的预览效果，单击【全部替换】按钮进行替换，如下图所示。

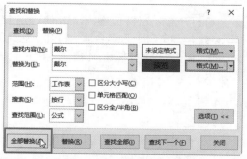

使用说明

在编辑工作表数据时，除了可以通过【查找和替换】来替换内容外，还可以对查找到的单元格设置指定格式，如字体、单元格填充颜色等。

解决方法

例如，要对查找到的单元格设置填充颜色，具体

第 4 步 替换完成后会弹出提示对话框，提示已完成替换，单击【确定】按钮即可，如下图所示。

第5步 返回工作表，可查看替换后的效果，如下图所示。

096 清除某种特定格式的单元格内容

适用版本	实用指数
Excel 2007、2010、2013、2016	★★★☆☆

使用说明

在编辑工作表时，有的用户为了美化工作表，会在其中设置各种各样的格式，当要清除设置了某种格式的单元格内容时，可通过查找功能快速实现。

解决方法

例如，要以背景为条件查找单元格并清除其内容，具体操作方法如下。

第1步 ❶打开素材文件（位置：素材文件\第4章\销售清单.xlsx），按 Ctrl+F 组合键，打开【查找和替换】对话框，单击【选项】按钮；❷单击【格式】按钮，如下图所示。

第2步 ❶弹出【查找格式】对话框，切换到【填充】选项卡；❷在【背景色】选项组中选择【深红】；❸单击【确定】按钮，如下图所示。

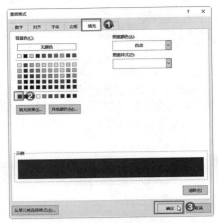

第3步 ❶返回【查找和替换】选项卡，单击【查找全部】按钮；❷此时将展开该对话框，并在列表框中显示出查找到的数据信息，按 Ctrl+A 组合键选中查找到的全部单元格，如下图所示。

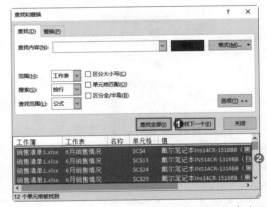

第4步 单击 Excel 窗口标题栏切换到工作表窗口，按 Delete 键即可清除单元格内容，如下图所示。

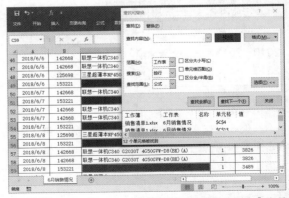

第5步 完成操作后，单击【关闭】按钮关闭【查找和替换】对话框即可。

4.2 复制与粘贴数据

在录入数据时，有时需要将已经录入的数据复制和粘贴。本节将介绍复制与粘贴数据的技巧。

097 让粘贴数据随源数据自动更新

适用版本	实用指数
Excel 2007、2010、2013、2016	★★★★☆

使用说明

在对数据进行复制与粘贴操作时，可以将数据粘贴为关联数据。当对源数据进行更改后，关联数据会自动更新，这样就能保持数据间的同步变化。

解决方法

如果要将工作表中将数据复制为关联数据，具体操作方法如下。

第1步 打开素材文件（位置：素材文件\第4章\6月9日销售清单.xlsx），选中要复制的单元格或单元格区域，本例中选择 C8 单元格，按 Ctrl+C 组合键进行复制。

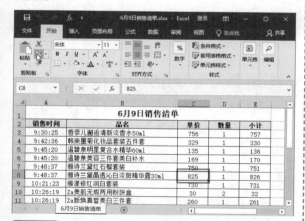

第2步 ❶选中要粘贴数据的单元格或单元格区域，本例中选择 C16 单元格；❷在【开始】选项卡的【剪贴板】组中单击【粘贴】下拉按钮；❸在弹出的下拉列表中单击【粘贴链接】按钮 即可，如下图所示。

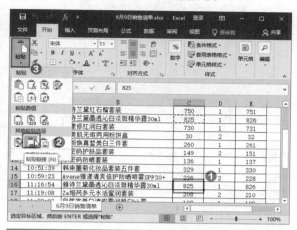

098 将单元格区域复制为图片

适用版本	实用指数
Excel 2007、2010、2013、2016	★★★★☆

使用说明

对于数据重要的工作表，为了防止他人随意修改，不仅可以通过设置密码保护实现，还可以通过复制为图片的方法来达到目的。

解决方法

如果要将工作表复制为图片，具体操作方法如下。

第1步 ❶打开素材文件（位置：素材文件\第4章\员工信息登记表.xlsx），选中要复制为图片的单元格区域；❷在【开始】选项卡的【剪贴板】组中，单击【复制】下拉按钮；❸在弹出的下拉列表中选择【复制为图片】选项，如下图所示。

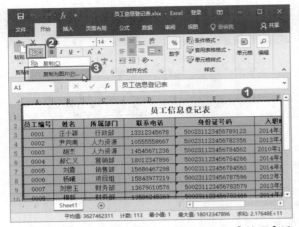

第2步 ❶弹出【复制图片】对话框，在【外观】选项组中选中【如屏幕所示】单选按钮；❷在【格式】选项组中选中【图片】单选按钮；❸单击【确定】按钮，如下图所示。

第3步 返回工作表，选择要粘贴的目标单元格，按 Ctrl+V 组合键进行粘贴即可，如下图所示。

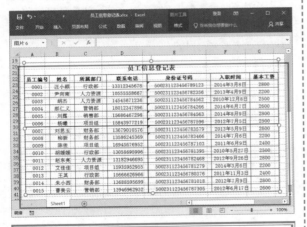

099　将数据复制为关联图片

适用版本	实用指数	
Excel 2010、2013、2016	★★★☆☆	

使用说明

将数据复制为图片时，还可以复制为关联图片。当对源数据进行更改后，关联的图片会自动更新，从而保持数据间的同步变化。

解决方法

如果要将工作表复制为关联图片，具体操作方法如下。

第1步 打开素材文件（位置：素材文件\第4章\员工信息登记表.xlsx），选中要复制为关联图片的单元格区域，直接按 Ctrl+C 组合键进行复制。

第2步 ❶选中要粘贴的目标单元格；❷在【剪贴板】组中单击【粘贴】下拉按钮；❸在弹出的下拉列表中单击【链接的图片】按钮📋即可，如下图所示。

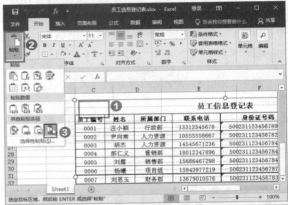

100　在粘贴数据时对数据进行目标运算

适用版本	实用指数	
Excel 2007、2010、2013、2016	★★★★☆	

使用说明

在编辑工作表数据时，还可通过选择性粘贴的方式，对数据区域进行计算。

　知识拓展

在 Excel 2007 中，操作略有区别，选中要粘贴的目标单元格后，单击【粘贴】按钮下方的下拉按钮，在弹出的下拉列表中单击【以图片格式】选项，在弹出的级联列表中单击【粘贴图片链接】选项即可。

例如，在"销售订单.xlsx"工作表中，要将【单价】都降低6元，具体操作方法如下。

第1步 ❶打开素材文件（位置：素材文件\第4章\销售订单.xlsx），在任意空白单元格中输入6后选择该单元格，按Ctrl+C组合键进行复制；❷选择要进行计算的目标单元格区域，本例中选择E5:E10；❸在【剪贴板】组中单击【粘贴】下拉按钮；❹在弹出的下拉列表选择【选择性粘贴】选项，如下图所示。

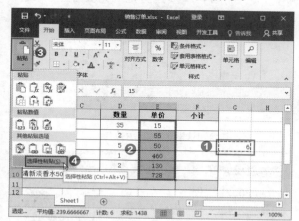

第2步 ❶弹出【选择性粘贴】对话框，在【运算】选项组中选择计算方式，本例中选择【减】；❷单击【确定】按钮，如下图所示。

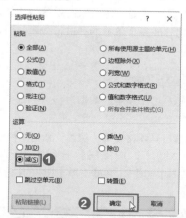

第3步 操作完成后，表格中所选区域数字都减掉了6，如下图所示。

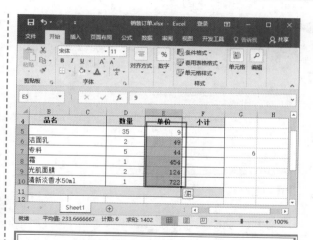

101 将表格行或列数据进行转置

适用版本	实用指数	
Excel 2007、2010、2013、2016	★★★☆☆	

在编辑工作表数据时，有时还需要将表格中的数据进行转置，即将原来的行变成列，原来的列变成行。

如果要将工作表中的数据进行转置，具体操作方法如下。

第1步 打开素材文件（位置：素材文件\第4章\海尔冰箱销售统计1.xlsx），在工作表中选择数据区域，本例中选择A2:D14，按Ctrl+C组合键进行复制操作。

第2步 ❶选择要粘贴的目标单元格；在【剪贴板】组中单击【粘贴】下拉按钮；❷在弹出的下拉列表中单击【转置】按钮，如下图所示。

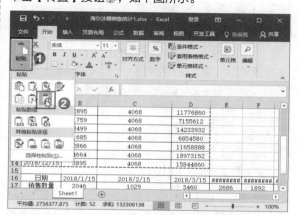

第3步 转置后，有的单元格内容显示不全，手动调

整列宽即可，如下图所示。

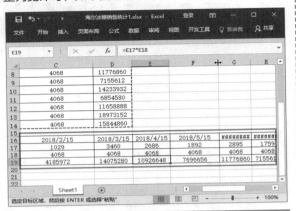

102　快速删除表格区域中的重复数据

适用版本	实用指数
Excel 2007、2010、2013、2016	★★★★☆

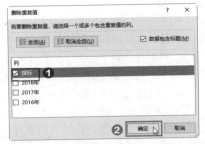

使用说明

在 Excel 工作表中处理数据时，如果其中的重复项太多，则核对起来相当麻烦。此时可利用删除重复值功能删除重复数据。

解决方法

如果要删除工作表中的重复数据，具体操作方法如下。

第1步 ❶打开素材文件（位置：素材文件\第4章\旅游业发展情况.xlsx），在数据区域中选中任意单元格；❷切换到【数据】选项卡；❸在【数据工具】组中单击【删除重复值】按钮，如下图所示。

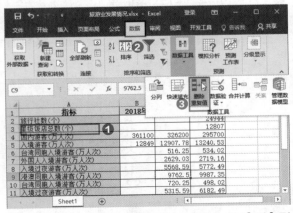

第2步 ❶弹出【删除重复值】对话框，在【列】列表框中选择需要进行重复值检查的列；❷单击【确定】

按钮，如下图所示。

第3步 Excel 将对选中的列进行重复值检查并删除重复项，检查完成后会弹出提示框告知，单击【确定】按钮即可，如下图所示。

103　使用分列功能分列显示数据

适用版本	实用指数
Excel 2007、2010、2013、2016	★★★☆☆

使用说明

在编辑工作表时，还可以使用分列功能将一个列中的内容划分成多个单独的列进行放置，以便更好地查看数据。

解决方法

如果要对工作表中的数据进行分列显示，具体方法如下。

第1步 ❶打开素材文件（位置：素材文件\第4章\商品名称.xlsx），选择需要分列的单元格区域；❷单击【数据】选项卡【数据工具】组中的【分列】按钮，如下图所示。

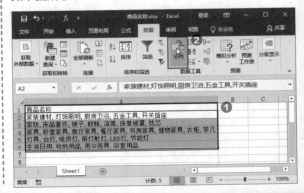

第2步 ❶弹出【文本分列向导－第1步，共3步】对话框，在【请选择最合适的文件类型】选项组中选中【分隔符号】单选按钮；❷单击【下一步】按钮，如下图所示。

第3步 ❶弹出【文本分列向导－第2步，共3步】，在【分隔符号】选项组中选择分隔符号，本例中的文本是以逗号分隔的，所以勾选【逗号】复选框；❷单击【下一步】按钮，如下图所示。

第4步 ❶弹出【文本分列向导－第3步，共3步】对话框，在【列数据格式】选项组中选中【常规】单选按钮；❷单击【完成】按钮，如下图所示。

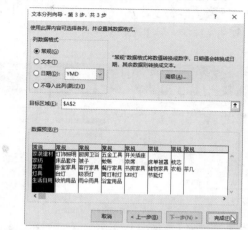

第5步 返回工作表，所选单元格区域将分列显示，对各列调整合适的列宽即可，如下图所示。

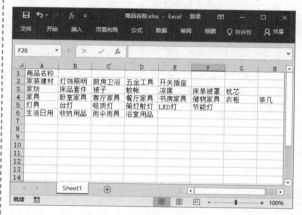

4.3 链接数据

在工作表中，有时候会需要使用其他单元格或工作表中的数据，此时可以创建链接。本节将介绍链接数据的技巧。

104 设置工作表之间的超链接		
适用版本	**实用指数**	
Excel 2007、2010、2013、2016	★★★★☆	

使用说明

当一个工作簿含有众多工作表时，为了方便切换和查看工作表，我们可以制作一个工作表汇总，并为其设置工作表超链接。

解决方法

如果要为工作表设置超链接，具体操作方法如下。

【第1步】❶打开素材文件（位置：素材文件\第4章\公司产品销售情况.xlsx），在包含了工作表名称的工作表中，本例中为【工作表汇总】，选中要创建超链接的单元格，本例中选 A2；❷切换到【插入】选项卡；❸在【链接】组中单击【链接】按钮，如下图所示。

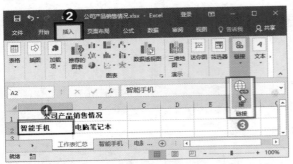

【第2步】❶弹出【超链接】对话框，在【链接到】列表框中选择链接位置，本例中选择【本文档中的位置】；❷在右侧的列表框中选择要链接的工作表，本例中选择【智能手机】；❸单击【确定】按钮，如下图所示。

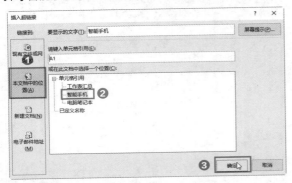

【第3步】返回工作表，参照上述操作步骤，为其他单元格设置相应的超链接。设置超链接后，单元格中的文本呈蓝色显示并带有下划线，用鼠标单击设置了超链接的文本，即可跳转到相应的工作表，如下图所示。

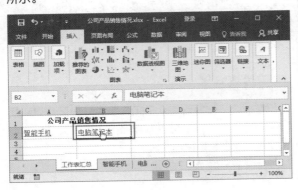

105	创建指向文件的超链接

适用版本	实用指数
Excel 2007、2010、2013、2016	★★★★☆

使用说明

超链接是指为了快速访问而创建的指向一个目标的链接关系。例如，在浏览网页时，单击某些文字或图片就会打开另一个网页，这就是超链接。在 Excel 中，我们也可以轻松创建这种具有跳转功能的超链接，例如，创建指向文件的超链接、创建指向网页的超链接等。

解决方法

例如，要创建指向文件的超链接，具体操作方法如下。

【第1步】❶打开素材文件（位置：素材文件\第4章\员工业绩考核表.xlsx），选中要创建超链接的单元格，本例中选择 A2；❷切换到【插入】选项卡；❸单击【链接】组中的【链接】按钮，如下图所示。

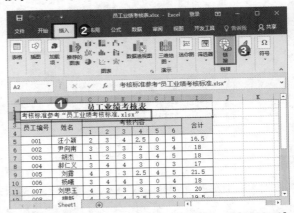

【第2步】❶弹出【插入超链接】对话框，在【链接到】列表框中选择【现有文件或网页】选项；❷在【当前文件夹】列表框中选择要引用的工作簿，本例中选择【员工业绩考核标准.xlsx】；❸单击【确定】按钮，如下图所示。

第3步 返回工作表，将光标指向超链接处，光标会变成手形，单击创建的超链接，Excel 会自动打开所引用的工作簿，如下图所示。

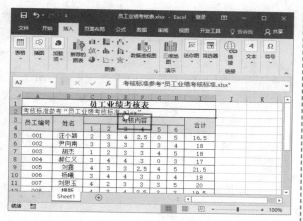

知识拓展

如果要创建指向网页的超链接，可以打开【插入超链接】对话框，在【链接到】列表框中选择【现有文件或网页】选项，在【地址】文本框中输入要链接到的网页地址，然后单击【确定】按钮即可。

106 创建指向网页的超链接

适用版本	实用指数
Excel 2007、2010、2013、2016	★★★☆☆

使用说明

根据操作需要，用户还可以在工作表中创建指向网页的超链接。

解决方法

如果要创建指向网页的超链接，具体方法如下。

第1步 ❶打开素材文件（位置：素材文件\第4章\股票信息.xlsx），选中要创建超链接的单元格，本例中选择 B2，打开【插入超链接】对话框，在【链接到】列表框中选择【现有文件或网页】选项；❷在【地址】文本框中输入要链接到的网页地址；❸单击【确定】按钮，如下图所示。

第2步 返回工作表，可看见 B2 单元格中自动输入了一个网址，当鼠标指针指向时，鼠标指针会呈手形，单击超链接，系统会自动启动当前计算机上的默认浏览器程序，并打开目标网页，如下图所示。

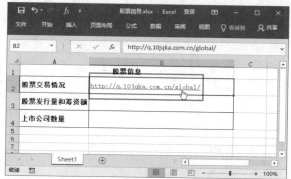

第3步 使用相同的方法分别在 B3 和 B4 单元格中创建指向网页的超链接，如下图所示。

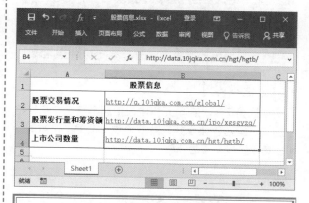

107 选择超链接后不激活该链接

适用版本	实用指数
Excel 2007、2010、2013、2016	★★★☆☆

使用说明

在含有超链接的单元格中，单击该单元格时，便会激活超链接，并跳转到指定的链接对象。如果用户希望单击超链接后不激活该链接，可按下面的操作方法实现。

解决方法

如果需要选择超链接后不激活该链接，具体操作方法如下。

单击含有超链接的单元格，同时按住鼠标左键不放，几秒钟之后光标由手形🖑变为空心十字形⇧时，释放鼠标左键，即可选中该单元格，如下图所示。

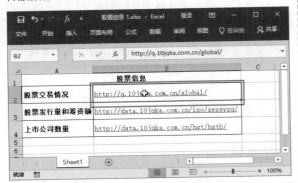

108　更改超链接文本的外观

适用版本	实用指数
Excel 2007、2010、2013、2016	★★★☆☆

使用说明

默认情况下，在单元格中设置超链接后，单元格中的文本呈蓝色显示并带有下划线，根据操作需要，可以更改链接文本的外观。

解决方法

如果要修改超链接文本的外观，具体操作方法如下。

第1步 打开素材文件（位置：素材文件\第4章\股票信息 1.xlsx），❶在【开始】选项卡的【样式】组中，单击【单元格样式】按钮；❷在弹出的下拉列表中，使用鼠标右键单击【超链接】选项；❸在弹出的快捷菜单中选中【修改】命令，如下图所示。

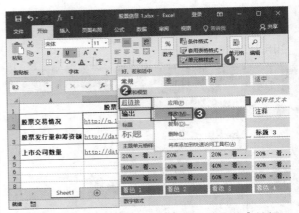

第2步 弹出【样式】对话框，单击【格式】按钮，如下图所示。

第3步 ❶弹出【设置单元格格式】对话框，设置需要的格式，本例中在【字体】选项卡中进行设置；❷设置完成后单击【确定】按钮，如下图所示。

第4步 返回【样式】对话框，单击【确定】按钮，返回工作表，可看见超链接文本的外观发生了改变，如下图所示。

109 删除单元格中的超链接

适用版本	实用指数
Excel 2007、2010、2013、2016	★★★★☆

使用说明

在创建了超链接的工作表中，如果不再需要超链接，也可以快速删除超链接。

解决方法

如果要删除单元格中的超链接，具体操作方法如下。

打开素材文件（位置：素材文件\第 4 章\股票信息 1.xlsx），❶使用鼠标右键单击需要删除的超链接；❷在弹出的快捷菜单中选择【取消超链接】命令，即可删除超链接，如下图所示。

知识拓展

选择需要删除的超链接，在【开始】选项卡的【编辑】组中，单击【清除】按钮，在弹出的下拉列表中选择【删除超链接】或【清除超链接】选项，也可实现超链接的删除操作。

110 阻止 Excel 自动创建超链接

适用版本	实用指数
Excel 2007、2010、2013、2016	★★★☆☆

使用说明

默认情况下，在单元格中输入电子邮箱、网址等内容时，会自动生成超链接，当不小心单击到超链接时，就会激活相应的程序。为了避免这样的麻烦，需要通过设置阻止 Excel 自动创建超链接。

解决方法

如果要阻止 Excel 自动创建超链接，具体方法如下。

第 1 步 ❶打开【Excel 选项】对话框，切换到【校对】选项卡；❷在【自动更正选项】选项组中单击【自动更正选项】按钮，如下图所示。

第 2 步 ❶弹出【自动更正】对话框，切换到【键入时自动套用格式】选项卡；❷在【键入时替换】选项组中，取消勾选【Internet 及网络路径替换为超链接】复选框；❸单击【确定】按钮，如下图所示。

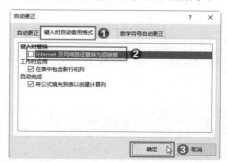

第 3 步 返回【Excel 选项】对话框，单击【确定】按钮即可。

第5章
工作表的格式设置技巧

在制作表格时，为了让表格更加美观、大方，还可以对工作表进行格式化设置及美化操作。本章将介绍工作表的格式设置技巧。

下面先来看看以下工作表的常见格式设置问题，你是否会处理或已掌握。

【√】精确的财务计算需要精确的小数点来保证，你知道如何设置统一的小数位数吗？

【√】每次制作表格时都输入大量的货币单位，怎样才能让数据自动添加货币单位呢？

【√】工作表制作完成后看起来太单调，你知道怎样使用内置格式美化工作表吗？

【√】有特殊的单元格需要突出显示，你知道如何更改单元格的样式吗？

【√】需要使用图片来说明工作表中的内容时，知道如何编辑插入的图片吗？

【√】在表现结构关系时，你知道如何插入 SmartArt 图形来说明吗？

希望通过本章内容的学习，能帮助你解决以上问题，并学会 Excel 中工作表的格式设置技巧。

5.1 设置单元格格式

在工作表中输入数据后，还需要设置单元格格式，让表格显示更加清楚。

111 设置小数位数

适用版本	实用指数
Excel 2007、2010、2013、2016	★★★★★

使用说明

在工作表中输入小数时，如果要输入大量特定格式的小数，如格式为 55.000 的小数，那么肯定有许多小数的小数部分不够或多于三位。如果全部都手动设置，将会增加工作量，此时可通过设置数字格式来统一设置小数位数。

解决方法

如果要为单元格中的数据设置统一的小数位数，具体操作方法如下。

第 1 步 ①打开素材文件（位置：素材文件\第 5 章\销售订单 .xlsx），选中要设置小数位数的单元格区域；②单击【开始】选项卡【数字】组中的对话框启动器 ，如下图所示。

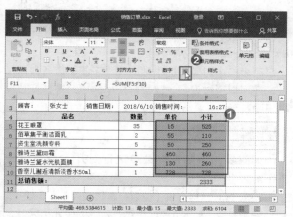

第 2 步 ①弹出【设置单元格格式】对话框，在【数字】选项卡的【分类】列表框中选择【数值】选项；②在右侧【小数位数】微调框中设置小数位数，本例中设置为 3；③设置完成后单击【确定】按钮，如下图所示。

第 3 步 返回工作表，即可看到所选单元格区域都自动添加了 3 位小数，如下图所示。

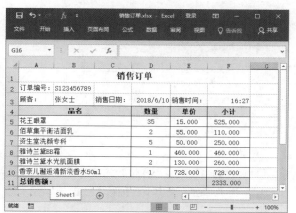

知识拓展

当数字的位数太多时，可以勾选【使用千位分隔符】复选框，为数字添加千位分隔符，以便更好地查看数字。

112 快速增加 / 减少小数位数

适用版本	实用指数
Excel 2007、2010、2013、2016	★★★★☆

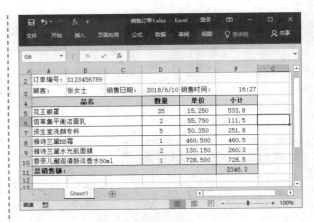

对数字设置小数位数时,除了使用对话框设置外,还可通过功能区快速设置。

在【开始】选项卡的【数字】组中,有两个设置小数位数的按钮,分别是【增加小数位数】和【减少小数位数】,每单击一次,选中的数字就会增加(减少)一位小数位数。

解决方法

如果要为单元中的数据快速设置小数位数,具体方法如下。

第1步 ❶打开素材文件(位置:素材文件\第5章\销售订单 1.xlsx),选中要增加小数位数的单元格区域;❷在【数字】组中单击【增加小数位数】按钮,如下图所示。

第2步 ❶选中要减少小数位数的单元格区域;❷在【数字】组中单击【减少小数位数】按钮,如下图所示。

第3步 完成设置后的效果如下图所示。

温馨提示

在进行增加小数位数操作时,若选择的区域中各个数字的小数位数不一样,则单击【增加小数位数】按钮后,系统会以小数位数多的为基准增加一位小数位数,小数位数少的则会自动补齐小数位数;反之,进行减少小数位数操作时,则是以小数位数少的为基准减少一位小数位数。

113　将数字按小数点对齐

适用版本	实用指数
Excel 2007、2010、2013、2016	★★★☆☆

使用说明

若表格中有较多的小数时,为了便于查看数据,我们还可以通过设置,让数字按小数点对齐,其效果如下图所示。

解决方法

如果要将数字按小数点进行对齐,具体方法如下。

第1步 打开素材文件(位置:素材文件\第5章\销售订单 1.xlsx),选中要设置对齐方式的单元格区域,本例中选择 E5:E10 和 F5:F11 两个区域,打开【设置单元格格式】对话框。

第2步 ❶在【分类】列表框中选择【自定义】选项;❷在【类型】文本框中输入【????.??】;❸单击【确定】按钮即可,如下图所示。

定】按钮,如下图所示。

第3步 返回工作表,所选单元格区域自动添加了文本单位,如下图所示。

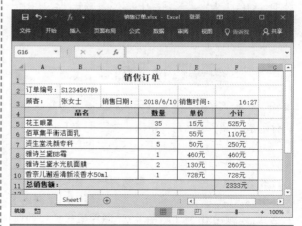

温馨提示

在【类型】文本框中输入的"????.??","?"表示数字占位符。在设置数字占位符位数时,建议以单元格中小数点前后位数最长的数值为基准。

---

114 快速为数据添加文本单位

适用版本	实用指数
Excel 2007、2010、2013、2016	★★★★☆

使用说明

在工作表中输入数据时,有时还需要为数字添加文本单位,若手动输入,不仅浪费时间,而且在计算数据时无法参与计算。要想添加可以参与计算的文本单位,就要设置数据格式。

解决方法

例如,要为数字添加文本单位"元",具体操作方法如下。

第1步 打开素材文件(位置:素材文件\第5章\销售订单.xlsx),选中要添加文本单位的单元格区域,本例中选择 E5:E10 和 F5:F11 两个区域,打开【设置单元格格式】对话框。

第2步 ❶在【分类】列表框中选择【自定义】选项;❷在右侧【类型】文本框中输入"# 元";❸单击【确

---

115 对不同范围的数值设置不同颜色

适用版本	实用指数
Excel 2007、2010、2013、2016	★★★☆☆

使用说明

在某项统计工作中,为了更好地对数据进行整理分析,可以对正数、负数、零值、文本使用不同的颜色加以区别。

解决方法

例如,将正数显示为蓝色,负数显示为红色,0 显示为黄色，文本显示为绿色，具体操作方法如下。

第1步 新建一个名为"对不同范围的数值设置不同颜色.xlsx"的工作簿，并在其中输入内容，如下图所示。

第2步 ❶选中单元格区域 A2:A10，打开【设置单元格格式】对话框，在【分类】列表框中选择【自定义】选项；❷在【类型】文本框中输入"[蓝色]G/通用格式;[红色]G/通用格式;[黄色]0;[绿色]G/通用格式"；❸单击【确定】按钮即可，如右上图所示。

知识拓展

在 Excel 中，能够识别的颜色名称有八种，分别是：[黑色][蓝色][青色][绿色][洋红][红色][白色][黄色]。如果需要使用更多的颜色，可以采用颜色代码[颜色 N]，其中 N 为 1～56 的整数，代表 56 种颜色。例如，本例的格式代码还可以设置为：[颜色 5]G/通用格式；[颜色 3]G/通用格式；[颜色 6]0；[颜色 4]G/通用格式。1~56 种颜色与代码的对应表如下图所示。

代码	对应颜色	代码	对应颜色	代码	对应颜色	代码	对应颜色
1	黑色	15	深灰色	29	紫罗兰	43	酸橙色
2	白色	16	暗灰	30	深红	44	金色
3	红色	17	海螺	31	青色	45	浅橙色
4	鲜绿	18	梅红	32	蓝色	46	橙色
5	蓝色	19	象牙色	33	天蓝	47	蓝灰
6	黄色	20	浅青绿	34	洋绿	48	灰色
7	分红	21	深紫色	35	浅绿	49	深青
8	青绿	22	珊瑚红	36	浅黄	50	海绿
9	深红	23	海蓝	37	淡蓝	51	深绿
10	蓝色	24	冰蓝	38	玫瑰红	52	橄榄色
11	深蓝	25	深蓝	39	淡紫色	53	褐色
12	深黄	26	粉红	40	茶色	54	梅红
13	紫罗兰	27	黄色	41	浅蓝色	55	靛蓝
14	青色	28	青绿	42	水蓝色	56	深灰色

颜色与代码对应表

第3步 返回工作表，即可看到设置后的效果，如下图所示。

116 对单元格中的数据进行强制换行

适用版本	实用指数
Excel 2007、2010、2013、2016	★★★★☆

使用说明

在单元格中输入过多的内容时，往往会因为单元宽度不够而导致输入的内容无法完全显示。为了将内容全部显示出来，可以进行强制换行。

解决方法

如果要将单元格中的内容进行强制换行，具体操作方法如下。

第1步 打开素材文件（位置：素材文件\第 5 章\销售清单.xlsx），双击需要进行强制换行的单元格，此时单元格处于编辑状态，将光标插入点定位到需要换行的位置，如下图所示。

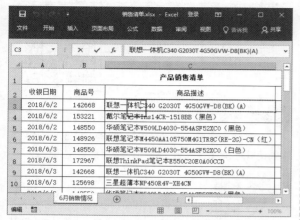

第2步 按Alt+Enter组合键，即可实现换行，换行后，根据需要设置适合的行高，如下图所示。

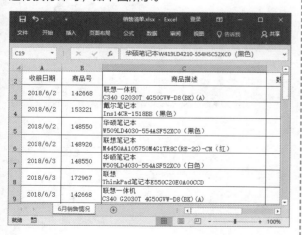

第3步 参照上述操作步骤，对其他单元格中的内容进行换行即可，如下图所示。

117 缩小字体填充单元格

适用版本	实用指数
Excel 2007、2010、2013、2016	★★★★☆

使用说明

在单元格中输入内容时，有时内容的长度会大于单元格的宽度。如果不想通过调整列宽的方式来显示单元格内容，则可以使用缩小字体填充单元格的方法。

解决方法

如果要设置缩小字体填充单元格，具体操作方法如下。

第1步 ❶打开素材文件（位置：素材文件\第5章\销售清单.xlsx），选中要缩小字体填充的单元格区域，打开【设置单元格格式】对话框，切换到【对齐】选项卡；❷在【文本控制】选项组中勾选【缩小字体填充】复选框；❸单击【确定】按钮，如下图所示。

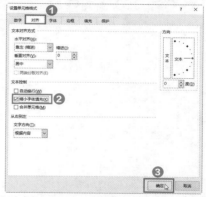

第2步 返回工作表，即可看到缩小字体后的效果，如下图所示。

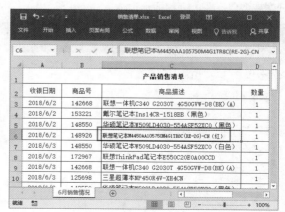

118 控制单元格的文字方向		
适用版本	实用指数	
Excel 2007、2010、2013、2016	★★★★☆	

使用说明

默认情况下，Excel 表格中的数据是以从左向右的方式横排显示的，有时为了让表格变得更加美观整齐，我们可以控制单元格的文字方向。

解决方法

如果要控制单元格的文字方向,具体操作方法如下。

第1步 ❶打开素材文件（位置：素材文件\第5章\8月5日销售清单.xlsx），选中需要竖排显示的单元格区域；❷在【开始】选项卡的【对齐方式】组中单击【方向】按钮；❸在弹出的下拉列表中选择文字方向，如【竖排文字】，如下图所示。

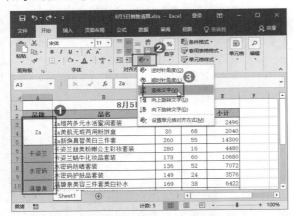

第2步 此时，所选单元格区域中的内容将以竖排方向进行显示，设置竖排显示后，根据实际情况，可能还需要调整行高，如下图所示。

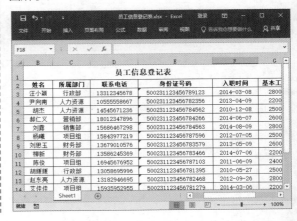

119 快速修改日期格式		
适用版本	实用指数	
Excel 2007、2010、2013、2016	★★★☆☆	

使用说明

在工作表中输入日期和时间类的数据时，如果默认的格式不能满足需要，则可以根据需要进行修改。

解决方法

如果要对日期数据修改格式，具体操作方法如下。

第1步 选中需要修改日期格式的单元格区域，打开【设置单元格格式】对话框。

第2步 ❶在【数字】选项卡的【分类】列表框中选择【日期】选项；❷在【类型】列表框中选择需要的日期格式；❸单击【确定】按钮即可，如下图所示。

第3步 返回工作表，即可查看设置后的效果，如下图所示。

120 使输入的负数自动以红色显示

适用版本	实用指数
Excel 2007、2010、2013、2016	★★★★☆

使用说明

在 Excel 中编辑和处理表格时，经常会遇到输入负数的情况，为了让输入的负数突出显示，我们可以通过设置数据格式让其自动以红色字体显示。

解决方法

如果要让输入的负数自动以红色显示，具体操作方法如下。

第1步 ❶打开素材文件（位置：素材文件\第5章\6月工资表.xlsx），选中需要设置数据格式的单元格区域，打开【设置单元格格式】对话框，在【分类】列表框中选择【数值】选项；❷在右侧的【负数】列表框中选择一种红色显示的负数样式；❸通过【小数位数】微调框设置小数位数；❹单击【确定】按钮，如下图所示。

第2步 返回工作表，即可查看设置后的效果，如下图所示。

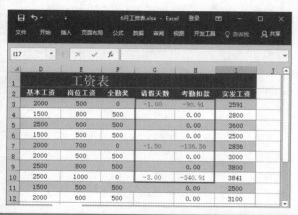

121 使用格式刷快速复制单元格格式

适用版本	实用指数
Excel 2007、2010、2013、2016	★★★★☆

使用说明

对单元格中的数据设置某种格式后，可以使用格式刷快速为表格中的其他单元格设置相同的格式。

解决方法

如果要使用格式刷复制单元格格式，具体操作方法如下。

第1步 ❶选中需要复制格式的单元格；❷在【开始】选项卡的【剪贴板】组中单击【格式刷】按钮，如下图所示。

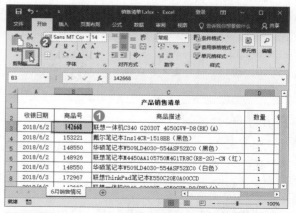

第2步 此时，鼠标指针呈 状，拖动选择需要应用相同格式的单元格，如下图所示。

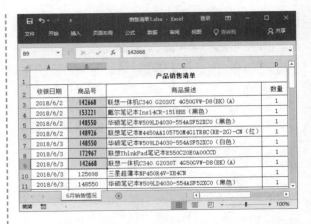

通常情况下，单击【格式刷】按钮后，只能刷一个单元格区域。如果要连续使用格式刷，此时可双击【格式刷】按钮，使格式刷始终呈➕📷状。当不再需要复制格式时，可单击【格式刷】按钮或者按下【Esc】键，退出复制格式状态。

第3步 释放鼠标后，即可看到被拖动的单元格应用了相同的格式，如右图所示。

5.2 美化工作表格式

完成表格的制作后，为了让其更加美观，还需要进行美化操作，如设置边框、设置背景等，接下来就讲解相关的操作技巧。

122 手动绘制表格边框

适用版本	实用指数
Excel 2007、2010、2013、2016	★★★☆☆

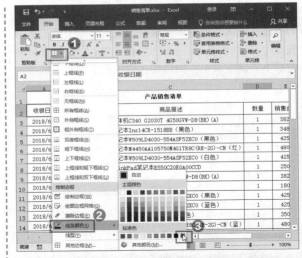

使用说明

为表格设置边框时，除了通过内置样式直接添加外，还可手动绘制边框。

解决方法

如果要为单元格手动绘制边框，具体操作方法如下。

第1步 ❶打开素材文件（位置：素材文件\第5章\销售清单.xlsx），在【开始】选项卡的【字体】组中，单击【边框】下拉按钮▼；❷在弹出的下拉列表的【绘制边框】栏中选择【线条颜色】选项；❸在弹出的扩展列表中选择需要的线条颜色，例如【紫色】，如右上图所示。

第2步 再次打开【边框】下拉列表，单击绘制方式对应的选项，如【绘图边框网格】，如右下图所示。

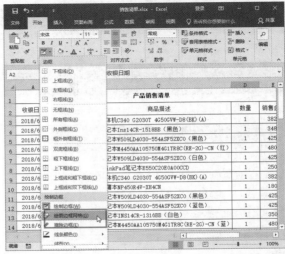

第3步 鼠标指针将呈 ◢▦ 状，在需要绘制边框的区域拖动鼠标，便可绘制出需要的所有边框，如下图所示。

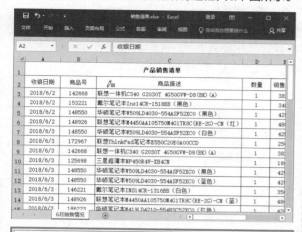

123　设置个性化设置单元格背景

适用版本	实用指数
Excel 2007、2010、2013、2016	★★★★★

使用说明

默认情况下，单元格的背景为白色，为了美化表格或突出单元格中的内容，有时需要为单元格设置背景色。通常情况下，通过功能区中的【填充颜色】按钮，可快速设置背景色。

通过【填充颜色】按钮设置背景时，只能设置简单的纯色背景，若要对单元格设置个性化的背景，如图案式的背景、渐变填充背景等，就需要通过对话框实现。

解决方法

例如，要为单元格设置渐变填充背景，具体操作方法如下。

第1步 打开素材文件（位置：素材文件\第 5 章\销售清单 .xlsx），选中需要背景的单元格区域，打开【设置单元格格式】对话框，在【填充】选项卡中单击【填充效果】按钮，如下图所示。

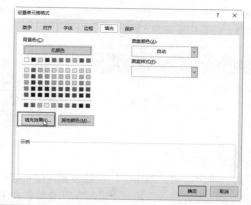

第2步 ❶弹出【填充效果】对话框，默认选中【双色】单选按钮，分别在【颜色 1】【颜色 2】下拉列表中选择需要的颜色；❷在【底纹样式】选项组中选择需要的样式；❸在【变形】选项组选择渐变样式；❹单击【确定】按钮，如下图所示。

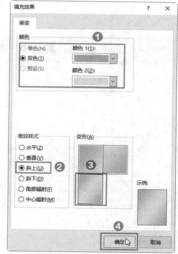

第3步 返回【设置单元格格式】对话框，单击【确定】按钮，返回工作表，即可查看设置后的效果，如下图所示。

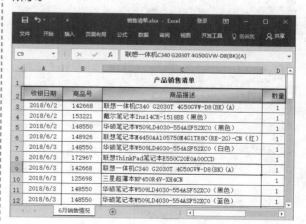

124 将表格设置为三维效果

适用版本	实用指数
Excel 2007、2010、2013、2016	★★★★☆

使用说明

对表格进行美化操作时，灵活设置背景和边框，可以为表格设置成一个具有上凸或下凹立体效果的三维表格。

解决方法

如果要将表格设置为三维效果，具体操作方法如下。

第1步 打开素材文件（位置：素材文件\第5章\6月工资表 1.xlsx），选中单元格 a d 区域，设置任意一种背景色，如下图所示。

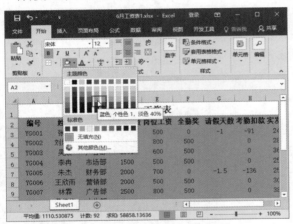

第2步 选择不相邻的行单元格区域，按下 Ctrl+1 组合键，打开【设置单元格格式】对话框，如下图所示。

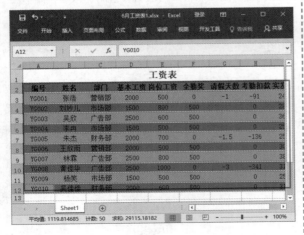

第3步 ❶切换到【边框】选项卡；❷在【样式】列表框中选择线型；❸在【颜色】下拉列表中选择黑色；❹单击【下边框】和【右边框】按钮，使其呈高亮状态显示，即为表格添加下边框和右边框，如下图所示。

第4步 ❶在【颜色】下拉列表中选择白色；❷单击【上边框】和【左边框】按钮，使其呈高亮状态显示，即为表格添加上边框和左边框；❸单击【确定】按钮，如下图所示。

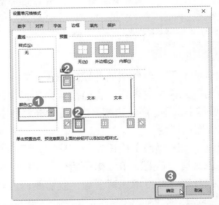

第5步 返回工作表，即可查看设置后的效果，如下图所示。

125 设置具有立体感的单元格

适用版本	实用指数
Excel 2007、2010、2013、2016	★★★★☆

使用说明

灵活运用背景和边框,还可以为单元格设置具有立体感的效果,使表格更加美观、更加赏心悦目。

解决方法

如果要为工作表中的单元格设置立体感效果,具体操作方法如下。

【第1步】❶打开素材文件(位置:素材文件\第5章\工资表.xlsx),选中单元格区域B1:H9;❷单击【开始】选项卡【字体】组中的【填充颜色】下拉按钮 ;❸在弹出的下拉列表中选择【白色,背景1,深度15%】,如下图所示。

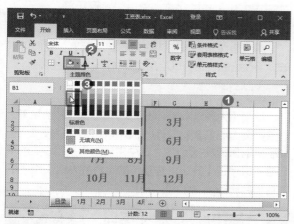

【第2步】选中【1月】到【12月】对应的单元格,按下 Ctrl+1 组合键,打开【设置单元格格式】对话框,如下图所示。

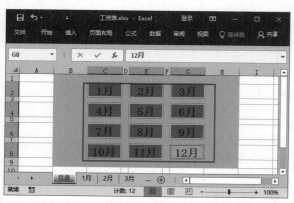

【第3步】❶切换到【边框】选项卡;❷在【样式】列表框中选择线型;❸在【颜色】下拉列表中选择黑色;❹单击【下边框】 和【右边框】 按钮,使其呈高亮状态显示,即为表格添加下边框和右边框,如下图所示。

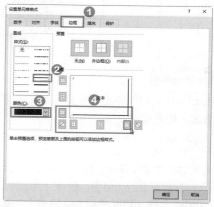

【第4步】❶在【颜色】下拉列表中选择白色;❷单击【上边框】 和【左边框】按钮 ,使其呈高亮状态显示,即为表格添加上边框和左边框;❸单击【确定】按钮,如下图所示。

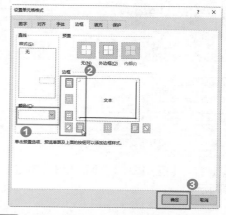

【第5步】返回工作表中,即可看到最终效果,如下图所示。

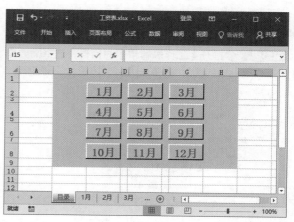

126　将图片设置为工作表背景

适用版本	实用指数
Excel 2007、2010、2013、2016	★★★☆☆

使用说明

在 Excel 中，可以将图片设置为工作表背景，以美化工作表，提高视觉效果。

解决方法

如果要为工作表设置图片背景，具体操作方法如下。

第1步 打开素材文件（位置：素材文件\第5章\销售清单 .xlsx），在【页面布局】选项卡【页面设置】组中单击【背景】按钮，如下图所示。

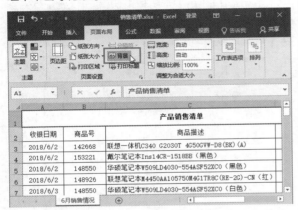

第2步 打开【插入图片】页面，单击【浏览】按钮，如下图所示。

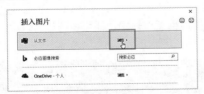

第3步 ❶打开【工作表背景】对话框，选择需要作为工作表背景的图片；❷单击【插入】按钮，如下图所示。

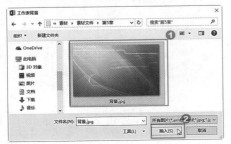

第4步 返回工作表中即可看到最终效果，如下图所示。

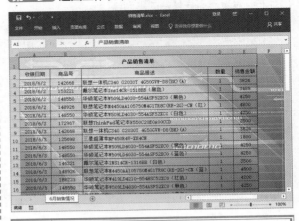

127　制作斜线表头

适用版本	实用指数
Excel 2007、2010、2013、2016	★★★★★

使用说明

斜线表头是制作表头时最常用的元素，我们可以选择手动绘制，也可以使用边框快速添加斜线表头。

解决方法

如果要为表格添加斜线表头，具体操作方法如下。

第1步 ❶打开素材文件（位置：素材文件\第5章\智能手机销售情况 .xlsx），选中需要制作斜线表头的单元格；❷单击【开始】选项卡的【对齐方式】组中的对话框启动器，如下图所示。

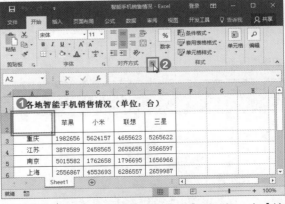

第2步 ❶弹出【设置单元格格式】对话框，在【边框】选择卡的【边框】选项组中单击需要的斜线边框；❷单击【确定】按钮，如下图所示。

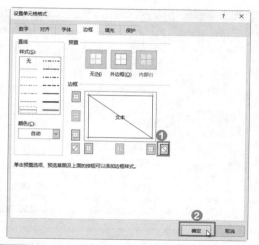

第3步 返回工作表，在当前单元格中输入内容，根据操作需要还可通过输入空格的方式调整内容的位置，如下图所示。

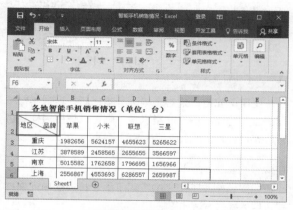

温馨提示

通过上述操作方法，只能制作简单的斜线表头。若要设计更复杂的表头，需要通过插入直线和文本框来进行制作。

---

128 快速套用单元格样式

适用版本	实用指数
Excel 2007、2010、2013、2016	★★★★☆

使用说明

Excel 提供了多种单元格样式，这些样式中

已经设置好了字体格式、填充效果等格式，使用单元格样式美化工作表，可以节约大量的编排时间。

解决方法

如果要使用单元格样式美化工作表，具体操作方法如下。

❶打开素材文件（位置：素材文件\第5章\6月工资表1.xlsx），选择需要应用单元格格式的单元格区域；❷在【开始】选项卡的【样式】组中，单击【单元格样式】按钮；❸在弹出的下拉列表中选择需要的样式即可，如下图所示。

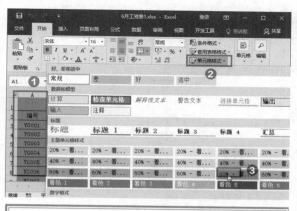

---

129 自定义单元格样式

适用版本	实用指数
Excel 2007、2010、2013、2016	★★★★☆

使用说明

使用单元格样式美化工作表时，若 Excel 提供的内置样式无法满足需求，则可以根据操作需要自定义单元格样式。

解决方法

如果要设置自定义单元格样式，具体操作方法如下。

第1步 ❶打开素材文件（位置：素材文件\第5章\6月工资表1.xlsx），在【开始】选项卡的【样式】组中单击【单元格样式】按钮；❷在弹出的下拉列表中选择【新建单元格样式】选项，如下图所示。

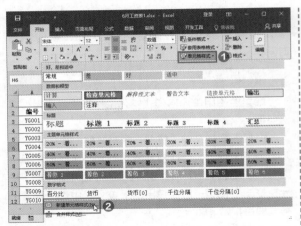

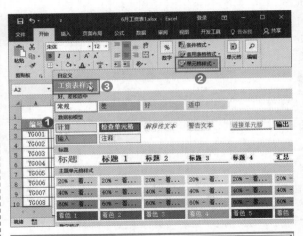

第2步 ❶弹出【样式】对话框，在【样式名】文本框中输入样式名称；❷单击【格式】按钮，如下图所示。

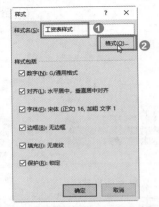

第3步 ❶弹出【设置单元格格式】对话框，分别设置【数字】【对齐】【字体】【边框】【填充】等样式；❷设置完成后单击【确定】按钮，如下图所示。

第4步 ❶返回工作表，选中要应用单元格样式的单元格区域；❷单击【单元格样式】按钮；❸在弹出的下拉列表的【自定义】栏中可以看到自定义的单元格样式，单击该样式，即可将其应用到所选单元格区域中，如下图所示。

130 批量修改应用了同一样式的单元格样式

适用版本	实用指数	
Excel 2007、2010、2013、2016	★★★☆☆	

使用说明

使用单元格样式对表格进行美化后，若对某些单元格应用的样式不是非常满意，则可以直接对样式进行修改，省去了再次应用样式的麻烦。

解决方法

如果要修改工作表中应用了同一样式的单元格样式，具体操作方法如下。

第1步 ❶打开素材文件（位置：素材文件\第5章\6月工资表2.xlsx），选择需要修改样式的单元格，在【开始】选项卡的【样式】组中单击【单元格样式】按钮；❷在弹出的下拉列表中使用鼠标右键单击需要修改的单元格样式；❸在弹出的快捷菜单中选择【修改】命令，如下图所示。

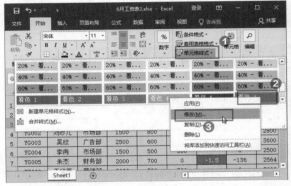

第2步 弹出【样式】对话框，单击【格式】按钮，

如下图所示。

自己创建的单元格样式只能应用于当前工作簿，如果希望将自定义的样式应用到其他工作簿，则需要使用合并样式功能。

解决方法

例如，要将"6 月工资表 3.xlsx"中的样式（如创建的【自定义样式 1】样式）应用到"8 月 5 日销售清算 .xlsx"中，具体操作方法如下。

第 3 步 ❶弹出【设置单元格格式】对话框，设置需要应用的单元格样式；❷单击【确定】按钮，如下图所示。

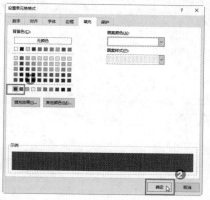

第 1 步 ❶打开素材文件（位置：素材文件\第 5 章\6 月工资表 3.xlsx 和 8 月 5 日销售清算 .xlsx），在"8 月 5 日销售清算 .xlsx"中，单击【样式】组中的【单元格样式】按钮；❷在弹出的下拉列表中选择【合并样式】选项，如下图所示。

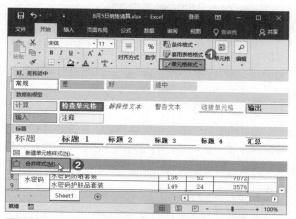

第 4 步 返回【样式】对话框，单击【确定】按钮，返回工作表，应用了该单元格样式的单元格格式都发生了改变，如下图所示。

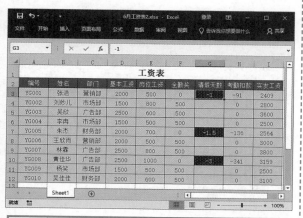

第 2 步 ❶弹出【合并样式】对话框，在【合并样式来源】列表框中选择要复制单元格样式所在的工作簿，本例中为【6 月工资表 3.xlsx】；❷单击【确定】按钮，如下图所示。

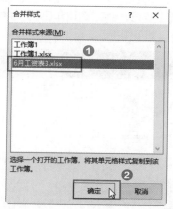

---

131 将单元格样式应用到其他工作簿

适用版本	实用指数
Excel 2007、2010、2013、2016	★★★★☆

第 3 步 返回工作簿，即可看到【单元格样式】下拉列表中包含从"6 月工资表 3.xlsx"合并过来的样式，如下图所示。

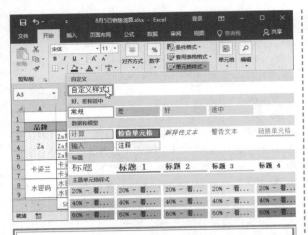

第2步 弹出【套用表格式】对话框,单击【确定】按钮,如下图所示。

第3步 ❶单击【表格工具/设计】选项卡中的【转换为区域】按钮;❷在弹出的对话框中单击【是】按钮,如下图所示。

第4步 返回工作表,将看到所选单元格区域应用了选择的表格样式,如下图所示。

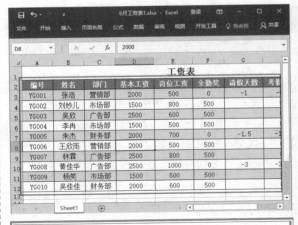

132 使用表格样式快速美化表格

适用版本	实用指数	
Excel 2007、2010、2013、2016	★★★★★	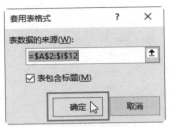

使用说明

Excel 提供了多种单元格样式,在这些样式中已经设置好了字体格式、填充效果等格式,使用单元格样式美化工作表,可以节约大量的编排时间。

解决方法

如果要使用表格样式快速美化表格,具体操作方法如下。

第1步 ❶打开素材文件(位置:素材文件\第5章\6月工资表 1.xlsx),选中需要套用表格样式的单元格区域;❷在【开始】选项卡的【样式】组中单击【套用表格格式】按钮;❸在弹出的下拉列表中选择需要的表格样式,如下图所示。

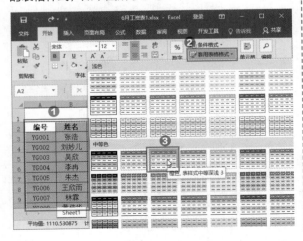

133 自定义表格样式

适用版本	实用指数	
Excel 2007、2010、2013、2016	★★★★☆	

如果对 Excel 提供的内置表格样式不满意，还可以自定义专属的表格样式。

解决方法

如果要设置自定义表格样式，具体操作方法如下。

第1步 ❶打开素材文件（位置：素材文件\第5章\6月工资表 1.xlsx），在【开始】选项卡的【样式】组中单击【套用表格格式】按钮；❷在弹出的下拉列表中选择【新建表格样式】选项，如下图所示。

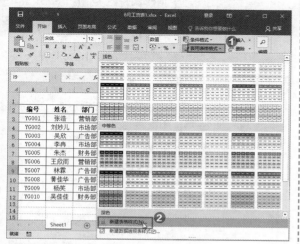

第2步 ❶弹出【新建表样式】对话框，在【表元素】列表框中选择需要设置格式的元素，本例中选择【整个表】；❷单击【格式】按钮，如下图所示。

第3步 ❶弹出【设置单元格格式】对话框，分别设置字体、边框和填充样式；❷单击【确定】按钮，如下图所示。

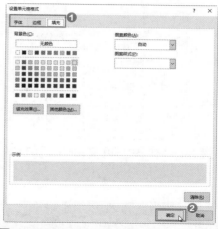

第4步 返回【新建表样式】对话框，参照上述操作步骤，对表格其他元素设置相应的格式参数，设置过程中，可在【预览】栏中预览效果。设置完成后单击【确定】按钮，如下图所示。

第5步 ❶返回工作表，选中需要套用表格样式的单元格区域；❷单击【套用表格格式】按钮；❸在弹出的下拉列表的【自定义】栏中可看到自定义的表格样式，单击该样式，如下图所示。

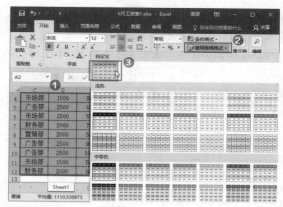

第6步 弹出【套用表格式】对话框，单击【确定】按钮，如下图所示。

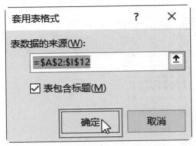

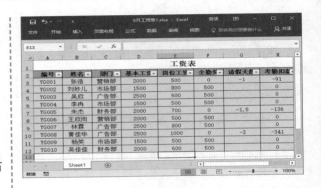

第7步 返回工作表中即可看到应用后的效果，如右图所示。

5.3 使用图形和图片

为了避免表格看起来单调乏味，用户可以在工作表中插入一些具有艺术效果的文字、图片和形状图形，或者插入表现层次结构的 SmartArt 图形，使电子表格更美观，也更容易阅读和理解。

134 插入屏幕截图	

适用版本	实用指数
Excel 2013、2016	★★★☆☆

使用说明

有时候为了更形象地说明数据，可以将屏幕上显示的数据截图到 Excel 工作簿中。

解决方法

如果要在工作簿中插入屏幕截图，具体操作方法如下。

第1步 ❶打开需要截图的数据画面，在【插入】选项卡的【插图】组中单击【屏幕截图】按钮；❷在弹出的下拉列表中选择【屏幕剪辑】选项，如下图所示。

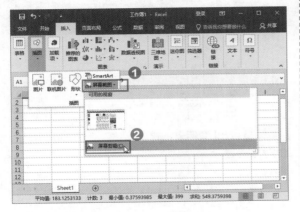

第2步 光标将变为十，按住鼠标左键不放，拖动鼠标框选要截图的区域，如下图所示。

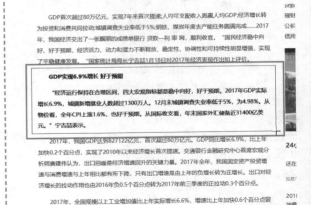

第3步 释放鼠标，所选区域即可插入到工作表中，如下图所示。

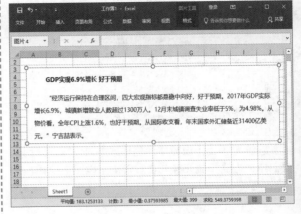

135　裁剪图片以突出主体

适用版本	实用指数
Excel 2013、2016	★★★★★

使用说明

在工作表中插入图片后，如果觉得插入的图片过大，除了可以调整图片的整体大小，还可以将图片中不需要的部分裁剪掉。

解决方法

如果要裁剪图片，具体操作方法如下。

第1步　❶打开素材文件（位置：素材文件\第5章\液晶电视报价单 .xlsx），选中要裁剪的图片；❷在【图片工具/格式】选项卡的【大小】组中单击【裁剪】按钮，此时图片四周将出现8个黑色的控制点，如下图所示。

第2步　将光标指向相应的控制点，当鼠标指针变为┣、┓、┷或┗等形状时，按住鼠标左键不放，拖动鼠标选择图片的裁剪范围，完成后单击工作表的空白区域，如下图所示。

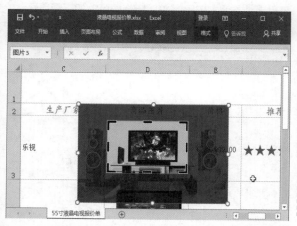

第3步　操作完成后，即可看到图片已经被裁剪，如下图所示。

136　设置图片的艺术效果

适用版本	实用指数
Excel 2013、2016	★★★★★

使用说明

在工作表中插入图片后，为了美化图片，可以为图片设置艺术效果。

解决方法

如果要为图片设置艺术效果，具体操作方法如下。

❶打开素材文件（位置：素材文件\第5章\液晶电视报价单 1.xlsx），选中要设置艺术效果的图片；❷在【图片工具/格式】选项卡的【调整】组中单击【艺术效果】下拉按钮；❸在弹出的下拉菜单中选择一种艺术效果即可，如下图所示。

137　压缩图片减小文件大小		138　在单元格中固定图片大小及位置	
适用版本	实用指数	适用版本	实用指数
Excel 2013、2016	★★★☆☆	Excel 2013、2016	★★★☆☆

使用说明

在工作表中插入了大量的图片时，为了节省磁盘空间，可以以压缩图片的方式减小文件大小。

解决方法

如果要对工作表中的图片进行压缩，具体操作方法如下。

第1步 ❶打开素材文件（位置：素材文件\第5章\液晶电视报价单1.xlsx），选中要压缩大小的图片；❷单击【图片工具/格式】选项卡【调整】组中的【压缩图片】按钮，如下图所示。

第2步 ❶弹出【压缩图片】对话框，在【压缩选项】选项组中勾选【仅应用于此图片】和【删除图片的剪裁区域】复选框；❷单击【确定】按钮即可，如下图所示。

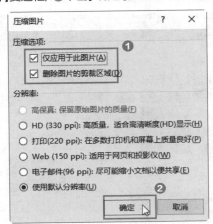

使用说明

默认情况下，图片会随单元格改变位置，如果有需要，也可以将图片固定位置和大小，使其不随单元格的移动而改变。

解决方法

如果要在单元格中固定图片大小及位置，具体操作方法如下。

第1步 ❶打开素材文件（位置：素材文件\第5章\液晶电视报价单1.xlsx），在图片上单击鼠标右键；❷在弹出的快捷菜单中选择【大小和属性】命令，如下图所示。

第2步 ❶弹出【设置图片格式】窗格，在【属性】栏中选中【不随单元格改变位置和大小】单选按钮；❷单击【关闭】按钮 × 关闭窗格即可，如下图所示。

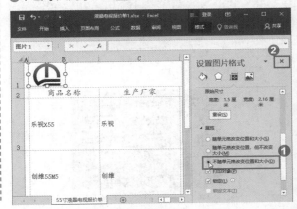

温馨提示

【设置图片格式】窗格的【属性】栏中，各选项的作用如下。

- 随单元格改变位置和大小：适用于在移动或调整基础单元格或图表的大小时，使对象的形状不能高于或宽于要排序的行或列。
- 随单元格改变位置，但不改变大小：主要指在移动或调整基础单元格时，图片随之移动，但不调整大小。
- 不随单元格改变位置和大小：禁止对象随单元格的移动而改变位置和大小。

---

139 插入艺术字，突出标题

适用版本	实用指数
Excel 2013、2016	★★★★★

使用说明

艺术字常常用作工作表的标题，或者用于一些特殊的表格设计。

解决方法

如果要在电子表格中插入艺术字作为标题，其具体方法如下。

第1步 ❶打开素材文件（位置：素材文件\第5章\液晶电视报价单 1.xlsx），单击【插入】选项卡【文本】组中的【艺术字】下拉按钮；❷在打开的下拉列表中选择艺术字样式，如下图所示。

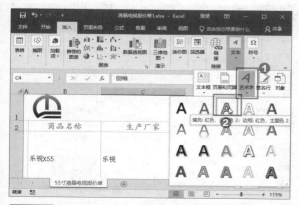

第2步 返回工作表中，将出现一个文本框，并可看到【请在此放置您的文字】字样，如下图所示。

第3步 在出现的文本框中直接输入需要的文字即可，如下图所示。

---

140 设置艺术字的格式

适用版本	实用指数
Excel 2013、2016	★★★★☆

使用说明

在工作表中插入艺术字后，可以为艺术字设置格式，美化艺术字。

解决方法

如果为插入的艺术字设置格式，具体操作方法如下。

第1步 ❶打开素材文件（位置：素材文件\第5章\液晶电视报价单 1.xlsx），选择艺术字文本框；❷在【开始】选项卡的【字体】组中设置字体样式和字号，如下图所示。

第4步 释放鼠标左键即可查看最终效果，如下图所示。

知识拓展

选中艺术字的文本框，将光标移至右下角，当指针变成 ⬉ 时，按住左键不放向外拖动也可以调整艺术字的大小。

141 插入文本框添加文字

适用版本	实用指数	
Excel 2013、2016	★★★★★	

第2步 ①单击【绘图工具 / 格式】选项卡【艺术字样式】组中的【文本效果】下拉按钮 A▾；②在弹出的下拉列表中选择【转换】选项；③在弹出的扩展列表中选择一种弯曲样式，如下图所示。

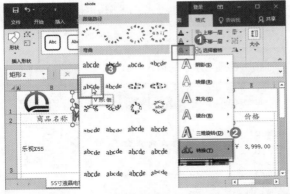

第3步 返回工作表中，使用鼠标左键按住变形按钮不放，拖动鼠标至合适的位置，如下图所示。

使用说明

除了可以在单元格中输入数据外，还可以使用文本框在工作表中添加文字。

解决方法

如果要在工作表中插入文本框，具体操作方法如下。

第1步 ①打开素材文件（位置：素材文件\第5章\液晶电视报价单2.xlsx），单击【插入】选项卡【文本】组中的【文本框】下拉按钮；②在弹出的下拉列表中选择【绘制横排文本框】选择，如下图所示。

第2步 按住鼠标左键不放，拖动鼠标绘制文本框，如下图所示。

第3步 直接在文本框中输入文字即可，如下图所示。

142　设置文本框的样式

适用版本	实用指数
Excel 2013、2016	★★★★☆

使用说明

在工作表中插入文本框后，可以根据需要设置文本框的样式。

解决方法

为文本框设置样式，具体操作方法如下。

第1步 ❶打开素材文件（位置：素材文件\第 5 章\液晶电视报价单 3.xlsx），在文本框上单击鼠标右键；❷在弹出的快捷菜单中选择【设置形状格式】命令，如下图所示。

第2步 ❶打开【设置形状格式】窗格，在【形状选项】选项卡的【填充】栏中选择一种填充方式，如【渐变填充】；❷在【预设渐变】下拉列表中选择一种填充样式；❸单击【关闭】按钮 × 关闭窗格即可，如下图所示。

143　插入 SmartArt 图形

适用版本	实用指数
Excel 2013、2016	★★★★★

使用说明

Excel 2016 内置了多种 SmartArt 图形样式，用户可以根据自身的需求选择 SmartArt 图形的样式。

解决方法

如果要在工作表中插入 SmartArt 图形，具体操作方法如下。

第1步 打开素材文件（位置：素材文件\第 5 章\液晶电视报价单 4.xlsx），单击【插入】选项卡【插图】

组中的 SmartArt 按钮，如下图所示。

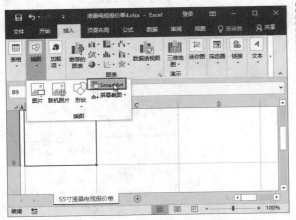

第 2 步 ❶弹出【选择 SmartArt 图形】对话框，在左侧的列表框中选择图形类型；❷在中间的窗格中选择一种该类型的图形；❸单击【确定】按钮，如下图所示。

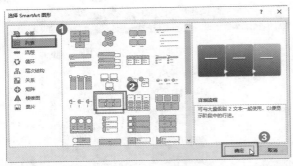

第 3 步 返回工作表中，即可看到 SmartArt 图形已经插入工作表中，单击占位符即可输入文本，如下图所示。

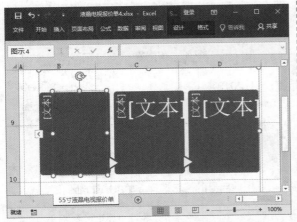

第 4 步 使用相同的方法为所有形状都添加文本，如下图所示。

---

144 更改 SmartArt 图形布局

适用版本	实用指数
Excel 2013、2016	★★★★☆

使用说明

插入 SmartArt 图形之后，如果对图形的布局不满意，可以更改图形布局。

解决方法

如果要更改 SmartArt 图形的布局，具体操作方法如下。

❶打开素材文件（位置：素材文件\第 5 章\液晶电视报价单 5.xlsx），选中 SmartArt 图形；❷单击【SmartArt 工具 / 设计】选项卡【版式】组中的【更改布局】下拉按钮；❸在弹出的下拉列表中选择需要的布局，如下图所示。

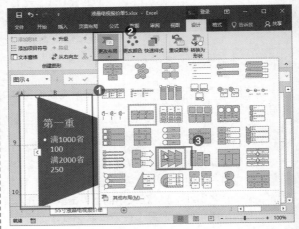

145　快速美化 SmartArt 图形

适用版本	实用指数
Excel 2013、2016	★★★★★

使用说明

插入 SmartArt 图形之后，可以设置图形的颜色、样式等，以美化图形。

解决方法

如果要美化 SmartArt 图形，具体操作方法如下。

第1步　❶打开素材文件（位置：素材文件 \ 第 5 章 \ 液晶电视报价单 6.xlsx），选中 SmartArt 图形；❷单击【SmartArt 图形 / 设计】选项卡【SmartArt 样式】组中的【更改颜色】下拉按钮；❸在弹出的下拉列表中单击需要的颜色选项，如下图所示。

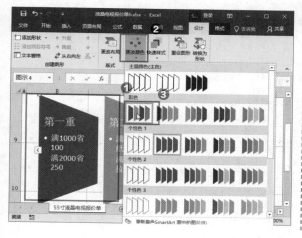

第2步　❶保持图形的选中状态，单击【SmartArt 图形 / 设计】选项卡【SmartArt 样式】组中的【快速样式】下拉按钮；❷在弹出的下拉列表中单击需要的外观样式，如下图所示。

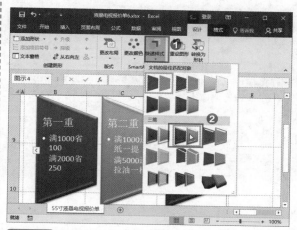

第3步　操作完成后，最终效果如下图所示。

第6章
公式的应用技巧

Excel 是一款非常强大的数据处理软件，其中最让用户印象深刻的是计算功能。通过公式和函数，我们可以非常方便地计算各种复杂的数据。本章将为用户介绍公式的使用技巧，使用这些技巧，可以让数据计算更加快捷。

下面先来看看以下一些日常办公中的常见问题，你是否会处理或已掌握。

【√】在利用公式计算数据时，想要引用其他工作表中的数据，应该如何操作？

【√】在制作预算表时设置了计算公式，但是又担心他人不小心更改了工作表中的公式，应该如何保护公式？

【√】单元格区域选择起来比较麻烦，你知道如何为单元格自定义名称，并使用自定义名称进行公式计算吗？

【√】如果希望对数组中最大的 5 位数进行求和，你知道如何操作吗？

【√】公式发生错误时，想要知道是在哪一步出现问题，你知道如何追踪引用单元格与从属单元格吗？

【√】使用公式时发生错误，你知道怎样解决吗？

希望通过本章内容的学习，能帮助你解决以上问题，并学会 Excel 公式的应用技巧。

6.1 公式的引用

Excel 中的公式是对工作表的数据进行计算的等式，它总是以"="开始，其后便是公式的表达式。使用公式时，也有许多操作技巧，接下来就为读者进行介绍。

146 复制公式

适用版本	实用指数
Excel 2007、2010、2013、2016	★★★★★

使用说明

当单元格中的计算公式类似时，可通过复制公式的方式自动计算出其他单元格的结果。复制公式时，公式中引用的单元格会自动发生相应的改变。

复制公式时，可通过复制→粘贴的方式进行复制，也可通过填充功能快速复制。

解决方法

例如，利用填充功能复制公式，具体操作方法如下。

第1步 打开素材文件（位置：素材文件\第 6 章\销售清单 .xlsx），在工作表中选中要复制的公式所在单元格，将鼠标指针指向该单元格的右下角，待指针呈 **+** 状时按下鼠标左键不放并向下拖动，如下图所示。

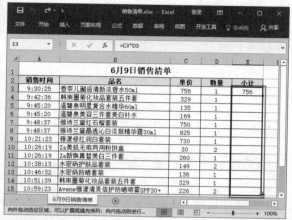

第2步 拖动到目标单元格后释放鼠标，即可得到复制公式后的结果，如下图所示。

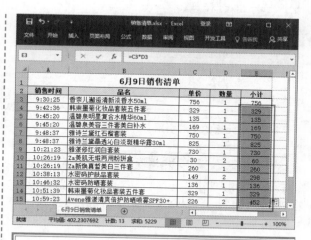

147 单元格的相对引用

适用版本	实用指数
Excel 2007、2010、2013、2016	★★★★★

使用说明

在使用公式计算数据时，通常会用到单元格的引用。引用的作用在于标识工作表中的单元格或单元格区域，并指明公式中所用的数据在工作表中的位置。通过引用，可在一个公式中使用工作表不同单元格中的数据，或者在多个公式中使用同一个单元格的数值。

默认情况下，Excel 使用的是相对引用。在相对引用中，当复制公式时，公式中的引用会根据显示计算结果的单元格位置的不同而相应改变，但引用的单元格与包含公式的单元格之间的相对位置不变。

解决方法

例如，要在"销售清单 1.xlsx"的工作表中使用单元格相对引用计算数据，具体操作方法如下。

打开素材文件（位置：素材文件\第 6 章\销售清单 1.xlsx），E3 单元格的公式为"=C3*D3"，将该公式从 E3 复制到 E4 单元格时，E4 单元格的公式就为"=C4*D4"，如下图所示。

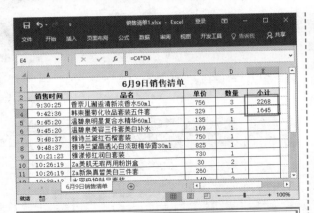

148　单元格的绝对引用

适用版本	实用指数
Excel 2007、2010、2013、2016	★★★★★

使用说明

　　绝对引用是指将公式复制到目标单元格时，公式中的单元格地址始终保持固定不变。使用绝对引用时，需要在引用的单元格地址的列标和行号前分别添加符号"$"（英文状态下输入）。

解决方法

　　例如，要在"销售清单 1.xlsx"的工作表中使用单元格绝对引用计算数据，具体操作方法如下。

　　打开素材文件（位置：素材文件\第 6 章\销售清单 1.xlsx），将 E3 单元格中的公式输入为"=$C$3*$D$3"，将该公式从 E3 复制到 E4 单元格时，E4 单元格中的公式仍为"=$C$3*$D$3"（即公式的引用区域没发生任何变化），且计算结果和 E3 单元格中一样，如下图所示。

149　单元格的混合引用

适用版本	实用指数
Excel 2007、2010、2013、2016	★★★★☆

使用说明

　　混合引用是指引用的单元格地址既有相对引用也有绝对引用。混合引用具有绝对列和相对行、绝对行和相对列两种方式。绝对引用列采用 $A1 这样的形式，绝对引用行采用 A$1 这样的形式。如果公式所在单元格的位置改变，则相对引用会发生变化，而绝对引用不变。

解决方法

　　例如，要在【销售清单 1.xlsx】的工作表中使用单元格混合引用计算数据，具体操作方法如下。

　　打开素材文件（位置：素材文件\第 6 章\销售清单 1.xlsx），将 E3 单元格中的公式输入为"=$C3*D3"，将该公式从 E3 复制到 E4 单元格时，E4 单元格中的公式会变成"=$C4*D$3"，如下图所示。

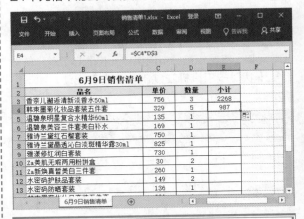

150　引用同一工作簿中其他工作表的单元格

适用版本	实用指数
Excel 2007、2010、2013、2016	★★★★☆

使用说明

　　在同一工作簿中，还可以引用其他工作表中的单元格进行计算。

解决方法

例如，在"美的产品销售情况.xlsx"的【销售】工作表中，要引用【定价单】中的单元格进行计算，操作方法如下。

第1步 ❶打开素材文件（位置：素材文件\第6章\美的产品销售情况.xlsx），选中要存放计算结果的单元格，输入"="号，单击选择要参与计算的单元格，并输入运算符；❷单击要引用的工作表标签，如下图所示。

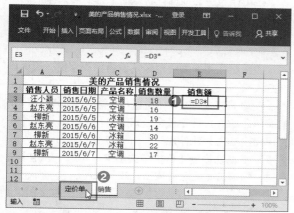

第2步 切换到工作表，单击选择要参与计算的单元格，如下图所示。

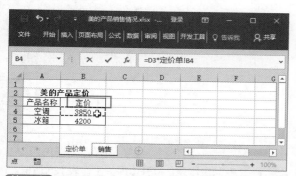

第3步 直接按 Enter 键，得到计算结果，并同时返回原工作表，如下图所示。

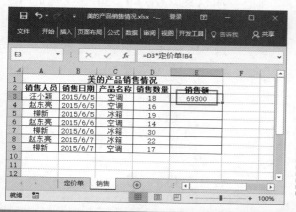

第4步 将在【定价】工作表引用的单元格地址转换为绝对引用，并复制到相应的单元格中，如下图所示。

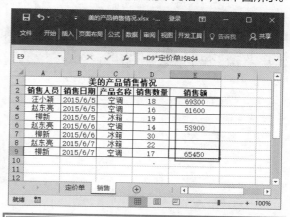

151 引用其他工作簿中的单元格

适用版本	实用指数
Excel 2007、2010、2013、2016	★★★★☆

使用说明

在引用单元格进行计算时，有时还会需要引用其他工作簿中的数据。

解决方法

例如，在"美的产品销售情况1.xlsx"的工作表中计算数据时，需要引用"美的产品定价.xlsx"工作簿中的数据，具体操作方法如下。

第1步 打开素材文件（位置：素材文件\第6章\美的产品销售情况1.xlsx和美的产品定价.xlsx），在"美的产品销售情况1.xlsx"中，选中要存放计算结果的单元格，输入"="号，单击选择要参与计算的单元格，并输入运算符，如下图所示。

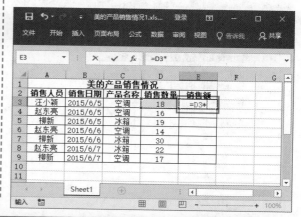

第2步 切换到"美的产品销售情况.xlsx"，在目标工作表中单击选择需要引用的单元格，如下图所示。

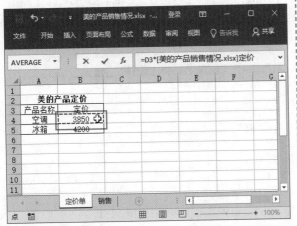

第3步 直接按 Enter 键，得到计算结果，并同时返回原工作表，如下图所示。

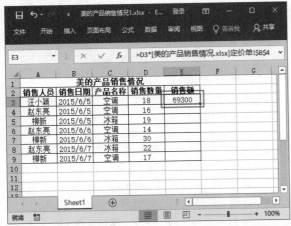

第4步 参照上述操作方法，对其他单元格进行相应的计算即可，如下图所示。

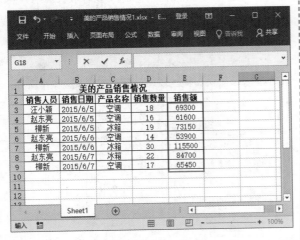

152　保护公式不被修改

适用版本	实用指数	
Excel 2007、2010、2013、2016	★★★★☆	

使用说明

将工作表中的数据计算好后，为了防止其他用户对公式进行更改，可设置密码保护。

解决方法

如果要在工作表中对公式设置密码保护，具体操作方法如下。

第1步 打开素材文件（位置：素材文件\第6章\销售清单2.xlsx），选中包含公式的单元格区域，打开【设置单元格格式】对话框。

第2步 ❶切换到【保护】选项卡，勾选【锁定】复选框；❷单击【确定】按钮，如下图所示。

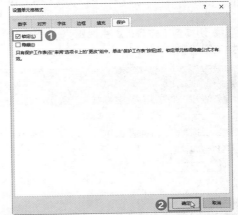

第3步 返回工作表，打开【保护工作表】对话框。

第4步 ❶在【取消工作表保护时使用的密码】文本框中输入密码；❷单击【确定】按钮，如下图所示。

第5步 弹出【确认密码】对话框，再次输入保护密码，单击【确定】按钮即可，如下图所示。

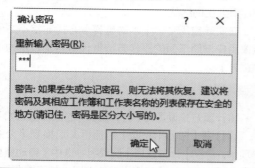

---

153 将公式隐藏起来

适用版本	实用指数	
Excel 2007、2010、2013、2016	★★★☆☆	

使用说明

为了不让其他用户看到正在使用的公式，可以将其隐藏起来。公式被隐藏后，当选中单元格时，仅仅在单元格中显示计算结果，而编辑栏中不会显示任何内容。

解决方法

如果要在工作表中隐藏公式，具体操作方法如下。

第1步 打开素材文件（位置：素材文件\第6章\销售清单2.xls），选中包含公式的单元格区域，打开【设置单元格格式】对话框。

第2步 ❶切换到【保护】选项卡，勾选【锁定】和【隐藏】复选框；❷单击【确定】按钮，如下图所示。

第3步 返回工作表，然后参照前面的相关操作方法，打开【保护工作表】对话框，设置密码保护即可。

154 使用"&"合并单元格内容

适用版本	实用指数	
Excel 2007、2010、2013、2016	★★★☆☆	

使用说明

在编辑单元格内容时，如果希望将一个或多个单元格的内容合并起来，可通过运算符"&"实现。

解决方法

如果要合并单元格中的内容，具体操作方法如下。

第1步 打开素材文件（位置：素材文件\第6章\员工基本信息.xlsx），选择要存放结果的单元格，输入公式"=B3&C3&D3"，按 Enter 确认得出计算结果，如下图所示。

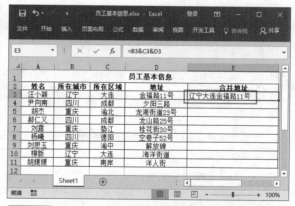

第2步 将公式复制到其他单元格，得出计算结果，如下图所示。

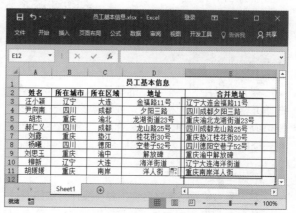

155 为何公式下拉复制后计算结果都一样

适用版本	实用指数
Excel 2007、2010、2013、2016	★★★★☆

使用说明

默认情况下，通过填充功能向下复制公式时，会根据引用的单元格进行自动计算，但是，有时用户利用填充功能向下复制公式后，所有的计算结果都一样，如下图所示。

从图中可看出，如 E4 单元格中的计算公式是对的，但是结果是错的。出现这样的情况是因为用户不小心将计算方式设置成了【手动重算】。设置为【手动重算】后，复制公式时显示的计算结果将会与复制的单元格一样，这时就需要按下 F9 键进行手动计算，以便得到正确结果。

在实际应用中，【手动重算】方式非常不方便，建议用户按照下面的操作方法将计算方式设置为【自动重算】。

解决方法

将计算方式设置为【自动重算】的操作方法如下。

❶打开【Excel 选项】对话框，切换到【公式】选项卡；❷在【计算选项】选项组中选中【自动重算】单选按钮；❸单击【确定】按钮即可，如下图所示。

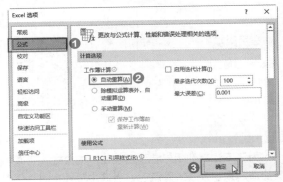

6.2 公式中如何引用名称

在 Excel 中，可以定义名称来代替单元格地址，并将其应用到公式计算中，以便提高工作效率，减少计算错误。

156 为单元格定义名称

适用版本	实用指数
Excel 2007、2010、2013、2016	★★★☆☆

使用说明

在 Excel 中，一个独立的单元格，或多个不连续的单元格组成的单元格组合，或连续的单元格区域，都可以定义一个名称。定义名称后，每一个名称都具有一个唯一的标识，方便在其他名称或公式中调用。

解决方法

如果要为单元格定义名称，具体操作方法如下。

 ❶打开素材文件（位置：素材文件\第6章\

工资表.xlsx），选择要定义名称的单元格区域；❷单击【公式】选项卡【定义的名称】组中的【定义名称】按钮，如下图所示。

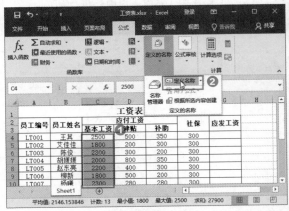

第2步 ❶打开【新建名称】对话框，在【名称】文本框内输入定义的名称；❷单击【确定】按钮，如下

图所示。

第3步 操作完成后，即可为选择的单元格区域定义名称。当再次选择单元格区域时，会在名称框中显示定义的名称，如下图所示。

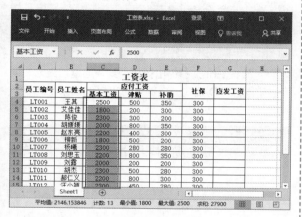

知识拓展

选择要定义的单元格或单元格区域，在名称框中直接输入定义的名称后按 Enter 键也可以定义名称。

---

157 将自定义名称应用于公式

适用版本	实用指数
Excel 2007、2010、2013、2016	★★★★☆

使用说明

为单元格区域定义了名称之后，就可以将自定义名称应用于公式，以提高工作效率。

解决方法

如果要将自定义名称应用于公式，具体操作方法如下。

第1步 ❶打开素材文件（位置：素材文件\第6章\工资表 .xlsx），选择要定义为公式的单元格区域 C4:F4；❷单击【公式】选项卡【定义的名称】组中的【定义名称】按钮，如下图所示。

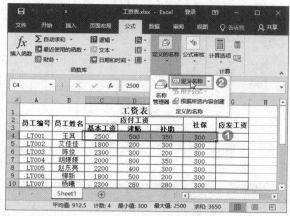

第2步 ❶打开【新建名称】对话框，在【名称】文本框中输入名称；❷在【引用位置】参数框中输入公式"=sum(Sheet1!\$C\$4:\$F\$4)"；❸单击【确定】按钮，如下图所示。

第3步 ❶选择 G4 单元格；❷单击【定义的名称】组中的【用于公式】下拉按钮；❸在打开的下拉列表中选择定义的名称【应发工资】，如下图所示。

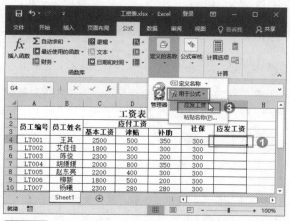

第4步 在 G4 单元格中显示计算区域，如下图所示。

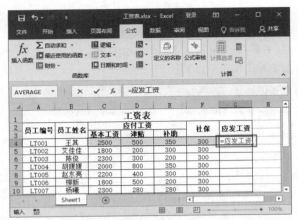

第5步 按 Enter 键进行确认后即可显示计算结果，如下图所示。

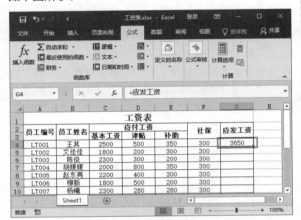

158　使用单元格名称对数据进行计算

适用版本	实用指数	
Excel 2007、2010、2013、2016	★★★★☆	

使用说明

在工作表中定义好名称后，可以通过名称对数据进行计算，以便提高工作效率。

解决方法

如果要在工作表中通过名称计算数据，具体操作方法如下。

第1步 打开素材文件（位置：素材文件\第6章\工资表.xlsx），对相关单元格区域定义名称。本例将 C4:C16 单元格区域命名为"基本工资"，D4:D16 单元格区域命名为"津贴"，E4:E16 单元格区域命

名为"补助"，F4:F16 单元格区域命名为"社保"。

第2步 选中要存放结算结果的单元格，直接输入公式"= 基本工资 + 津贴 + 补助 - 社保"，如下图所示。

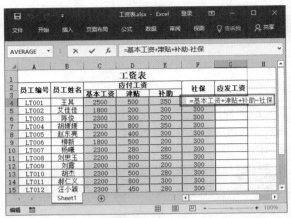

第3步 按 Enter 键得出计算结果，通过填充方式向下拖动鼠标复制公式，自动计算出其他结果，如下图所示。

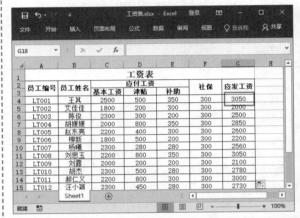

159　使用名称管理器管理名称

适用版本	实用指数	
Excel 2007、2010、2013、2016	★★★☆☆	

使用说明

在工作表中为单元格定义名称后，还可以通过【名称管理器】对名称进行修改、删除等操作。

解决方法

如果要使用名称管理器管理名称，具体操作方法如下。

第1步 打开素材文件（位置：素材文件\第6章\工资表 1.xlsx），单击【公式】选项卡【定义的名称】组中的【名称管理器】按钮，如下图所示。

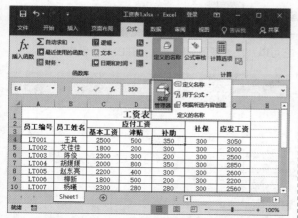

第2步 ❶弹出【名称管理器】对话框，在列表框中选择要修改的名称；❷单击【编辑】按钮，如下图所示。

第3步 ❶弹出【编辑名称】对话框，通过【名称】文本框可进行重命名操作，在【引用位置】参数框中可重新选择单元格区域；❷设置完成后单击【确定】按钮，如下图所示。

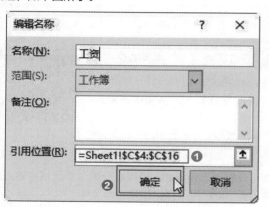

第4步 ❶返回【名称管理器】对话框，在列表框中选择要修改的名称；❷单击【删除】按钮，如下图所示。

第5步 在弹出的提示对话框中单击【确定】按钮，如下图所示。

第6步 返回【名称管理器】对话框，单击【关闭】按钮即可，如下图所示。

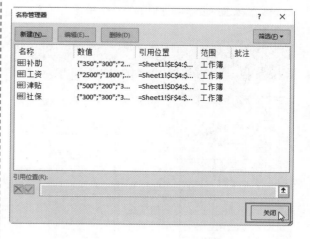

6.3 使用数组计算数据

Excel 中可以使用数组公式对两组或两组以上的数据（两个或两个以上的单元格区域）同时进行计算。在数组公式中使用的数据称为数组参数，数组参数可以是一个数据区域，也可以是数组常量（经过特殊组织的常量表）。数组公式可以在小空间内进行大量计算时使用，它可以替代许多重复的公式，并由此节省内存。

160 在多个单元格中使用数组公式进行计算

适用版本	实用指数	
Excel 2007、2010、2013、2016	★★★★★	

使用说明

数组公式就是指对两组或多组参数进行多重计算，并返回一个或多个结果的计算公式。使用数组公式时，要求每个数组参数必须有相同数量的行和列。

解决方法

如果要在多个单元格中使用数组公式进行计算，具体操作方法如下。

第1步 ❶打开素材文件（位置：素材文件\第6章\工资表.xlsx），选择存放结果的单元格区域，输入"="；❷拖动鼠标选择要参与计算的第一个单元格区域，如下图所示。

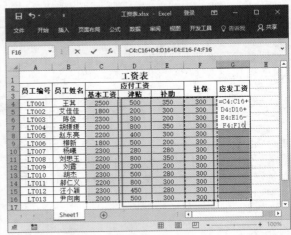

第3步 按 Ctrl+Shift+Enter 组合键，得出数组公式计算结果，如下图所示。

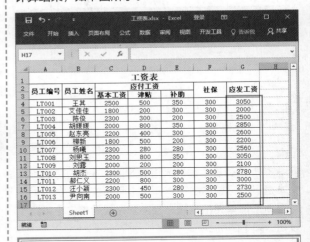

第2步 参照上述操作方法，继续输入运算符号，并拖动选择要参与计算的单元格区域，如下图所示。

161 在单个单元格中使用数组公式进行计算

适用版本	实用指数	
Excel 2007、2010、2013、2016	★★★★★	

使用说明

在编辑工作表时，还可以在单个单元格中输入数组公式，以便完成多步计算。

解决方法

如果要在单个单元格中使用数组公式进行计算，具体操作方法如下。

第1步 打开素材文件（位置：素材文件\第6章\销售订单 .xlsx），选择存放结果的单元格，输入"=SUM()"，再将光标在括号内插入点定位，如下图所示。

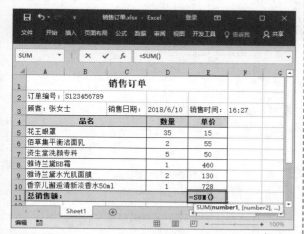

第2步 拖动鼠标选择要参与计算的第 1 个单元格区域，输入运算符号"*"，再拖动鼠标选择第 2 个要参与计算的单元格区域，如下图所示。

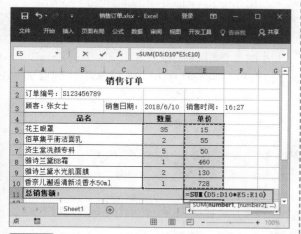

第3步 按 Ctrl+Shift+Enter 组合键，得出数组公式计算结果，如右上图所示。

温馨提示

在单个单元格中使用数组公式计算数据时，不能是合并后的单元格，否则会弹出提示框提示数组公式无效。

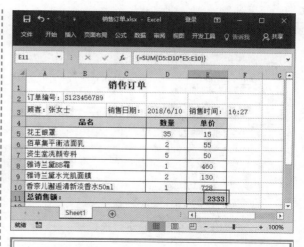

162 扩展数组公式

适用版本	实用指数
Excel 2007、2010、2013、2016	★★★★☆

使用说明

在公式中用数组作为计算参数时，所有的数组必须是同维的（即有相同数量的行和列）。如果数组参数的维数不匹配，Excel 会自动扩展该参数。

解决方法

如果要扩展数组公式，具体操作方法如下。

第1步 打开素材文件（位置：素材文件\第6章\九阳料理机销售统计 .xlsx），选择存放结果的单元格区域，参照前面的操作方法，设置计算参数，如下图所示。

第2步 按 Ctrl+Shift+Enter 组合键，得出数组公式计算结果，如下图所示。

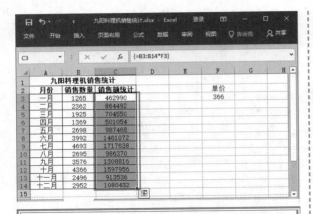

输入公式"=SUM(LARGE(B2:C11,ROW(INDIRECT("1:5"))))",然后按下 Ctrl+Shift+Enter 组合键,即可得出最大的 5 个数据的求和结果,如下图所示。

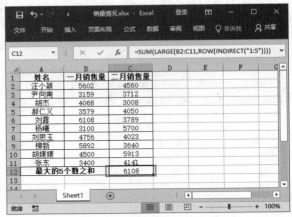

163 对数组中 N 个最大值进行求和

适用版本	实用指数	
Excel 2007、2010、2013、2016	★★★★☆	

使用说明

当有多列数据时,在不排序的情况下,需要将这些数据中最大或最小的 N 个数据进行求和时,就要通过使用数组公式实现。

解决方法

例如,要在多列数据中,对最大的 5 个数据进行求和运算,具体操作方法如下。

打开素材文件(位置:素材文件 \ 第 6 章 \ 销量情况 .xlsx),选中要显示计算结果的单元格 C12,

知识拓展

在本操作的公式中,其函数意义介绍如下。

- INDIRECT:取 1~5 行。
- ROW:得到(1,2,3,4,5)数组。
- LARGE:求最大的 5 个数据并组成数组。
- SUM:将 LARGE 求得的数组进行求和。

为了便于读者理解,还可将公式简化成"=SUM(LARGE(B2:C11,{1,2,3,4,5}))"。若要对最小的 5 个数据进行求和运算,可输入公式"=SUM(SMALL(B2:C11,ROW(INDIRECT("1:5"))))"或"=SUM(SMALL(B2:C11,{1,2,3,4,5}))"。

6.4 公式审核与错误处理

如果工作表中的公式使用错误,不仅不能计算出正确的结果,还会自动显示出一个错误值,如 ####、#NAME? 等。因此,还需要掌握一定的公式审核方法与技巧。

164 追踪引用单元格与追踪从属单元格

适用版本	实用指数	
Excel 2007、2010、2013、2016	★★★★☆	

使用说明

追踪引用单元格是指查看当前公式是引用哪些单元格进行计算的,追踪从属单元格与追踪引用单元格相反,用于查看哪些公式引用了该单元格。

解决方法

如果要在工作表中进行追踪引用单元格与追踪从属单元格,具体操作方法如下。

第1步 ❶打开素材文件（位置：素材文件＼第6章＼销售清单2.xlsx），选中要追踪引用单元格的单元格；❷单击【公式】选项卡【公式审核】组中的【追踪引用单元格】按钮，如下图所示。

第2步 即可使用箭头显示数据源引用指向，如下图所示。

第3步 ❶选中追踪从属单元格的单元格；❷单击【追踪从属单元格】按钮，如下图所示。

第4步 即可使用箭头显示受当前所选单元格影响的单元格数据从属指向，如下图所示。

165 对公式中的错误进行追踪操作

适用版本	实用指数
Excel 2007、2010、2013、2016	★★★☆☆

使用说明

当公式中出现错误值时，可对公式引用的区域以箭头的方式显示，从而快速追踪检查引用来源是否包含有错误值。

解决方法

如果要在工作表中追踪错误，具体操作方法如下。

第1步 打开素材文件（位置：素材文件＼第6章＼工资表2.xlsx），❶选择包含错误值的单元格；❷单击【公式】选项卡【公式审核】组中的【错误检查】下拉按钮；❸在打开的下拉列表中选择【追踪错误】选项，如下图所示。

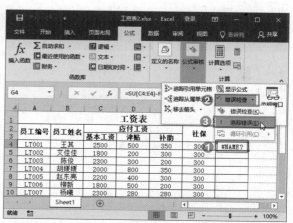

第2步 即可对包含错误值的单元格添加追踪效果，

如下图所示。

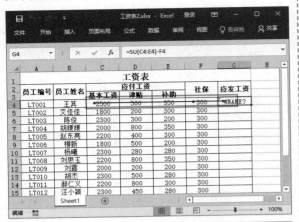

166　使用公式求值功能查看公式分步计算结果

适用版本	实用指数
Excel 2007、2010、2013、2016	★★★☆☆

使用说明

在工作表中使用公式计算数据后，除了可以在单元格中查看最终的计算结果外，还能使用公式求值功能查看分步计算结果。

解决方法

如果要在工作表中查看分步计算结果，具体操作方法如下。

第1步 ❶打开素材文件（位置：素材文件\第6章\工资表3.xlsx），选中计算出结果的单元格；❷单击【公式】选项卡【公式审核】组中的【公式求值】按钮，如下图所示。

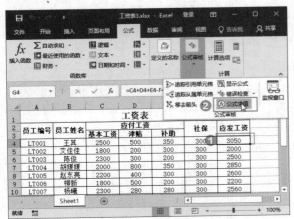

第2步 弹出【公式求值】对话框，单击【求值】按钮，如下图所示。

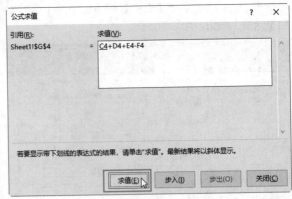

第3步 显示第一步的值，单击【求值】按钮，如下图所示。

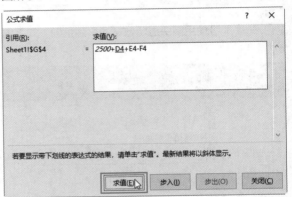

第4步 将显示第一次公式计算出的值，并显示第二次要计算的公式，如下图所示。

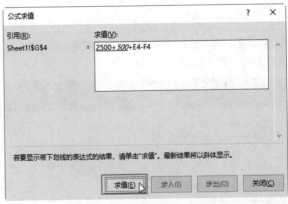

第5步 继续单击【求值】按钮，直到完成公式的计算，并显示最终结果后，单击【关闭】按钮关闭对话框即可。

167 用错误检查功能检查公式

适用版本	实用指数
Excel 2007、2010、2013、2016	★★★☆☆

使用说明

当公式计算结果出现错误时，可以使用错误检查功能逐一对错误值进行检查。

解决方法

要对公式中的错误进行检查，具体操作方法如下。

第1步 ❶打开素材文件（位置：素材文件\第6章\工资表1.xlsx），在数据区域中选择起始单元格；❷单击【公式】选项卡【公式审核】组中的【错误检查】按钮，如下图所示。

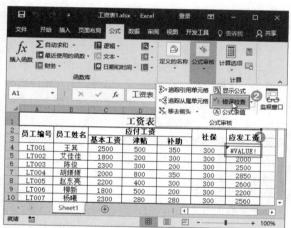

第2步 系统开始从起始单元格进行检查，当检查到有错误公式时，会弹出【错误检查】对话框，并指出出错的单元格及错误原因。若要修改，单击【在编辑栏中编辑】按钮，如下图所示。

第3步 ❶在工作表的编辑栏中输入正确的公式；❷在【错误检查】对话框中单击【继续】按钮，继续检查工作表中的其他错误公式，如下图所示。

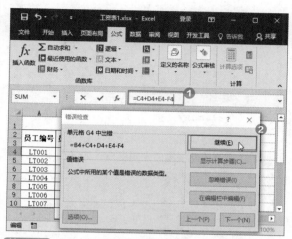

第4步 当完成公式的检查后，弹出提示框提示完成检查，单击【确定】按钮即可，如下图所示。

168 使用【监视窗口】来监视公式及其结果

适用版本	实用指数
Excel 2007、2010、2013、2016	★★★☆☆

使用说明

在 Excel 中，可以通过监视窗口实时查看工作表中的公式及其计算结果。在监视时，无论工作簿显示的哪个区域，该监视窗口都始终可见。

解决方法

如果要使用监视窗口监视公式及结果，具体操作方法如下。

第1步 打开素材文件（位置：素材文件\第6章\销售清单2.xlsx），单击【公式】选项卡【公式审核】组中的【监视窗口】按钮，如下图所示。

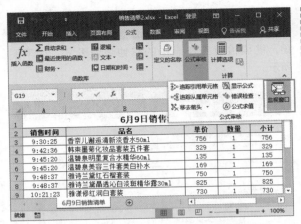

第2步 打开【监视窗口】对话框，如下图所示。

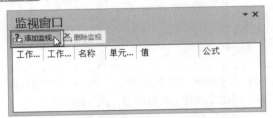

第3步 ❶弹出【添加监视点】对话框，将光标插入点定位到【选择您想监视其值的单元格】参数框内，在工作表中通过拖动鼠标选择需要监视的单元格区域；❷单击【添加】按钮，如下图所示。

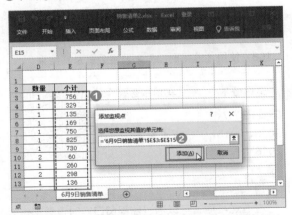

第4步 经过上述操作后，在【监视窗口】的列表框中，将显示选择的单元格区域的内容以及所使用的公式。在列表框中双击某条单元格条目，即可在工作表中选择对应的单元格，如右上图所示。

技能拓展

在【监视窗口】的列表框中，选中某条单元格条目，然后单击【删除监视】按钮，可取消对该单元格的监视。

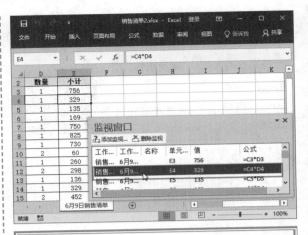

169 设置公式错误检查选项

适用版本	实用指数
Excel 2007、2010、2013、2016	★★★☆☆

使用说明

默认情况下，对工作表中的数据进行计算时，若公式中出现了错误，Excel 会在单元格中出现一些提示符号，表明出现的错误类型。另外，当在单元格中输入违反规则的内容时，则单元格的左上角会出现一个绿色小三角。上述情况均是 Excel 的后台错误检查在起作用，根据操作需要，我们可以对公式的错误检查选项进行设置，以符合自己的使用习惯。

解决方法

如果要设置公式错误检查选项，具体操作方法如下。
❶打开【Excel 选项】对话框，切换到【公式】选项卡；❷在【错误检查规则】选项组中设置需要的规则；❸设置完成后单击【确定】按钮即可，如下图所示。

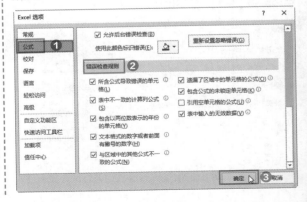

170 #### 错误的处理办法

适用版本	实用指数
Excel 2007、2010、2013、2016	★★★★★

使用说明

如果工作表的列宽比较窄，使单元格无法完全显示数据，或者使用了负日期或时间时，便会出现 ##### 错误。

解决方法

解决 ##### 错误的方法如下。

（1）当列宽不足以显示内容时，直接调整列宽即可。

（2）当日期和时间为负数时，可通过下面的方法解决。

- 如果用户使用的是 1900 日期系统，那么 Excel 中的日期和时间必须为正值。
- 如果需要对日期和时间进行减法运算，应确保建立的公式是正确的。
- 如果公式正确，但结果仍然是负值，可以通过将该单元格的格式设置为非日期或时间格式来显示该值。

171 #NULL! 错误的处理办法

适用版本	实用指数
Excel 2007、2010、2013、2016	★★★★★

使用说明

当函数表达式中使用了不正确的区域运算符或指定两个并不相交的区域的交点时，便会出现 #NULL! 错误。

解决方法

解决 #NULL! 错误的方法如下。

- 使用了不正确的区域运算符：若要引用连续的单元格区域，应使用冒号分隔引用区域中的第一个单元格和最后一个单元格；若要引用不相交的两个区域，应使用联合运算符，即逗号（,）。
- 区域不相交：更改引用以使其相交。

172 #NAME? 错误的处理办法

适用版本	实用指数
Excel 2007、2010、2013、2016	★★★★★

使用说明

当 Excel 无法识别公式中的文本时，将出现 #NAME? 错误。

解决方法

解决 #NAME? 错误的方法如下。

- 区域引用中漏掉了冒号（:）：给所有区域引用使用冒号（:）。
- 在公式中输入文本时没有使用双引号：公式中输入的文本必须用双引号括起来，否则 Excel 会把输入的文本内容作为名称。
- 函数名称拼写错误：更正函数拼写，若不知道正确的拼写，可打开【插入函数】对话框，插入正确的函数即可。
- 使用了不存在的名称：打开【名称管理器】对话框，查看是否有当前使用的名称，若没有，定义一个新名称即可。

173 #NUM! 错误的处理办法

适用版本	实用指数
Excel 2007、2010、2013、2016	★★★★★

使用说明

当公式或函数中使用了无效的数值时，便会出现 #NUM! 错误。

解决方法

解决 #NUM! 错误的方法如下。

- 在需要数字参数的函数中使用了无法接受的参数：请用户确保函数中使用的参数是数字，而不是文本、时间或货币等其他格式。
- 输入的公式所得出的数字太大或太小，无法在 Excel 中表示：更改单元格中的公式，使运算的结果介于 $-1*10307 \sim 1*10307$ 之间。
- 使用了进行迭代的工作表函数，且函数无法得到结果：为工作表函数使用不同的起始值，或者更改 Excel 迭代公式的次数。

温馨提示

更改 Excel 迭代公式次数的方法为：打开【Excel 选项】对话框，切换到【公式】选项卡，在【计算选项】栏中勾选【启用迭代计算】复选框，在下方设置最多迭代次数和最大误差，然后单击【确定】按钮。

---

174 #VALUE! 错误的处理办法

适用版本	实用指数
Excel 2007、2010、2013、2016	★★★★★

使用说明

使用的参数或操作数的类型不正确时，便会出现 #VALUE! 错误。

解决方法

解决 #VALUE! 错误的方法如下。
- 输入或编辑的是数组公式，却按 Enter 键确认：完成数组公式的输入后，按 Ctrl+Shift+Enter 组合键确认。
- 当公式需要数字或逻辑值时，却无法输入文本：确保公式或函数所需的操作数或参数正确无误，且公式引用的单元格中包含有效的值。

175 #DIV/0! 错误的处理办法

适用版本	实用指数
Excel 2007、2010、2013、2016	★★★★★

使用说明

当数字除以 0（零）时，便会出现 #DIV/0! 错误。

解决方法

解决 #DIV/0! 错误的方法如下。
- 将除数更改为非零值。
- 作为被除数的单元格不能为空白单元格。

176 #REF! 错误的处理办法

适用版本	实用指数
Excel 2007、2010、2013、2016	★★★★★

使用说明

当单元格引用无效时，如函数引用的单元格（区域）被删除、链接的数据不可用等，便会出现 #REF! 错误。

解决方法

解决 #REF! 错误的方法如下。
- 更改公式，或者在删除或粘贴单元格后立即单击【撤销】按钮以恢复工作表中的单元格。
- 启动使用的对象链接和嵌入（OLE）链接所指向的程序。
- 确保使用正确的动态数据交换（DDE）主题。
- 检查函数以确定参数是否引用了无效的单元格或单元格区域。

177 #N/A 错误的处理办法

适用版本	实用指数
Excel 2007、2010、2013、2016	★★★★★

使用说明

当数值对函数或公式不可用时，便会出现 #N/A 错误。

解决方法

解决 #N/A 错误的方法如下。
- 确保函数或公式中的数值可用。
- 为工作表函数的 lookup_value 参数赋予了不正确的值：当为 MATCH、HLOOKUP、LOOKUP 或 VLOOKUP 函数的 lookup_value 参数赋予了不正确的值时，将出现 #N/A 错误，此时的解决方式是确保 lookup_value 参数值的类型正确即可。
- 使用函数时省略了必需的参数：当使用内置或自定义工作表函数时，若省略了一个或多个必需的函数，便会出现 #N/A 错误，此时将函数中的所有参数输入完整即可。

178 通过【Excel 帮助】获取错误解决办法

适用版本	实用指数	
Excel 2007、2010、2013、2016	★★★☆☆	

使用说明

　　如果在使用公式和函数计算数据的过程中出现了错误，在计算机联网的情况下，可以通过 Excel 帮助获取错误值的相关信息，以帮助用户解决问题。

解决方法

　　如果要通过【Excel 帮助】获取错误解决办法，具体操作方法如下。

第1步 ❶打开素材文件（位置：素材文件 \ 第 6 章 \ 工资表 4.xlsx），选中显示了错误值的单元格，单击错误值提示按钮 ⬥；❷在弹出的下拉列表中选择【关于此错误的帮助】选项，如下图所示。

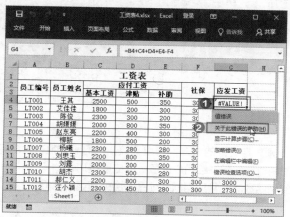

第2步 系统将自动打开【Excel 帮助】窗口，其中显示了该错误值的出现原因和解决方法，如下图所示。

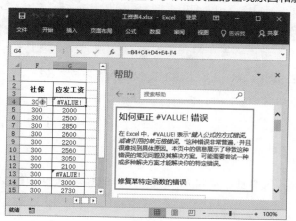

第 7 章
函数的基本应用技巧

在 Excel 中，函数是系统预先定义好的公式。利用函数，我们可以很轻松地完成各种复杂数据的计算，并简化公式的使用。本章将针对函数的应用，给用户讲解一些应用技巧。

下面先来看看以下一些使用函数时的常见问题，你是否会处理或已掌握。

【√】想要用的函数只记得开头的几个字母，你知道如何使用提示功能快速输入函数吗？

【√】要使用函数来计算数据，可是又不知道使用哪个函数时，你知道如何查询函数吗？

【√】调用函数的方法很多，你知道怎样根据实际情况调用函数吗？

【√】预算报表需要计算预算总和，你知道怎样使用 SUM 函数进行求和吗？

【√】每季度的销量表需要计算平均值，你知道怎样使用 AVERAGE 函数计算平均值吗？

【√】公司需要对销量靠前的员工进行奖励，你知道怎样使用 RANK 函数计算排名吗？

希望通过本章内容的学习，能帮助你解决以上问题，并学会更多函数调用和基本函数的使用技巧。

7.1 函数的调用

一个完整的函数表达式主要由标识符、函数名称和函数参数组成，其中，标识符就是"="，在输入函数表达式时，必须先输入"="；函数的参数主要包括常量参数、逻辑值参数、单元格引用参数、函数式和数组参数等几种参数类型。

使用函数进行计算前，需要先了解其基本的操作，如输入函数的方法、自定义函数等，下面就进行相关的讲解。

---

179 在单元格中直接输入函数

适用版本	实用指数	
Excel 2007、2010、2013、2016	★★★★★	

📌 **使用说明**

如果知道函数名称及函数的参数，可以直接在编辑栏中输入表达式，这是最常见的输入方式之一。

📌 **解决方法**

如果要在工作表中直接输入函数表达式，具体方法如下。

第1步 打开素材文件（位置：素材文件\第7章\销售清单.xlsx），选中要存放结果的单元格，本例中选择 E3，在编辑栏中输入函数表达式"=PRODUCT(C3:D3)"（意为对单元格区域 C3:D3 中的数值进行乘积运算），如下图所示。

第2步 完成输入后，单击编辑栏中的【输入】按钮 ✓，或者按 Enter 键进行确认，E3 单元格中即可显示计算结果，如下图所示。

第3步 利用填充功能向下复制函数，即可计算出其他产品的销售金额，如下图所示。

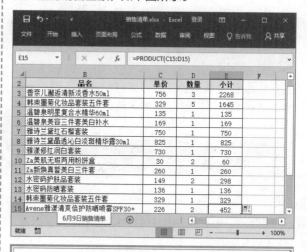

---

180 通过提示功能快速输入函数

适用版本	实用指数	
Excel 2007、2010、2013、2016	★★★★★	

使用说明

如果用户对函数并不是非常熟悉，在输入函数表达式的过程中，可以利用函数的提示功能进行输入，以保证输入正确的函数。

解决方法

如果要在工作表中利用提示功能输入函数，具体操作方法如下。

第1步 打开素材文件（位置：素材文件 \ 第 7 章 \6 月工资表 .xlsx），选中要存放结果的单元格，输入"="，然后输入函数的首字母，例如 S，此时系统会自动弹出一个下拉列表，该列表中将显示所有以 S 开头的函数，此时可在列表框中找到需要的函数，选中该函数时，会出现一个浮动框，并说明该函数的含义，如下图所示。

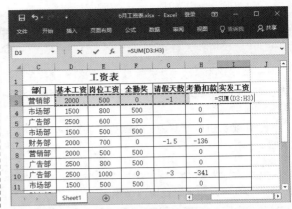

第2步 双击选中的函数，即可将其输入到单元格中，输入函数后，可以看到函数语法提示，如下图所示。

第3步 根据提示输入计算参数，如下图所示。

第4步 完成输入后，按 Enter 键，即可得到计算结果，如下图所示。

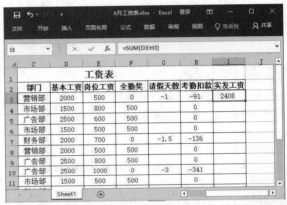

第5步 利用填充功能向下复制函数，即可计算出其他员工的实发工资，如下图所示。

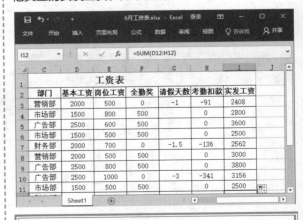

181	通过【函数库】输入函数

适用版本	实用指数
Excel 2007、2010、2013、2016	★★★★★

在 Excel 窗口的功能区中有一个【函数库】，库中提供了多种函数，用户可以非常方便地使用。

解决方法

例如，要插入其他函数中的统计类函数，具体操作方法如下。

第1步 ❶打开素材文件（位置：素材文件\第 7 章\8 月 5 日销售清算.xlsx），选中要存放结果的单元格，如 B15；❷在【公式】选项卡的【函数库】组中选择需要的函数类型，本例中单击【其他函数】下拉按钮 ▦·；❸在弹出的下拉列表中选择【统计】选项；❹在弹出的扩展列表中选择需要的函数，本例中选择COUNTA，如下图所示。

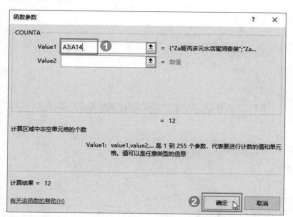

第2步 ❶弹出【函数参数】对话框，在【Value 1】参数框中设置要进行计算的参数；❷单击【确定】按钮，如下图所示。

第3步 返回工作表，即可查看到计算结果，如下图所示。

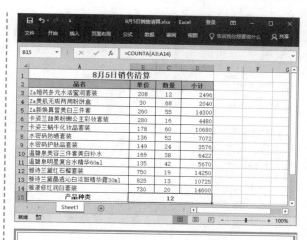

182 使用【自动求和】按钮输入函数

适用版本	实用指数
Excel 2007、2010、2013、2016	★★★★★

使用说明

使用函数计算数据时，求和函数、求平均值函数等函数用得非常频繁。因此 Excel 提供了【自动求和】按钮，通过该按钮，可快速使用这些函数进行计算。

解决方法

例如，通过插入【求和函数】按钮插入平均值函数，具体操作方法如下。

第1步 ❶打开素材文件（位置：素材文件\第 7 章\食品销售表.xlsx），选中要存放结果的单元格，如 E4；❷在【公式】选项卡的 【函数库】组中单击【自动求和】下拉按钮；❸在弹出的下拉列表中选择【平均值】选项，如下图所示。

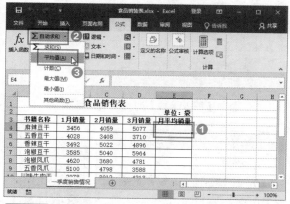

第2步 拖动鼠标选择计算区域，如下图所示。

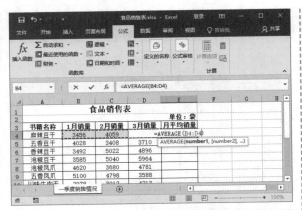

第3步 按 Enter 键，即可得出计算结果，如下图所示。

第4步 通过填充功能向下复制函数，计算出其他食品的月平均销量，如下图所示。

183 通过【插入函数】对话框调用函数

适用版本	实用指数
Excel 2007、2010、2013、2016	★★★★★

使用说明

Excel 提供了大约 400 个函数，如果不能确定函数的正确拼写或计算参数，建议用户使用【插入函数】对话框插入函数。

解决方法

例如，要通过【插入函数】对话框插入 SUM 函数，具体方法如下。

第1步 ❶打开素材文件（位置：素材文件\第7章\营业额统计周报表 .xlsx），选择要存放结果的单元格，如 F4；❷单击编辑栏中的【插入函数】按钮 *fx*，如下图所示。

第2步 ❶弹出【插入函数】对话框，在【或选择类别】下拉列表中选择函数类别；❷在【选择函数】列表框中选择需要的函数，如 SUM 函数；❸单击【确定】按钮，如下图所示。

第3步 ❶弹出【函数参数】对话框，在 Number1 参数框中设置要进行计算的参数；❷单击【确定】按钮，如下图所示。

第4步 返回工作表，可看到计算结果，如下图所示。

第5步 通过填充功能向下复制函数，计算出其他时间的营业额总计，如下图所示。

知识拓展

在工作表中选择要存放结果的单元格后，切换到【公式】选项卡，单击【函数库】组中的【插入函数】按钮，也可打开【插入函数】对话框。

184　不知道需要使用什么函数时应如何查询

适用版本	实用指数
Excel 2007、2010、2013、2016	★★★★★

使用说明

如果只知道某个函数的功能，不知道具体的函数名，则可以通过【插入函数】对话框快速查找函数。

解决方法

例如，需要通过【插入函数】对话框快速查找【随机】函数，具体操作方法如下。

❶打开【插入函数】对话框，在【搜索函数】文本框中输入函数功能，如【随机】；❷单击【转到】按钮；❸将在【选择函数】列表框中显示 Excel 推荐的函数，此时在【选择函数】列表框中选择某个函数后，会在列表框下方显示该函数的作用及语法等信息，如下图所示。

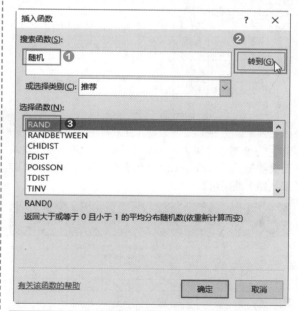

185　使用嵌套函数计算数据

适用版本	实用指数
Excel 2007、2010、2013、2016	★★★★★

使用说明

在使用函数计算某些数据时，有时一个函数并不能达到想要的结果，此时就需要使用多个函数进行嵌套。嵌套函数就是将某个函数或函数的返回值作为另一个函数的计算参数来使用，在嵌套函数中，Excel 会先计算最深层的嵌套表达式，再逐步向外计算其他表达式。

解决方法

如果要使用嵌套函数计算数据，具体操作方法如下。

第1步 打开素材文件（位置：素材文件\第7章\6月工资表 1.xlsx），选中要存放结果的单元格，如 D14，输入函数表达式"=AVERAGE(IF(C3:C12="广告部",I3:I12))"。在该函数中，将先执行 IF 函数，再执行 AVERAGE 函数，用于计算部门为广告部的平均收入，如下图所示。

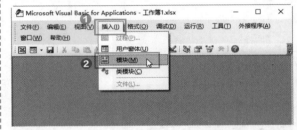

第2步 本例中输入的函数涉及数组，因此完成输入后需要按 Ctrl+Shift+Enter 组合键，即可得出计算结果，如下图所示。

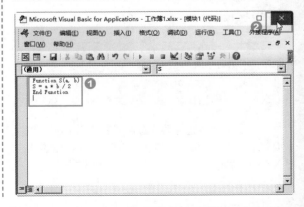

---

186 自定义函数

适用版本	实用指数	
Excel 2007、2010、2013、2016	★★★★☆	

使用说明

在 Excel 中，除了可以使用内置的函数计算表中的数据，还可以根据自己的实际需要自定义函数来进行计算。

解决方法

例如，要自定义直角三角形面积函数（S），假设 a、b 为三角形两直角边，具体操作方法如下。

第1步 在工作簿中按 Alt+F11 组合键，打开 VBE 编辑器。

第2步 ❶在标题栏中单击【插入】按钮；❷在弹出的下拉菜单中单击【模块】命令，如下图所示。

第3步 ❶在打开的【模块】窗口中输入如下代码；❷单击【关闭】按钮 × 关闭 VBA 编辑器即可，操作如下图所示。

代码为：

```
Function S(a,b)
S = a*b/2
End Function
```

7.2 常用函数的应用

在日常事务处理中，用得最频繁的函数主要有求和函数、求平均值函数、最大值函数及最小值函数等。下面就分别介绍这些函数的使用方法。

187 使用 SUM 函数进行求和运算

适用版本	实用指数
Excel 2007、2010、2013、2016	★★★★★

使用说明

在 Excel 中，SUM 函数使用非常频繁，该函数用于返回某一单元格区域中所有数字之和。SUM 函数语法为：=SUM(number1,number2,...)，其中 number1,number2,... 表示参加计算的 1~255 个参数。

解决方法

例如，使用 SUM 函数计算销售总量，具体操作方法如下。

第1步 打开素材文件（位置：素材文件\第 7 章\销售业绩 .xlsx），选择要存放结果的单元格，如 E3，输入函数"=SUM(B3:D3)"，按 Enter 键，即可得出计算结果，如下图所示。

第2步 通过填充功能向下复制函数，计算出所有人的销售总量绩，如下图所示。

188 使用 AVERAGE 函数计算平均值

适用版本	实用指数
Excel 2007、2010、2013、2016	★★★★★

使用说明

AVERAGE 函数用于返回参数的平均值，即对选择的单元格或单元格区域进行算术平均值运算。AVERAGE 函数语法为：=AVERAGE(number1,number2,...)，其中 number1,number2,... 表示要计算平均值的 1~255 个参数。

解决方法

例如，使用 AVERAGE 函数计算 3 个月销量的平均值，具体操作方法如下。

第1步 ①打开素材文件（位置：素材文件\第 7 章\销售业绩 1.xlsx），选中要存放结果的单元格，本例中选择 F3；②单击【公式】选项卡【函数库】组中的【自动求和】下拉按钮；③在弹出的下拉列表中选择【平均值】选项，如下图所示。

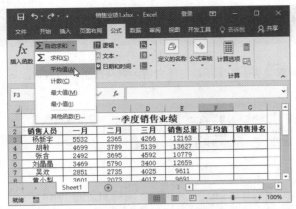

第2步 所选单元格将插入 AVERAGE 函数，选择需要计算的单元格 B3:D3，如下图所示。

第3步 按 Enter 键计算出平均值，然后使用填充功能向下复制函数，即可计算出其他产品的销售金额，如下图所示。

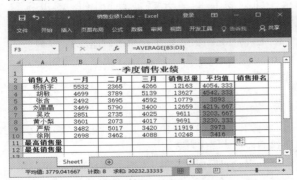

189　使用 MAX 函数计算最大值

适用版本	实用指数
Excel 2007、2010、2013、2016	★★★★★

> 使用说明

MAX 函数用于计算一串数值中的最大值，即对选择单元格区域中的数据进行比较，找到最大的数值并返回到目标单元格。MAX 函数的语法为：=MAX(number1, number2,...)。其中 number1, number2,... 表示要参与比较找出最大值的 1~255 个参数。

> 解决方法

例如，使用 MAX 函数计算最高销售量，具体操作方法如下。

第1步 打开素材文件（位置：素材文件\第7章\销售业绩2.xlsx），选择要存放结果的单元格，如 B11，输入函数"=MAX(B3:B10)"，按 Enter 键，即可得出计算结果，如下图所示。

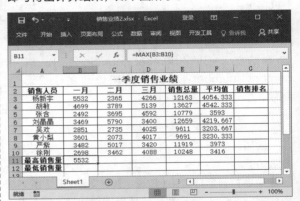

第2步 通过填充功能向右复制函数，即可计算出每个月的最高销售量，如下图所示。

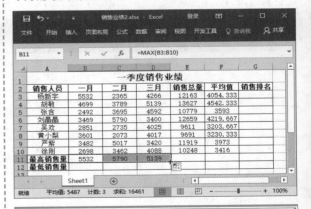

190　使用 MIN 计算最小值

适用版本	实用指数
Excel 2007、2010、2013、2016	★★★★★

与 MAX 函数的作用相反，MIN 函数用于计算一串数值中的最小值，即对选择的单元格区域中的数据进行比较，找到最小的数值并返回到目标单元格。MIN 函数的语法为：=MIN(number1, number2, ...)。其中 number1, number2, ... 表示要参与比较找出最小值的 1~255 个参数。

例如，使用 MIN 函数计算最低销售量，具体操作方法如下。

第1步 打开素材文件（位置：素材文件\第 7 章\销售业绩 3.xlsx），选择要存放结果的单元格，如 B12，输入函数"=MIN(B3:B10)"，按 Enter 键，即可得出计算结果，如下图所示。

第2步 通过填充功能向右复制函数，即可计算出每个月的最低销售量，如下图所示。

191　使用 RANK 函数计算排名

适用版本	实用指数	
Excel 2007、2010、2013、2016	★★★★☆	

RANK 函数用于返回一个数值在一组数值中的排位，即让指定的数据在一组数据中进行比较，将比较的名次返回到目标单元格中。RANK 函数的语法为：=RANK(number,ref,order)，其中 number 表示要在数据区域中进行比较的指定数据；ref 表示包含一组数字节的数组或引用，其中的非数值型参数将被忽略；order 表示一数字，指定排名的方式。若 order 为 0 或省略，则按降序排列的数据清单进行排位；如果 order 不为零，则按升序排列的数据清单进行排位。

例如，使用 RANK 函数计算销售总量的排名，具体操作方法如下。

第1步 打开素材文件（位置：素材文件\第 7 章\销售业绩 4.xlsx），选中要存放结果的单元格，如 G3，输入函数"=RANK(E3,$E$3:$E$10,0)"，按 Enter 键，即可得出计算结果，如下图所示。

第2步 通过填充功能向下复制函数，即可计算出每位员工销售总量的排名，如下图所示。

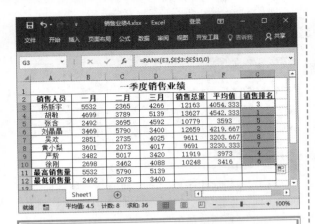

192 使用 COUNT 函数计算参数中包含的个数

适用版本	实用指数
Excel 2007、2010、2013、2016	★★★★★

使用说明

COUNT 函数属于统计类函数，用于计算区域中包含数字的单元格的个数。COUNT 函数的语法为：=COUNT(Value1,Value2,...)。其中 Value1、Value2... 为要计数的 1~255 个参数。

解决方法

例如，使用 COUNT 函数统计员工人数，具体操作方法如下。

打开素材文件（位置：素材文件 \ 第 7 章 \ 员工信息登记表 .xlsx），选中要存放结果的单元格，如 B18，输入函数 "=COUNT(A3:A17)"，按 Enter 键即可得出计算结果，如下图所示。

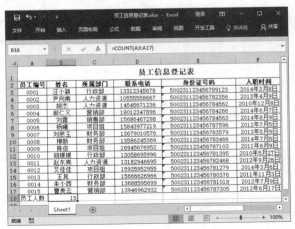

193 使用 PRODUCT 函数计算乘积

适用版本	实用指数
Excel 2007、2010、2013、2016	★★★★☆

使用说明

PRODUCT 函数用于计算所有参数的乘积。PRODUCT 函数的语法为：=PRODUCT(number1,number2,...)，其中 number1,number2,... 表示要参与乘积计算的 1~255 个参数。

解决方法

例如，使用 PRODUCT 函数计算销售金额，具体操作方法如下。

第 1 步 打开素材文件（位置：素材文件 \ 第 7 章 \ 销售订单 1.xlsx），选中存放结果的单元格，如 F5，输入函数 "=PRODUCT(D5:E5)"，按 Enter 键，即可得出计算结果，如下图所示。

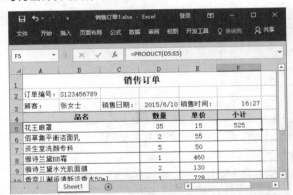

第 2 步 利用填充功能向下复制函数，可得出所有商品的销售金额，如下图所示。

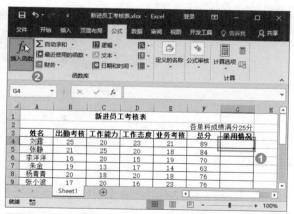

194 使用 IF 函数执行条件检测

适用版本	实用指数
Excel 2007、2010、2013、2016	★★★★★

使用说明

IF 函数的功能是根据对指定的条件计算结果为 TRUE 或 FALSE，返回不同的结果。使用 IF 函数可对数值和公式执行条件检测。

IF 函数的语法结构为：IF(logical_test,value_if_true,value_if_false)。其中各个函数参数的含义如下。

- logical_test：表示计算结果为 TRUE 或 FALSE 的任意值或表达式。例如"B5>100"是一个逻辑表达式，若单元格 B5 中的值大于 100，则表达式的计算结果为 TRUE，否则为 FALSE。

- value_if_true：是 logical_test 参数为 TRUE 时返回的值。例如，若此参数是文本字符串"合格"，而且 logical_test 参数的计算结果为 TRUE，则返回结果"合格"；若 logical_test 为 TRUE 而 value_if_true 为空时，则返回 0（零）。

- value_if_false：是 logical_test 为 FALSE 时返回的值。例如，若此参数是文本字符串"不合格"，而 logical_test 参数的计算结果为 FALSE，则返回结果"不合格"；若 logical_test 为 FALSE 而 value_if_false 被省略，即 value_if_true 后面没有逗号，则会返回逻辑值 FALSE；若 logical_test 为 FALSE 且 value_if_false 为空，即 value_if_true 后面有逗号且紧跟着右括号，则会返回值 0（零）。

解决方法

例如，以表格中的总分为关键字，80 分以上（含 80 分）的为"录用"，其余的则为"淘汰"，具体操作方法如下。

第1步 ❶打开素材文件（位置：素材文件\第 7 章\新进员工考核表 .xlsx），选择要存放结果的单元格，如 G4；❷单击【公式】选项卡【函数库】组中的【插入函数】按钮，如下图所示。

第2步 ❶打开【插入函数】对话框，在【选择函数】列表框中选择 IF 函数；❷单击【确定】按钮，如下图所示。

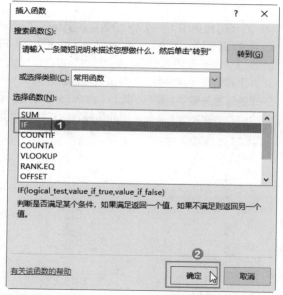

第3步 ❶打开【函数参数】对话框，设置 Logical_test 为 F4>=80，Value_test_true 为【" 录用 "】，Value_test_false 为【" 淘汰 "】；❷单击【确定】按钮，如下图所示。

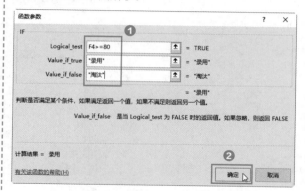

第4步 利用填充功能向下复制函数，即可计算出其他员工的录用情况，如下图所示。

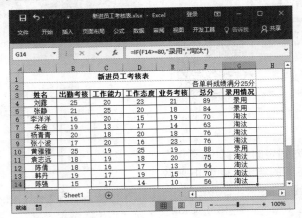

知识拓展

在实际应用中，一个 IF 函数可能满足不了工作的需要，这时可以使用多个 IF 函数进行嵌套。IF 函数嵌套的语法为：IF(logical_test,value_if_true,IF(logical_test,value_if_true,IF(logical_test,value_if_true,...,value_if_false)))。通俗地讲，可以理解成"如果（某条件，条件成立返回的结果,（某条件，条件成立返回的结果,（某条件，条件成立返回的结果,……，条件不成立返回的结果)))"。例如，在本例中以表格中的总分为关键字，80 分以上（含 80 分）的为"录用"，70 分以上（含 70 分）的为"有待观察"，其余的则为"淘汰"，G4 单元格的函数表达式就为"=IF(F4>=80," 录用 ",IF(F4>=70," 有待观察 "," 淘汰 "))"。

第 8 章
财务函数的应用技巧

在办公应用中，财务类函数是一种使用比较频繁的函数。使用财务函数，可以非常便捷地进行一般的财务计算，如计算贷款的每期付款额、计算贷款在给定期间内偿还的本金、计算给定时间内的折旧值、计算投资的未来值、计算投资的净现值等。本章将讲解财务函数的使用方法，通过本章的学习，可以帮助用户轻松掌握财务函数的使用。

先来看看下面一些财务函数中的常见问题，你是否会处理或已掌握。

【√】在银行办理零存整取的业务，你知道怎样计算 3 年后的总存款数吗？

【√】已知初期投资金额和每年贴现率，你知道怎样计算净现值吗？

【√】某人向银行贷款，在现有的贷款期限和年利率条件下，计算两个付款期之间累计支付的利息，你知道吗？

【√】某公司向银行贷款 50 万元，需要计算每月应偿还的金额，你知道应该怎样计算吗？

【√】已知某债券的成交日和到期日，需要计算出该债券付息期内截止到成交日的天数，你知道应该使用什么函数吗？

【√】购买了办公设备，需要计算出折旧率，你知道怎样使用函数来计算吗？

希望通过本章内容的学习，能帮助你解决以上问题，并学会在 Excel 中使用财务函数的技巧。

8.1 投资预算与收益函数的应用

本节将为读者介绍投资预算与收益类的财务函数，如计算投资的未来值、计算投资的现值等。

195　使用 FV 函数计算投资的未来值	
适用版本	**实用指数**
Excel 2007、2010、2013、2016	★★★★★

196　使用 PV 函数计算投资的现值	
适用版本	**实用指数**
Excel 2007、2010、2013、2016	★★★★☆

使用说明

FV 函数可以基于固定利率和等额分期付款方式，计算某项投资的未来值。FV 函数的语法为：=FV(rate,nper,pmt,pv,type)，各参数的含义如下。

- rate：各期利率。
- nper：总投资期，即该项投资的付款期总数。
- pmt：各期所应支付的金额，其数值在整个年金期间保持不变。通常 pmt 包括本金和利息，但不包括其他费用及税款，如果忽略 pmt，则必须包括 pv 参数。
- pv：现值，即从该项投资开始计算时已经入账的款项，或一系列未来付款的当前值的累计和，也称为本金。如果省略 pv，则假设其值为零，并且必须包括 pmt 参数。
- type：其值为数字 0 或 1，用以指定各期的付款时间是在期初还是期末。如果省略 type，则假设其值为零。

解决方法

例如，在银行办理零存整取的业务，每月存款5000 元，年利率 2%，存款期限为 3 年（36 个月），计算 3 年后的总存款数，具体操作方法如下。

打开素材文件（位置：素材文件\第 8 章\计算存款总额 .xlsx），选择要存放结果的单元格 B5，输入函数"=FV(B4/12,B3,B2,1)"，按 Enter 键即可得出计算结果，如下图所示。

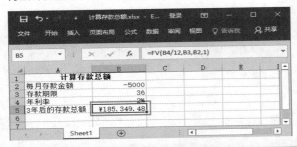

使用说明

使用 PV 函数可以返回某项投资的现值，现值为一系列未来付款的当前值的累积和。PV 函数的语法为：PV(rate,nper,pmt,fv,ype)，各参数含义如下。

- rate（必选）：各期利率。例如，当利率为 6% 时，使用 6%/4 计算一个季度的还款额。
- nper（必选）：总投资期，即该项投资的偿款期总数。
- pmt（必选）：各期所应支付的金额，其数值在整个年金期间保持不变。
- fv（可选）：未来值，或在最后一次支付后希望得到的现金余额。如果省略 fv，则假设其值为 0。
- type（可选）：数值 0 或 1，用以指定各期的付款时间是在期初还是期末。

解决方法

例如，某位员工购买了一份保险，现在每月支付520 元，支付期限为 18 年，收益率为 7%，现计算其购买保险金的现值，具体操作方法如下。

打开素材文件（位置：素材文件\第 8 章\计算现值 .xlsx），选择要存放结果的单元格 B4，输入函数"=PV(B3/12,B2*12,B1,,0)"，按 Enter 键即可得出计算结果，如下图所示。

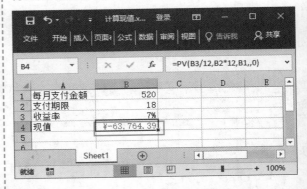

197 使用 NPV 函数计算投资净现值

适用版本	实用指数
Excel 2007、2010、2013、2016	★★★★☆

使用说明

NPV 函数可以基于一系列将来的收（正值）支（负值）现金流和贴现率，计算一项投资的净现值。NPV 函数的语法为：=NPV(rate,value1,value2,...)，各参数的含义介绍如下。

- rate：某一期间的贴现率，为固定值。
- value1,value2,...：为 1~29 个参数，代表支出及收入。

解决方法

例如：一年前初期投资金额为 10 万元，年贴现率为 12%，第 1 年收益为 20000 元，第 2 年收益为 55000 元，第 3 年收益为 72000 元，要计算净现值，具体操作方法如下。

打开素材文件（位置：素材文件\第 8 章\计算净现值.xlsx），选择要存放结果的单元格 B6，输入函数 "=NPV(B5,B1,B2,B3,B4)"，按 Enter 键即可得出计算结果，如下图所示。

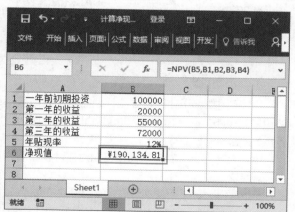

198 使用 NPER 函数计算投资的期数

适用版本	实用指数
Excel 2007、2010、2013、2016	★★★★☆

使用说明

如果需要基于固定利率及等额分期付款方式，返回某项投资或贷款的期数，可使用 NPER 函数实现。该函数的语法为：=NPER(rate,pmt,pv,[fv],[type])，各参数的含义介绍如下。

- rate（必选）：各期利率。
- pmt（必选）：各期还款额。
- pv（必选）：从该项投资或贷款开始计算时已经入账的款项，或一系列未来付款当前值的累计和。
- fv（可选）：未来值，或在最后一次付款后希望得到的现金余额。如果省略 fv，则假设其值为 0（例如，一笔贷款的未来值即为 0）。
- type（可选）：数值 0 或 1，用来指定付款时间是期初还是期末。

解决方法

例如，某公司向债券公司借贷 3500 万元，年利率为 8%，每年需要支付 400 万元的还款金额，现在需要计算该贷款的清还年限，具体操作方法如下。

打开素材文件（位置：素材文件\第 8 章\计算投资的期数.xlsx），选择要存放结果的单元格 B4，输入函数 "=NPER(B3,B2,B1,,1)"，按 Enter 键即可得出计算结果，如下图所示。

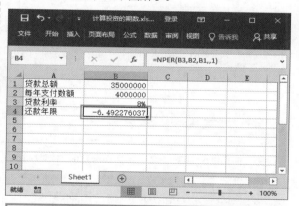

199 使用 XNPV 函数计算现金流的净现值

适用版本	实用指数
Excel 2007、2010、2013、2016	★★★★★

使用说明

XNPV 函数用于计算现金流计划的净现值，该函数的语法为：=XNPV(rate,values,dates)，各参数的含义介绍如下。

- rate：应用于现金流的贴现率。
- values：为一系列按日期对应付款计划的现金流。首期支付是可选的，并与投资开始时的成本或支付有关。如果第 1 个值是成本或支付，则它必须是负值。所有后续支付都基于 365 天 / 年贴现。数值系列必须至少要包含一个正数和一个负数。
- dates：为对应现金流付款的付款日期计划，第 1 个支付日期代表支付表的开始日期。其他所有日期应迟于该日期，但可按任何顺序排列。

解决方法

例如，根据某项投资的年贴现率、投资额以及不同日期中预计的投资回报金额，计算出该投资项目的净现值，具体操作方法如下。

打开素材文件（位置：素材文件 \ 第 8 章 \ 计算现金流的净现值 .xlsx），选择要存放结果的单元格 C8，输入函数 "=XNPV(C1,C3:C7,B3:B7)"，按 Enter 键即可得出计算结果，如下图所示。

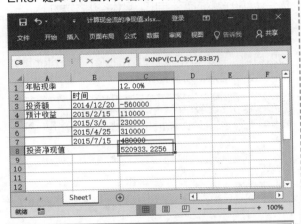

200 使用 IRR 函数计算一系列现金流的内部收益率

适用版本	实用指数	
Excel 2007、2010、2013、2016	★★★★☆	

使用说明

IRR 函数用于计算由数值代表的一组现金流的内部收益率，该函数的语法为：=IRR(values,guess)，各参数的含义介绍如下。

- values：为数组或单元格引用，这些单元格包含用来计算内部收益率的数字。

- guess：为对函数 IRR 计算结果的估计值。如果忽略，则为 0.1（10%）。

解决方法

例如，根据提供的现金流量，计算出一系列现金流的内部收益率，具体操作方法如下。

打开素材文件（位置：素材文件 \ 第 8 章 \ 计算一系列现金流的内部收益率 .xlsx），选择要存放结果的单元格 B8，输入函数 "=IRR(B1:B7)"，按 Enter 键即可得出计算结果，如下图所示。

201 使用 XIRR 函数计算现金流计划的内部收益率

适用版本	实用指数	
Excel 2007、2010、2013、2016	★★★★☆	

使用说明

XIRR 函数用于计算现金流计划的内部收益率，该函数的语法为：=XIRR(values,dates,[guess])，各参数的含义介绍如下。

- values（必选）：一系列按日期对应付款计划的现金流。
- dates（必选）：对应现金流付款的付款日期计划。
- guess（可选）：对函数 XIRR 计算结果的估计值，如果忽略，则为 0.1（10%）。

解决方法

例如，根据现金流及对应的时间，计算出在该段时间中现金流量的内部收益率，具体操作方法如下。

打开素材文件（位置：素材文件 \ 第 8 章 \ 计算现金流计划的内部收益率 .xlsx），选择要存放结果的单元格 B9，输入函数 "=XIRR(B2:B8,A2:A8)"，按 Enter 键即可得出计算结果，然后将数字格式设置为百分比，如下图所示。

202 使用 MIRR 函数计算正、负现金流在不同利率下支付的内部收益率

适用版本	实用指数
Excel 2007、2010、2013、2016	★★★★★

使用说明

如果需要计算某一连续期间内现金流的修正内部收益率，可通过 MIRR 函数实现。MIRR 函数的语法为：=MIRR(values,finance_rate,reinvest_rate)，各参数的含义介绍如下。

- values：一个数组或对包含数字的单元格的引用，这些数字代表各期的一系列支出（负值）及收入（正值）。
- finance_rate：现金流中使用的资金支付的利率。
- reinvest_rate：将现金流再投资的收益率。

解决方法

例如，根据某公司在一段时间内现金的流动情况、现金的投资利率、现金的再投资利率，计算出内部收益率，具体操作方法如下。

打开素材文件（位置：素材文件\第8章\计算在不同利率下支付的修正内部收益率.xlsx），选择要存放结果的单元格 B9，输入函数 "=MIRR(B1:B6,B7,B8)"，按 Enter 键即可得出计算结果，如下图所示。

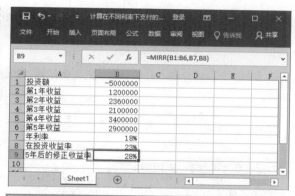

203 使用 FVSCHEDULE 函数计算某投资在利率变化下的未来值

适用版本	实用指数
Excel 2007、2010、2013、2016	★★★★★

使用说明

如果需要计算某项投资在变动或可调利率下的未来值，可通过 FVSCHEDULE 函数实现。FVSCHEDULE 函数的语法为：=FVSCHEDULE(principal,schedule)，各参数的含义介绍如下。

- principal：现值。
- schedule：要应用的利率数组。

解决方法

例如，投资 600 万，投资期为 7 年，且 7 年投资期内利率各不相同，现在需要计算出 7 年后该投资的回收金额，具体操作方法如下。

打开素材文件（位置：素材文件\第8章\计算某投资在利率变化下的未来值.xlsx），选择要存放结果的单元格 B9，输入函数 "=FVSCHEDULE(B1,B2:B8)"，按 Enter 键即可得出计算结果，如下图所示。

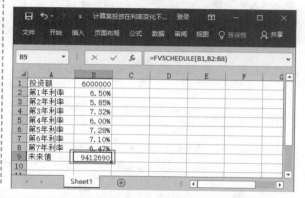

8.2 本金和利息函数的应用

本节将为读者介绍本金和利息类的财务函数，如计算贷款的每期付款额、计算贷款在给定期间内偿还的本金等。

204 使用 CUMIPMT 函数计算两个付款期之间累计支付的利息

适用版本	实用指数
Excel 2007、2010、2013、2016	★★★★★

使用说明

函数 CUMIPMT 用于计算一笔贷款在指定期间累计需要偿还的利息数额。该函数的语法为：=CUMIPMT(rate,nper,pv,start_period,end_period,type)，各参数的含义介绍如下。

- rate：利率。
- nper：总付款期数。
- pv：现值。
- start_period：计算中的首期，付款期数从 1 开始计数。
- end_period：计算中的末期。
- type：付款时间类型。

解决方法

例如，某人向银行贷款 50 万元，贷款期限为 12 年，年利率为 9%，现计算此项贷款第 1 个月所支付的利息，以及第 2 年所支付的总利息，具体操作方法如下。

第1步 打开素材文件（位置：素材文件\第 8 章\贷款明细表 .xlsx），选择要存放第一个月支付利息的单元格 B5，输入函数"=CUMIPMT(B4/12,B3*12,B2,1,1,0)"，按 Enter 键即可得出计算结果，如下图所示。

第2步 选择要存放第二年支付总利息结果的单元格 B6，输入函数"=CUMIPMT(B4/12,B3*12,B2,13,24,0)"，按下 Enter 键即可得出计算结果，如下图所示。

205 使用 CUMPRINC 函数计算两个付款期之间累计支付的本金

适用版本	实用指数
Excel 2007、2010、2013、2016	★★★★★

使用说明

CUMPRINC 函数用于计算一笔贷款在给定期间需要累计偿还的本金数额。CUMPRINC 函数的语法为：=CUMPRINC(rate,nper,pv,start_period,end_period,type)，各参数的含义与 CUMIPMT 函数中各参数的含义相同，此处不再赘述。

解决方法

例如，某人向银行贷款 50 万元，贷款期限为 12 年，年利率为 9%，现计算此项贷款第 1 个月偿还的本金，以及第 2 年偿还的总本金，具体操作方法如下。

第1步 打开素材文件（位置：素材文件\第 8 章\贷款明细表 1.xlsx），选择要存放第 1 个月偿还本金结果的单元格 B5，输入函数"=CUMPRINC(B4/12,B3*12,B2,1,1,0)"，按 Enter 键即可得出计算结果，如下图所示。

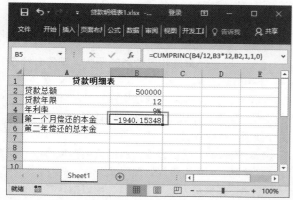

第2步 选择要存放第 2 年偿还总本金结果的单元格 B6，输入函数"=CUMPRINC(B4/12,B3*12,B2,13,24,0)"，按 Enter 键即可得出计算结果，如下图所示。

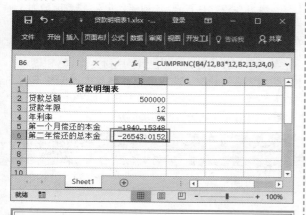

206 使用 PMT 函数计算月还款额

适用版本	实用指数
Excel 2007、2010、2013、2016	★★★★☆

使用说明

PMT 函数可以基于固定利率及等额分期付款方式，计算贷款的每期付款额。PMT 函数的语法为：=PMT(rate,nper,pv,fv,type)，各参数的含义介绍如下。

- rate：贷款利率。
- nper：该项贷款的付款总数。
- pv：现值，或一系列未来付款的当前值的累积和，也称为本金。
- fv：未来值。
- type：用以指定各期的付款时间是在期初（其值为 1 时），还是期末（其值为 0 或省略）。

解决方法

例如，某公司因购买写字楼向银行贷款 50 万元，贷款年利率为 8%，贷款期限为 10 年（即 120 个月），现计算每月应偿还的金额，具体操作方法如下。

打开素材文件（位置：素材文件\第 8 章\写字楼贷款计算表 .xlsx），选择要存放结果的单元格 B5，输入函数"=PMT(B4/12,B3,B2)"，按 Enter 键即可得出计算结果，如下图所示。

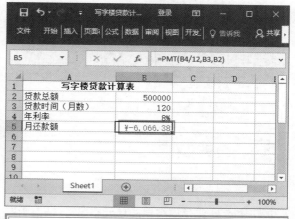

207 使用 PPMT 函数计算贷款在给定期间内偿还的本金

适用版本	实用指数
Excel 2007、2010、2013、2016	★★★★☆

使用说明

使用 PPMT 函数，可以基于固定利率及等额分期付款方式，返回投资在某一给定期间内的本金偿还额。PPMT 函数的语法结构为：=PPMT(rate,per,nper,pv,fv,type)，各参数的含义介绍如下。

- rate（必选）：各期利率。
- per（必选）：用于计算其本金数额的期次，其值必须介于 1~nper 之间。
- nper（必选）：总投资（或贷款）期，即该项投资（或贷款）的付款总期数。
- pv（必选）：现值，或一系列未来付款的当前值的累积和，也称为本金。
- fv（可选）：未来值，或在最后一次付款后可以获得的现金余额。如果省略 fv，则假设其值为 0（零），也就是一笔贷款的未来值为 0。

- type（可选）：其值可为数字 0 或 1，用以指定各期的付款时间是在期初还是期末。

解决方法

例如，假设贷款额为 500000 元，贷款期限为 15 年，年利率为 10%，现分别计算贷款第 1 个月和第 2 个月需要偿还的本金，具体操作方法如下。

第 1 步 打开素材文件（位置：素材文件\第 8 章\贷款明细表 2.xlsx），选择要存放结果的单元格 B5，输入函数"=PPMT(B4/12,1,B3*12,B2)"，按 Enter 键即可得出计算结果，如下图所示。

第 2 步 选择要存放结果的单元格 B6，输入函数"=PPMT(B4/12,2,B3*12,B2)"，按 Enter 键即可得出计算结果，如下图所示。

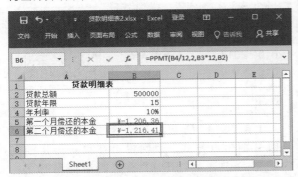

208	使用 IPMT 函数计算贷款在给定期间内支付的利息

适用版本	实用指数	
Excel 2007、2010、2013、2016	★★★★☆	

使用说明

如果需要基于固定利率及等额分期付款方式，返回给定期数内对投资的利息偿还额，可通过 IPMT 函数实现。IPMT 函数的语法为：

=IPMT(rate,per,nper,pv,fv,type)，各参数的含义介绍如下。

- rate：各期利率。
- per：用于计算其利息数额的期数，其值必须在 1~nper 之间。
- nper：总投资期，即该项投资的付款总期数。
- pv：现值，即从该项投资开始计算时已经入账的款项，也称本金。
- fv：未来值，或在最后一次付款后希望得到的现金余额。如果省略 fv，则假设其值为零。
- type：其值可为数字 0 或 1，用以指定各期的付款时间是在期初，还是期末。如果省略，则假设其值为零。

解决方法

例如，贷款 10 万元，年利率为 8%，贷款期数为 1，贷款年限为 3 年，现要分别计算第一个月和最后一年的利息，具体操作方法如下。

第 1 步 打开素材文件（位置：素材文件\第 8 章\贷款明细表 3.xlsx），选择要存放结果的单元格 B6，输入函数"=IPMT(B5/12,B3*3,B4,B2)"，按 Enter 键即可得出计算结果，如下图所示。

第 2 步 选择要存放结果的单元格 B7，输入函数"=IPMT(B5,3,B4,B2)"，按 Enter 键即可得出计算结果，如下图所示。

算结果，如下图所示。

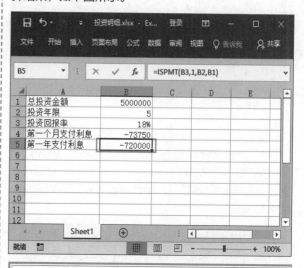

209　使用 ISPMT 函数计算特定投资期内支付的利息

适用版本	实用指数
Excel 2007、2010、2013、2016	★★★★★

使用说明

ISPMT 函数用于计算特定投资期内要支付的利息，语法为：=ISPMT(rate,per,nper,pv)，各参数的含义介绍如下。

- rate（必选）：投资的利率。
- per（必选）：计算利息的期数，此值必须在 1~nper 之间。
- nper（必选）：投资的总支付期数。
- pv（必选）：投资的现值。对于贷款，pv 为贷款数额。

解决方法

例如，某公司需要投资某个项目，已知该投资的回报率为 18%，投资年限为 5 年，投资总额为 500 万元，现在分别计算投资期内第 1 个月与第 1 年支付的利息额，具体操作方法如下。

第1步 打开素材文件（位置：素材文件\第 8 章\投资明细 .xlsx），选择要存放结果的单元格 B4，输入函数"=ISPMT(B3/12,1,B2*12,B1)"，按 Enter 键即可得出计算结果，如下图所示。

第2步 选择要存放结果的单元格 B5，输入函数"=ISPMT(B3,1,B2,B1)"，按 Enter 键即可得出计

210　使用 RATE 函数计算年金的各期利率

适用版本	实用指数
Excel 2007、2010、2013、2016	★★★★★

使用说明

RATE 函数用于计算年金的各期利率，语法为：=RATE(nper,pmt,pv,fv,type,guess)，各参数的含义介绍如下。

- nper：总投资期。
- pmt：各期付款额。
- pv：现值。
- fv：未来值。
- type：用以指定各期的付款时间是在期初（其值为 1），还是期末（其值为 0）。
- guess：预期利率。

解决方法

例如，投资总额为 500 万元，每月支付 120000 元，付款期限 5 年，要分别计算每月投资利率和年投资利率，具体操作方法如下。

第1步 打开素材文件（位置：素材文件\第 8 章\投资明细 1.xlsx），选择要存放结果的单元格 B5，输入函数"=RATE(B4*12,B3,B2)"，按 Enter 键即可得出计算结果，如下图所示。

第2步 选择要存放结果的单元格 B6，输入函数 "=RATE(B4*12,B3,B2)*12"，按 Enter 键即可得出计算结果，根据需要，将数字格式设置为百分比，如下图所示。

211　使用 EFFECT 函数计算有效的年利率

适用版本	实用指数	
Excel 2007、2010、2013、2016	★★★★☆	

使用说明

　　如果需要利用给定的名义年利率和每年的复利期数，计算有效的年利率，可通过 EFFECT 函数实现。该函数的语法为：=EFFECT(nominal_rate,npery)，各参数的含义介绍如下。

- nominal_rate：名义利率。
- npery：每年的复利期数。

解决方法

　　例如，假设名义年利率为 8%，复利计算期数为 6，现要计算实际的年利率，具体操作方法如下。

　　打开素材文件（位置：素材文件\第8章\计算有效的年利率 .xlsx），选择要存放结果的单元格

B3，输入函数 "=EFFECT(B1,B2)"，按 Enter 键即可得出计算结果，根据需要，将数字格式设置为百分比，如下图所示。

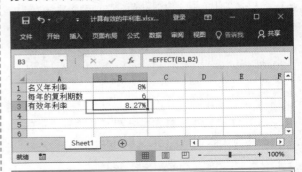

212　使用 NOMINAL 函数计算名义年利率

适用版本	实用指数	
Excel 2007、2010、2013、2016	★★★★☆	

使用说明

　　如果需要基于给定的实际利率和年复利期数，返回名义年利率，可通过 NOMINAL 函数实现。该函数的语法为：=NOMINAL(effect_rate,npery)，各参数含义介绍如下。

- effect_rate：实际利率。
- npery：每年的复利期数。

解决方法

　　例如，假设实际利率为 12%，复利计算期数为 8，现要计算名义利率，具体操作方法如下。

　　打开素材文件（位置：素材文件\第8章\计算名义年利率 .xlsx），选择要存放结果的单元格 B3，输入函数 "=NOMINAL(B1,B2)"，按 Enter 键即可得出计算结果，根据需要，将数字格式设置为百分比，如下图所示。

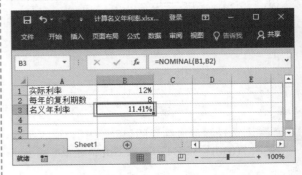

8.3 证券函数的应用

使用证券类的财务函数，可以非常方便地计算定期支付利息的有价证券的应计利息、到期日支付利息的有价证券的应计利息等，下面将分别进行讲解。

213	使用 COUPDAYS 函数计算成交日所在的付息期的天数	
适用版本	实用指数	
Excel 2007、2010、2013、2016	★★★★★	

使用说明

如果需要计算包含成交日在内的债券付息期的天数，可通过 COUPDAYS 函数实现。COUPDAYS 函数的语法为：=COUPDAYS(settlement,maturity,frequency,basis)，各参数的含义介绍如下。

- settlement（必选）：证券的结算日，以一串日期表示。证券结算日是在发行日期之后，证券卖给购买者的日期。
- maturity（必选）：证券的到期日，以一串日期表示。到期日是证券有效期截止时的日期。
- frequency（必选）：每年付息次数。如果按年支付，则 frequency=1；如果按半年期支付，则 frequency=2；如果按季度支付，则 frequency=4。
- basis（可选）：要使用的日计数基准类型。若按照美国（NASD）30/360 为日计数基准，则 basis=0；若按照实际天数 / 实际天数为日计数基准，则 basis=1；若按照实际天数 /360 为日计数基准，则 basis=2；若按照实际天数 /365 为日计数基准，则 basis=3；若按照欧洲 30/360 为日计数基准，则 basis=4。

解决方法

例如，某债券的成交日为 2018 年 6 月 30 日，到期日为 2018 年 12 月 31 日，按照季度付息，以实际天数 /360 为日计数基准，现在需要计算出该债券成交日所在的付息天数，具体操作方法如下。

打开素材文件（位置：素材文件 \ 第 8 章 \ 计算成交日所在的付息期的天数 .xlsx），选择要存放结果的单元格 B5，输入函数"=COUPDAYS(B1,B2,B3,B4)"，按 Enter 键即

可得出计算结果，如下图所示。

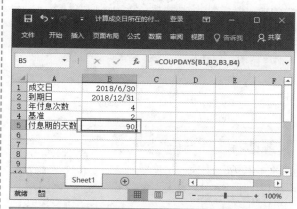

214	使用 COUPDAYBS 函数计算当前付息期内截止到成交日的天数	
适用版本	实用指数	
Excel 2007、2010、2013、2016	★★★☆☆	

使用说明

如果需要计算从债券付息期开始到成交日的天数，可通过 COUPDAYBS 函数实现。COUPDAYBS 函数的语法为：=COUPDAYBS(settlement,maturity,frequency,basis)，各参数的含义介绍如下。

- settlement：证券的结算日。证券结算日是在发行日期之后，证券卖给购买者的日期。
- maturity：证券的到期日。到期日是证券有效期截止时的日期。
- frequency：年付息次数（1、2、4）。
- basis：日计数基准类型（0、1、2、3、4）。

解决方法

例如，某债券的成交日为 2018 年 6 月 18 日，到期日为 2018 年 12 月 25 日，按照季度付息，以实际天数 /360 为日计数基准，现在需要计算出该债券付息期内截止到成交日的天数，具体操作方法如下。

打开素材文件（位置：素材文件 \ 第 8 章 \ 计算当前付息期内截止到成交日的天数 .xlsx），

选择要存放结果的单元格 B5，输入函数 "=COUPDAYBS(B1,B2,B3,B4)"，按 Enter 键即可得出计算结果，如下图所示。

215 使用 COUPNUM 函数计算成交日和到期日之间的应付利息次数

适用版本	实用指数
Excel 2007、2010、2013、2016	★★★★☆

使用说明

使用 COUPNUM 函数可以计算成交日和到期日之间的付息次数。

COUPNUM 函数的语法为：=COUPNUM(settlement, maturity,frequency,basis)，各参数的含义与 COUPDAYS 函数中各参数的含义相同，此处不再赘述。

解决方法

例如，某债券的成交日为 2015 年 6 月 18 日，到期日为 2018 年 12 月 25 日，按照季度付息，以实际天数 /360 为日计数基准，现在需要计算出该债券成交日与到期日之间应付利息的次数，具体操作方法如下。

打开素材文件（位置：素材文件\第 8 章\计算成交日和到期日之间的应付利息次数 .xlsx），选择要存放结果的单元格 B5，输入函数 "=COUPNUM(B1,B2,B3,B4)"，按 Enter 键即可得出计算结果，如下图所示。

216 使用 COUPDAYSNC 函数计算从成交日到下一个付息日之间的天数

适用版本	实用指数
Excel 2007、2010、2013、2016	★★★★☆

使用说明

使用 COUPDAYSNC 函数可以计算从成交日到下一个付息日的天数。

COUPDAYSNC 函数的语法为：=COUPDAYSNC(settlement,maturity,frequency,basis)，各参数的含义与 COUPDAYS 函数中各参数的含义相同。

解决方法

例如，某债券的成交日为 2015 年 6 月 18 日，到期日为 2018 年 12 月 25 日，按照季度付息，以实际天数 /360 为日计数基准，现在需要计算出该债券从成交日到下一个付息日之间的天数，具体操作方法如下。

打开素材文件（位置：素材文件\第 8 章\计算从成交日到下一个付息日之间的天数 .xlsx），选择要存放结果的单元格 B5，输入函数 "=COUPDAYSNC(B1,B2,B3,B4)"，按 Enter 键即可得出计算结果，如下图所示。

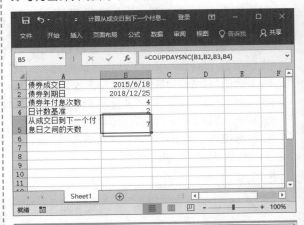

217 使用 COUPPCD 函数计算成交日之前的上一付息日

适用版本	实用指数
Excel 2007、2010、2013、2016	★★★★☆

使用说明

使用 COUPPCD 函数可以计算在成交日之前，上一个付息日的日期。

COUPPCD 函数的语法为：=COUPPCD(settlement, maturity,frequency,basis)，各参数的含义与 COUPDAYS 函数中各参数的含义相同。

解决方法

例如，某债券的成交日为 2015 年 6 月 18 日，到期日为 2018 年 12 月 25 日，按照季度付息，以实际天数 /360 为日计数基准，现在需要计算出成交日之前的上一付息日，具体操作方法如下。

打开素材文件（位置：素材文件 \ 第 8 章 \ 计算成交日之前的上一付息日 .xlsx），选择要存放结果的单元格 B5，输入函数"=COUPPCD(B1,B2,B3,B4)"，按 Enter 键即可得出计算结果，然后将数字格式设置为日期，如下图所示。

218　使用 COUPNCD 函数计算成交日之后的下一个付息日

适用版本	实用指数	
Excel 2007、2010、2013、2016	★★★☆☆	

使用说明

使用 COUPNCD 函数可以计算在成交日之后，下一个付息日的日期。

COUPNCD 函数的语法为：=COUPNCD(settlement, maturity,frequency,basis)，各参数的含义与 COUPDAYS 函数中各参数的含义相同。

解决方法

例如，某债券的成交日为 2015 年 6 月 18 日，到期日为 2018 年 12 月 25 日，按照季度付息，以实

际天数 /360 为日计数基准，现在需要计算出成交日之后的下一付息日，具体操作方法如下。

打开素材文件（位置：素材文件 \ 第 8 章 \ 计算成交日之后的下一个付息日 .xlsx），选择要存放结果的单元格 B5，输入函数"=COUPNCD(B1,B2,B3,B4)"，按 Enter 键即可得出计算结果，然后将数字格式设置为日期，如下图所示。

219　使用 ACCRINT 函数计算定期支付利息的有价证券的应计利息

适用版本	实用指数	
Excel 2007、2010、2013、2016	★★★☆☆	

使用说明

使用 ACCRINT 函数可以计算定期付息的有价证券的应计利息。

ACCRINT 函数的语法为：=ACCRINT(issue, first_interest,settlement,rate,par,frequency, [basis])。各参数的含义介绍如下。

- issue（必选）：证券的发行日期。
- first_interest（必选）：证券的首次计息日。
- settlement（必选）：证券的结算日。
- rate（必选）：证券的年息票利率。
- par（必选）：证券的票面值。如果忽略此参数，则 ACCRINT 使用 ￥1000。
- frequency（必选）：年付息次数（1、2、4）。
- basis（可选）：要使用的日计数基准类型（0、1、2、3、4）。

解决方法

例如，张先生于 2018 年 6 月 18 日购买了价值

100000 元的国库券，该国库券发行日期为 2018 年 3 月 10 日，起息日为 2018 年 10 月 15 日，利率为 25%，按半年付息，以实际天数 /360 为日计数基准，现在需要计算出该国库券到期利息额，具体操作方法如下。

打开素材文件（位置：素材文件 \ 第 8 章 \ 计算定期支付利息的有价证券的应计利息 .xlsx），选择要存放结果的单元格 B8，输入函数"=ACCRINT(B1,B2,B3,B4,B5,B6,B7)"，按 Enter 键即可得出计算结果，如下图所示。

220	使用 ACCRINTM 函数计算在到期日支付利息的有价证券的应计利息

适用版本	实用指数
Excel 2007、2010、2013、2016	★★★☆☆

使用说明

使用 ACCRINTM 函数可以计算到期一次性付息

的有价证券的应计利息。

ACCRINTM 函数的语法为：=ACCRINTM(issue, maturity,rate,par,basis)，各参数的含义介绍如下。

- issue（必选）：证券的发行日期。
- maturity（必选）：证券的到期日。
- rate（必选）：证券的年票息率。
- par（必选）：证券的票面值。
- basis（可选）：要使用的日计数基准类型（0、1、2、3、4）。

解决方法

例如，张先生购买了价值 100000 元的短期国库券，该国库券发行日期为 2018 年 3 月 10 日，到期日为 2018 年 10 月 10 日，利率为 25%，以实际天数 /360 为日计数基准，计算出该债券到期利息，具体操作方法如下。

打开素材文件（位置：素材文件 \ 第 8 章 \ 计算在到期日支付利息的有价证券的应计利息 .xlsx），选择要存放结果的单元格 B6，输入函数"=ACCRINTM(B1,B2,B3,B4,B5)"，按 Enter 键即可得出计算结果，如下图所示。

8.4 折旧函数的应用

本节将为读者介绍折旧类的财务函数，如计算给定时间内的折旧值、计算任何时间段的折旧值等。

221	使用 DB 函数计算给定时间内的折旧值

适用版本	实用指数
Excel 2007、2010、2013、2016	★★★★★

使用说明

DB 函数使用固定余额递减法，计算指定期间内某项固定资产的折旧值。该函数的语法为：=DB(cost, salvage,life,period,month)，各参数的含义介绍如下。

- cost：资产原值。
- salvage：资产在折旧期末的价值，也称为资产残值。

- life：折旧期限（有时也称作资产的使用寿命）。
- period：需要计算折旧值的期间，period 参数必须使用与 life 参数相同的单位。
- month：第 1 年的月份数，若省略则假设为 12。

解决方法

例如，某打印机设备购买时价格为 250000 元，使用了 10 年，最后处理价为 15000 元，现要分别计算该设备第 1 年 5 个月内的折旧值、第 6 年 7 个月内的折旧值及第 9 年 3 个月内的折旧值，具体操作方法如下。

第1步　打开素材文件（位置：素材文件\第 8 章\打印机折旧计算 .xlsx），选择要存放结果的单元格 B5，输入函数"=DB(B2,B3,B4,1,5)"，按 Enter 键即可得出计算结果，如下图所示。

第2步　选择要存放结果的单元格 B6，输入函数"=DB(B2,B3,B4,6,7)"，按 Enter 键即可得出计算结果，如下图所示。

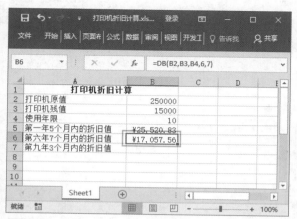

第3步　选择要存放结果的单元格 B7，输入函数"=DB(B2,B3,B4,9,3)"，按 Enter 键即可得出计算结果，如下图所示。

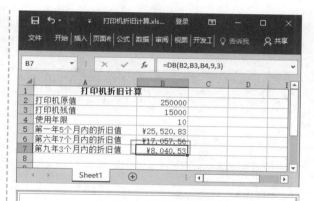

222　使用 SLN 函数计算线性折旧值

适用版本	实用指数
Excel 2007、2010、2013、2016	★★★★★

使用说明

SLN 函数用于计算某固定资产的每期限线性折旧费。SLN 函数的语法为：=SLN(cost,salvage,life)，各参数的含义如下。

- cost：资产原值。
- salvage：资产在折旧期末的价值（也称为资产残值）。
- life：折旧期限（也称资产的使用寿命）。

解决方法

例如，某打印机设备购买时价格为 250000 元，使用了 10 年，最后处理价为 15000 元，现要分别计算该设备每天、每月和每年的折旧值，具体操作方法如下。

第1步　打开素材文件（位置：素材文件\第 8 章\打印机折旧计算 1.xlsx），选择要存放结果的单元格 B5，输入函数"=SLN(B2,B3,B4)"，按 Enter 键即可得出计算结果，如下图所示。

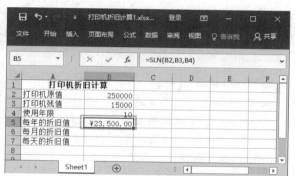

第2步 选择要存放结果的单元格 B6，输入函数 "=SLN(B2,B3,B4*12)"，按 Enter 键即可得出计算结果，如下图所示。

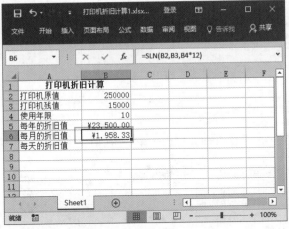

第3步 选择要存放结果的单元格 B7，输入函数 "=SLN(B2,B3,B4*365)"，按 Enter 键即可得出计算结果，如下图所示。

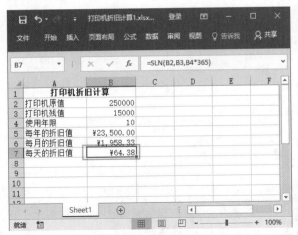

223　使用 SYD 函数按年限计算资产折旧值

适用版本	实用指数
Excel 2007、2010、2013、2016	★★★★☆

▶ 使用说明

SYD 函数用于计算某项固定资产按年限总和折旧法计算的指定期间的折旧值。该函数的语法为：=SYD(cost,salvage,life,per)，各参数的含义如下。

- cost：资产原值。
- salvage：资产在折旧期末的价值。
- life：折旧期限。
- per：期间。

▶ 解决方法

例如：某打印机设备购买时价格为 250000 元，使用了 10 年，最后处理价为 15000 元，现要分别计算该设备第 1 年、第 5 年和第 9 年的折旧值，具体操作方法如下。

第1步 打开素材文件（位置：素材文件\第8章\打印机折旧计算2.xlsx），选择要存放结果的单元格 B5，输入函数 "=SYD(B2,B3,B4,1)"，按 Enter 键即可得出计算结果，如下图所示。

第2步 选择要存放结果的单元格 B6，输入函数 "=SYD(B2,B3,B4,5)"，按 Enter 键即可得出计算结果，如下图所示。

第3步 选择要存放结果的单元格 B7，输入函数 "=SYD(B2,B3,B4,9)"，按 Enter 键即可得出计算结果，如下图所示。

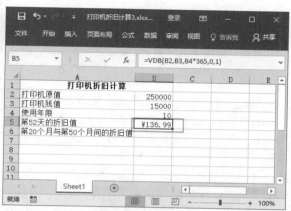

第 2 步 选择要存放结果的单元格 B6，输入函数"=VDB(B2,B3,B4*12,20,50)"，按 Enter 键即可得出计算结果，如下图所示。

---

224 使用 VDB 函数计算任何时间段的折旧值

适用版本	实用指数
Excel 2007、2010、2013、2016	★★★★★

使用说明

VDB 函数，使用双倍余额递减法或其他指定的方法，计算某固定资产在指定的任何时间内（包括部分时间）的折旧值。VDB 函数的语法为：=VDB(cost,salvage,life,start_period,end_period,factor,no_switch)，各参数的含义如下。

- cost：资产原值。
- salvage：资产在折旧期末的价值（也称为资产残值）。
- life：折旧期限（也称作资产的使用寿命）。
- start_period：进行折旧计算的起始期间。
- end_period：进行折旧计算的截止期间。
- factor：余额递减速率（折旧因子）。
- no_switch：逻辑值。

解决方法

例如：某打印机设备购买时价格为 250000 元，使用了 10 年，最后处理价为 15000 元，现要分别计算该设备第 52 天的折旧值、第 20 个月与第 50 个月间的折旧值，具体操作方法如下。

第 1 步 打开素材文件（位置：素材文件\第 8 章\打印机折旧计算 3.xlsx），选择要存放结果的单元格 B5，输入函数"=VDB(B2,B3,B4*365,0,1)"，按 Enter 键即可得出计算结果，如下图所示。

---

225 使用 DDB 函数按双倍余额递减法计算折旧值

适用版本	实用指数
Excel 2007、2010、2013、2016	★★★☆☆

使用说明

如果要使用双倍余额递减法或其他指定方法，计算一笔资产在给定期间内的折旧值，则可通过 DDB 函数实现。DDB 函数的语法为：DDB(cost,salvage,life,period,factor)，各参数的含义如下。

- cost（必选）：固定资产原值。
- salvage（必选）：资产在折旧期末的价值，有时也称为资产残值，此值可以是 0。
- life（必选）：固定资产进行折旧计算的周期总数，也称固定资产的生命周期。
- period（必选）：进行折旧计算的期次。period

必须使用与 life 相同的单位。

- factor（可选）：余额递减速率。如果 factor 被省略，则采用默认值 2（双倍余额递减法）。

解决方法

例如，某打印机设备购买时价格为 250000 元，使用了 10 年，资产残值为 15000 元，现分别计算第 1 年、第 2 年及第 5 年的折旧值，具体操作方法如下。

第 1 步 打开素材文件（位置：素材文件\第 8 章\打印机折旧计算 4.xlsx），选择要存放结果的单元格 B5，输入函数"=DDB(B2,B3,B4,1)"，按 Enter 键即可得出计算结果，如下图所示。

第 2 步 选择要存放结果的单元格 B6，输入函数"=DDB(B2,B3,B4,2)"，按 Enter 键即可得出计算结果，如下图所示。

第 3 步 选择要存放结果的单元格 B7，输入函数"=DDB(B2,B3,B4,5)"，按 Enter 键即可得出计算结果，如下图所示。

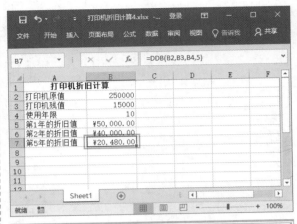

226 使用 AMORLINC 函数计算每个结算期间的折旧值

适用版本	实用指数
Excel 2007、2010、2013、2016	★★★☆☆

使用说明

AMORLINC 函数用于返回每个记账期内资产分配的线性折旧，该函数为法国会计系统提供。如果某项资产是在结算期间的中期购入的，则按线性折旧法计算。AMORLINC 函数的语法结构为：=AMORLINC(cost,date_purchased,first_period,salvage,period,rate,[basis])，各参数含义如下。

- cost（必选）：资产原值。
- date_purchased（必选）：资产购买日期。
- first_period（必选）：第一个期间结束时的日期。
- salvage（必选）：资产在使用寿命结束时的残值。
- period（必选）：记账期。
- rate（必选）：折旧率。
- basis（可选）：要使用的年基准。basis 的取值及作用如下图所示。

	A	B
1	**basis**	**日期系统**
2	0 或省略	360 天（NASD 方法）
3	1	实际天数
4	3	一年 365 天
5	4	一年 360 天（欧洲方法）
6		

解决方法

例如，某公司 2018 年 5 月 10 日购入价值为

3200 法郎的打印机，第 1 个会计结束日期为 2018 年 12 月 31 日，资产残值为 1800 法郎，折旧率为 10%，按实际天数为年基准，现在需要计算第一个期间的折旧值，具体操作方法如下。

打开素材文件（位置：素材文件 \ 第 8 章 \ 打印机折旧计算 5.xlsx），选择要存放结果的单元格 B9，输入函数"=AMORLINC(B2,B4,B5,B3,B6,B7,B8)"，按 Enter 键即可得出计算结果，如下图所示。

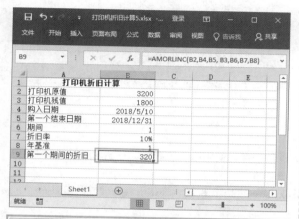

227　使用 AMORDEGRC 函数计算每个结算期间的折旧值

适用版本	实用指数
Excel 2007、2010、2013、2016	★★★☆☆

使用说明

AMORDEGRC 函数用于返回每个记账期内资产分配的线性折旧，该函数主要为法国会计系统提供，与 AMORLINC 函数相似，不同之处在于该函数中用于计算的折旧系数取决于资产的寿命。AMORDEGRC 函数的语法结构为：=AMORDEGRC(cost,date_purchased,first_period,salvage,period,rate,[basis])，各参数的含义如下。

- cost（必选）：资产原值。
- date_purchased（必选）：资产购买日期。
- first_period（必选）：第一个期间结束时的日期。

- salvage（必选）：资产在使用寿命结束时的残值。
- period（必选）：记账期。
- rate（必选）：折旧率。
- basis（可选）：要使用的年基准。

AMORDEGRC 函数返回折旧值，截止到资产生命周期的最后一个期间，或直到累计折旧值大于资产原值减去残值后的成本价。最后一个期间之前的那个期间的折旧率将增加到 50%，最后一个期间的折旧率将增加到 100%。如果资产的生命周期在 0~1、1~2、2~3 或 4~5 之间，将返回错误值 #NUM！。折旧系数如下图所示。

	A	B
1	资产的生命周期（1/rate）	折旧系数
2	3 到 4 年	1.5
3	5 到 6 年	2
4	6 年以上	2.5
5		

解决方法

例如，某公司 2018 年 5 月 10 日购入价值为 3 200 欧元的打印机，第 1 个会计结束日期为 2018 年 12 月 31 日，资产残值为 1800 欧元，折旧率为 10%，按实际天数为年基准，现在需要计算第一个期间的折旧值，具体操作方法如下。

打开素材文件（位置：素材文件 \ 第 8 章 \ 打印机折旧计算 5.xlsx），选择要存放结果的单元格 B9，输入函数"=AMORDEGRC(B2,B4,B5,B3,B6,B7,B8)"，按 Enter 键即可得出计算结果，如下图所示。

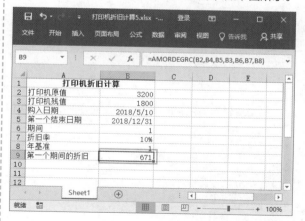

第9章
文本函数、逻辑函数、时间函数的应用技巧

Excel 函数中包括一些专门用于处理文本、逻辑和时间的函数，使用这些函数可以方便地查找数据中相关信息。本节将介绍文本、逻辑和时间函数的应用技巧。

下面先来看看以下一些文本函数、逻辑函数和时间函数使用中的常见问题，你是否会处理或已掌握。

【√】员工登记表记录了员工的身份证号码，想要知道员工的年龄，可以使用什么函数从身份证中提取员工的年龄呢？

【√】员工信息登记表中记录了员工的地址信息，使用什么方法可以从地址信息中提取员工所在的省市？

【√】在招聘新员工时，想要录取笔试成绩合格，但同时淘汰工作态度不合格的员工，应该使用什么函数？

【√】想要知道各员工进入公司的年份、月份，你知道分别应该使用哪些函数吗？

【√】在分析数据时，怎样才能从记录有开始时间和结束时间的数据中，计算出花费的小时数、分钟数和秒数？

【√】在制作表格时，使用什么函数可以快速的插入当前的日期和时间？

希望通过本章内容的学习，能帮助你解决以上问题，并学会文本函数、逻辑函数和时间函数的使用技巧。

9.1 文本函数与逻辑函数的应用

文本函数主要用于提取文本中的指定内容、转换数据类型等。逻辑函数根据不同条件进行不同处理，条件式中使用比较运算符号指定逻辑式，并用逻辑值表示结果。接下来我们将讲解文本函数与逻辑函数的使用方法和相关应用。

228 使用 MID 函数从文本指定位置起提取指定个数的字符

适用版本	实用指数
Excel 2007、2010、2013、2016	★★★★★

使用说明

如果需要从字符串指定的起始位置开始返回指定长度的字符，可通过 MID 函数实现。MID 函数的语法为：=MID(text,start_num,num_chars)，各参数的含义介绍如下。

- text（必选）：包含需要提取字符串的文本、字符串，或是对含有提取字符串单元格的引用。
- start_num（必选）：需要提取的第 1 个字符的位置。
- num_chars（必选）：需要从第 1 个字符位置开始提取字符的个数。

解决方法

例如，要从身份证号码中将出生年提取出来，具体操作方法如下。

第1步 打开素材文件（位置：素材文件\第9章\员工信息登记表 .xlsx），选中要存放结果的单元格 F3，输入函数"=MID(E3,7,4)"，按 Enter 键即可得到计算结果，如下图所示。

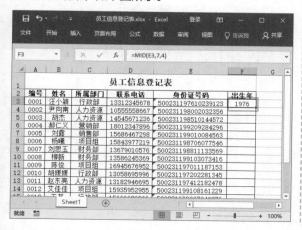

第2步 利用填充功能向下复制函数，即可计算出其他员工的出生年，如下图所示。

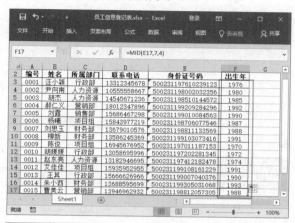

229 使用 RIGHT 函数从文本右侧起提取指定个数的字符

适用版本	实用指数
Excel 2007、2010、2013、2016	★★★★☆

使用说明

RIGHT 函数是从一个文本字符串的最后一个字符开始，返回指定个数的字符。RIGHT 函数的语法为：=RIGHT(text,num_chars)，各参数的含义介绍如下。

- text（必选）：需要提取字符的文本字符串。
- num_chars（可选）：指定需要提取的字符数，如果忽略，则为 1。

解决方法

例如，利用 RIGHT 函数将员工的名字提取出来，具体操作方法如下。

第1步 打开素材文件（位置：素材文件\第9章\员工档案表 .xlsx），姓名有 3 个字符时的操作。选中要存放结果的单元格 F3，输入函数"=RIGHT(A3,2)"，按 Enter 键即可得到计算结果，将该函数复制到其他需要计算的单元格，如下图所示。

第2步 姓名有 2 个字符时的操作。选中要存放结果的单元格 F5，输入函数"=RIGHT(A5,1)"，按 Enter 键即可得到计算结果，将该函数复制到其他需要计算的单元格，如下图所示。

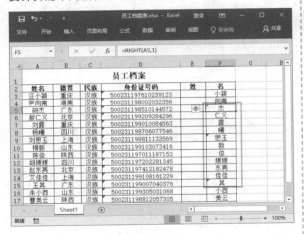

温馨提示

使用 RIGHT 函数时，如果参数 num_chars 为 0，RIGHT 函数将返回空文本；如果参数 num_chars 是负数，RIGHT 函数将返回错误值"#VALUE!"；如果参数 num_chars 大于文本总体长度，RIGHT 函数将返回所有文本。

230	使用 LEFT 函数从文本左侧起提取指定个数的字符

适用版本	实用指数	
Excel 2007、2010、2013、2016	★★★★☆	

使用说明

LEFT 函数是从一个文本字符串的第 1 个字符开始，返回指定个数的字符。LEFT 函数的语法为：=LEFT(text,num_chars)，各参数的含义介绍如下。

- text（必选）：拍需要提取字符的文本字符串。
- unm_chars（可选）：指定需要提取的字符数，如果忽略，则为 1。

解决方法

例如，利用 LEFT 函数将员工的姓氏提取出来，具体操作方法如下。

第1步 打开素材文件（位置：素材文件\第 9 章\员工档案表 1.xlsx），选中要存放结果的单元格 E3，输入函数"=LEFT(A3,1)"，按 Enter 键即可得到计算结果，如下图所示。

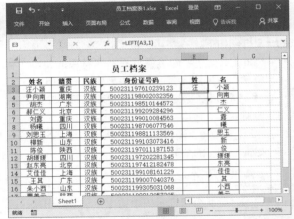

第2步 利用填充功能向下复制函数，即可将所有员工的姓氏提取出来，如下图所示。

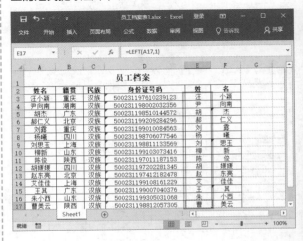

231 使用 LEFTB 函数从文本左侧起提取指定字节数字符

适用版本	实用指数
Excel 2007、2010、2013、2016	★★★★★

使用说明

如果需要从字符串第 1 个字符开始返回指定字节数的字符，可通过 LEFTB 函数实现。LEFTB 函数的语法为：=LEFTB(text,num_bytes)，各参数的含义介绍如下。

- text（必选）：需要提取字符的文本字符串。
- num_bytes（可选）：需要提取的字节数，如果忽略，则为 1。

解决方法

例如，要根据地址提取所在省份，具体操作方法如下。

第1步 打开素材文件（位置：素材文件\第9章\员工基本信息 .xlsx），选中要存放结果的单元格 D3，输入函数"=LEFTB(C3,6)"，按 Enter 键即可得到计算结果，如下图所示。

第2步 利用填充功能向下复制函数，即可将所有员工的所在省份提取出来，如下图所示。

知识拓展

通常情况下，1 个中文字符占 2 个字节，1 个英文字符占 1 个字节。

232 使用 RIGHTB 函数从文本右侧起提取指定字节数字符

适用版本	实用指数
Excel 2007、2010、2013、2016	★★★☆☆

使用说明

如果需要从字符串最后一个字符开始返回指定字节数的字符，可通过 RIGHTB 函数实现。RIGHTB 函数的语法为：=RIGHTB(text,num_bytes)，各参数的含义介绍如下。

- text（必选）：需要提取字符的文本字符串。
- num_bytes（可选）：需要提取的字节数，如果忽略，则为 1。

解决方法

例如，要使用 RIGHTB 函数提取参会公司名称，具体操作方法如下。

第1步 打开素材文件（位置：素材文件\第9章\参会公司 .xlsx），选中要存放结果的单元格 C2，输入函数"=RIGHTB(A2,4)"，按 Enter 键即可得到计算结果，如下图所示。

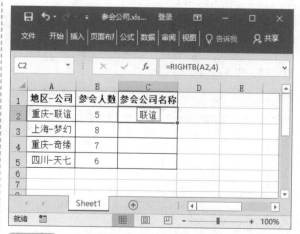

第2步 利用填充功能向下复制函数，即可将其他参会公司名称提取出来，如下图所示。

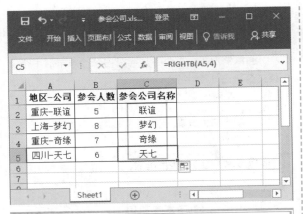

品的报价进行对比，如下图所示。

233 使用 EXACT 函数比较两个字符串是否相同

适用版本	实用指数
Excel 2007、2010、2013、2016	★★★★★

234 使用 CONCATENATE 函数将多个字符串合并到一处

适用版本	实用指数
Excel 2007、2010、2013、2016	★★★☆☆

使用说明

EXACT 函数用于比较两个字符串是否完全相同，如果完全相同则返回 TRUE，如果不同则返回 FALSE。EXACT 函数的语法为：=EXACT（text1,text2），参数 text1（必选），表示需要比较的第 1 个文本字符串；参数 text1（必选），表示需要比较的第 2 个文本字符串。

解决方法

例如，使用 EXACT 函数比较两个经销商的报价是否一致，具体操作方法如下。

第1步 打开素材文件（位置：素材文件\第9章\商品报价.xlsx），选中要存放结果的单元格 D3，输入函数"=EXACT(B3,C3)"，按 Enter 键即可得到计算结果，如下图所示。

第2步 利用填充功能向下复制函数，即可对其他商

使用说明

CONCATENATE 函数用于将多个字符串合并为一个字符串。

CONCATENATE 函数的语法为：=CONCATENATE(text1,text2,…)，参数 text1,text2,… 是 1~255 个要合并的文本字符串，可以是字符串、数字或单元格引用。如果需要直接输入文本，则需要用双引号引起来，否则将返回错误值。

解决方法

例如，要将区号与电话号码合并起来，具体操作方法如下。

第1步 打开素材文件（位置：素材文件\第9章\客户公司联系方式.xlsx），选中要存放结果的单元格 D3，输入函数"=CONCATENATE(B3,"-",C3)"，按 Enter 键即可得到计算结果，如下图所示。

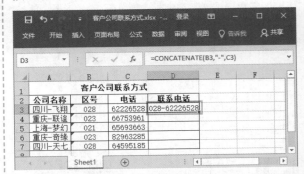

第2步 利用填充功能向下复制函数，即可将其他区

号与电话号码合并起来，如下图所示。

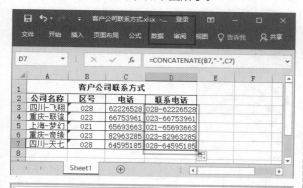

235　使用 RMB 函数将数字转换为带人民币符号 ¥ 的文本

适用版本	实用指数
Excel 2007、2010、2013、2016	★★★★☆

使用说明

如果希望用货币格式将数值转换成文本格式，可通过 RMB 函数实现。RMB 函数的语法为：=RMB(number,decimals)，各参数含义介绍如下。

- number（必选）：表示需要转换成人民币格式的数字。
- decimals（可选）：指定小数点右边的位数。如果必要，数字将四舍五入；如果忽略，decimals 的值为 2。

解决方法

例如，使用 RMB 函数为产品价格添加货币符号，具体操作方法如如下。

第1步 打开素材文件（位置：素材文件\第 9 章\商品价格信息 .xlsx），选中要存放结果的单元格 C3，输入函数"=RMB(B3*6.39,2)"，按 Enter 键即可得到计算结果，如下图所示。

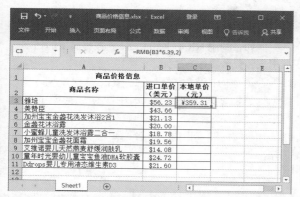

第2步 利用填充功能向下复制函数，即可对其他单元格数据进行计算，如下图所示。

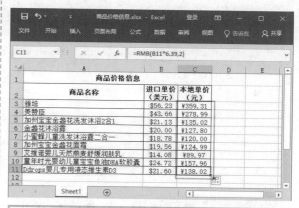

236　使用 VALUE 函数将文本格式的数字转换为普通数字

适用版本	实用指数
Excel 2007、2010、2013、2016	★★★★★

使用说明

如果要将一个代表数值的文本字符串转换成数值，可通过 VALUE 函数实现。VALUE 函数的语法为：=VALUE(text)，参数 text 表示要转换成数值的文本，可以是带双引号的文本，也可以是一个单元格引用。

解决方法

例如，使用 VALUE 函数将计算出的通话秒数转换成普通数字，具体操作方法如下。

第1步 打开素材文件（位置：素材文件\第 9 章\通话明细 .xlsx），选中要存放结果的单元格 C3，输入函数"=VALUE(HOUR(B3)*3600+MINUTE(B3)*60+SECOND(B3))"，按 Enter 键即可得到计算结果，如下图所示。

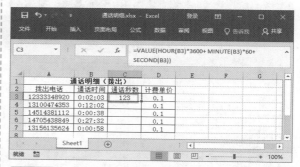

第2步 利用填充功能向下复制函数，即可对其他单

元格数据进行计算，如下图所示。

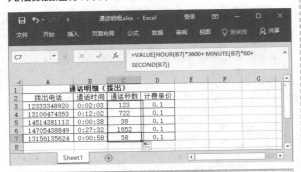

237 从身份证号码中提取出生日期和性别

适用版本	实用指数
Excel 2007、2010、2013、2016	★★★★★

使用说明

在对员工信息管理过程中，有时需要建立一份电子档案，档案中一般会包含身份证号码、性别、出生年月等信息。当员工人数太多时，逐个输入，是件非常繁琐的工作。为了提高工作效率，我们可以利用 MID 和 TRUNC 函数，从身份证号码中快速提取出生日期和性别。

解决方法

如果要根据身份证号码分别提取员工的出生日期和性别，具体操作方法如下。

第1步 打开素材文件（位置：素材文件\第 9 章\员工档案表 2.xlsx），选中要存放结果的单元格 E3，输入函数"=MID(D3,7,4)&" 年 "&MID(D3,11,2)&" 月 "&MID(D3,13,2)&" 日 ""，按 Enter 键即可得到计算结果，利用填充功能向下复制函数，即可计算出所有员工的出生日期，如下图所示。

第2步 选中要存放结果的单元格 F3，输入函数"=IF(MID(D3,17,1)/2=TRUNC(MID(D3,17,1)/2)," 女 "," 男 ")"，按 Enter 键即可得到计算结果。利用填充功能向下复制函数，即可计算出所有员工的性别，如下图所示。

238 快速从文本右侧提取指定数量的字符

适用版本	实用指数
Excel 2007、2010、2013、2016	★★★★☆

使用说明

在使用 RIGHT 函数提取员工名字时，可发现要分别对姓名有 3 个字符和 2 个字符的进行提取，为了提高工作效率，可以通过 RIGHT 和 LEN 函数，快速从文本右侧开始提取指定数量的字符。

LEN 函数用于返回文本字符串中的字符个数。该函数的语法为：=LEN(text)，参数 text 是要计算字符个数的文本字符串。

解决方法

例如，利用 RIGHT 和 LEN 函数将员工的名字提取出来，具体操作方法如下。

第1步 打开素材文件（位置：素材文件\第 9 章\员工档案表 3.xlsx），选中要存放结果的单元格 F3，输入函数"=RIGHT(A3,LEN(A3)−1)"，按 Enter 键即可得到计算结果，如下图所示。

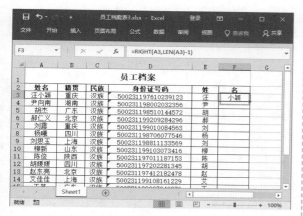

参照本例的操作方法，还可将 LEFT 和 LEN 函数结合使用，以便快速从文本左侧开始提取指定数量的字符。

第2步 利用填充功能向下复制函数，即可将其他员工的名字提取出来，如下图所示。

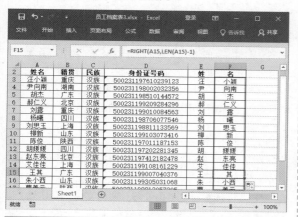

239 只显示身份号码后四位数

适用版本	实用指数	
Excel 2007、2010、2013、2016	★★★★★	

为了保证用户的个人信息安全，一些常用的证件号码，如身份证、银行卡号码等，可以只显示后面四位号码，其他号码则用星号代替。针对这类情况，可以通过 CONCATENATE、RIGHT 和 REPT 函数

实现。

REPT 函数用于在单元格中重复填写一个文本字符串。REPT 函数的语法为：=REPT(text,number_times)，其中，text 是指定需要重复显示的文本，number_times 是指定文本的重复次数，范围为 0 ~ 32767 之间。

例如，只显示身份证号码的最后四位数，具体操作方法如下。

第1步 打开素材文件（位置：素材文件\第9章\员工档案表 4.xlsx），选中要存放结果的单元格 E3，输入函数"=CONCATENATE(REPT("*",14), RIGHT(D3,4))"，按 Enter 键即可得到计算结果，如下图所示。

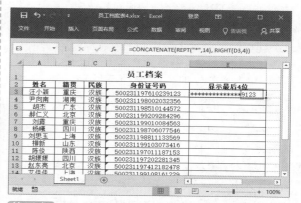

第2步 利用填充功能向下复制函数，即可让其他身份证号码只显示最后四位数，如下图所示。

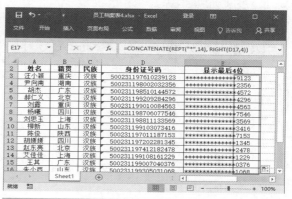

240 使用 TRUE 函数与 FALSE 函数返回逻辑值

适用版本	实用指数	
Excel 2007、2010、2013、2016	★★★★☆	

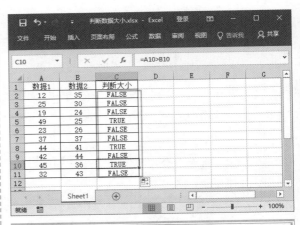

> 使用说明

　　TRUE 函数用于返回逻辑值 TURE，函数语法为：=TRUE()。TRUE 函数不需要参数。

　　FALSE 函数用于返回逻辑值 FALSE，函数语法为：=FALSE()。FALSE 函数不需要参数。

　　如果在单元格内输入公式：=TRUE()，按 Enter 键可返回 TRUE；若在单元格中输入 =FALSE()，按 Enter 键可返回 FALSE。若在单元格、公式中输入文字 TRUE 或 FALSE，Excel 会自动将它解释成逻辑值 TRUE 或 FALSE。

　　在 Excel 中，逻辑值与数值的关系如下。

　　在四则运算中，TRUE=1，FALSE=0。例如，输入公式：=TRUE-2>3，将返回 FALSE。

　　在逻辑判断中，0=FALSE，所有的非 0 数值 =TRUE。

　　在比较运算中，数值 < 文本 <FALSE<TRUE。例如，输入公式：=TRUE<5，将返回 FALSE。

> 解决方法

　　例如，使用逻辑值判断数据大小，具体操作方法如下。

第1步 打开素材文件（位置：素材文件 \ 第 9 章 \ 判断数据大小 .xlsx），选中要存放结果的单元格 C2，输入公式"=A2>B2"，按 Enter 键，此时，若 A2 中的数据大于 B2 中的数据，将返回 TURE，否则返回 FLASE，如下图所示。

第2步 利用填充功能向下复制公式，即可对其他数据的大小进行判断，如下图所示。

241　使用 AND 函数判断指定的多个条件是否同时成立

适用版本	实用指数	
Excel 2007、2010、2013、2016	★★★★★	

> 使用说明

　　AND 函数用于判断多个条件是否同时成立，如果所有条件成立，则返回 TURE，如果其中任意一个条件不成立，则返回 FLASE。AND 函数的语法为：=AND(logical1, logical2,...)，其中, logical1, logical2,... 是 1~255 个结果为 TURE 或 FLASE 的检测条件，检测内容可以是逻辑值、数组或引用。

> 解决方法

　　例如，使用 AND 函数判断用户是否能申请公租房，具体操作方法如下。

第1步 打开素材文件（位置：素材文件 \ 第 9 章 \ 申请公租房 .xlsx），选中要存放结果的单元格 F3，输入函数"=AND(B3>1,C3>6,D3<3000, E3<13)"，按 Enter 键即可得出计算结果，如下图所示。

第2步 利用填充功能向下复制函数，即可计算出其他用户是否有资格申请公租房，如下图所示。

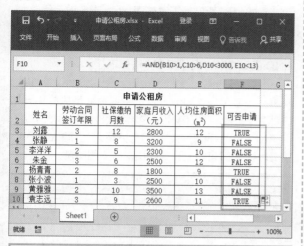

242 使用 OR 函数判断多个条件中是否至少有一个条件成立

适用版本	实用指数
Excel 2007、2010、2013、2016	★★★★★

使用说明

OR 函数用于判断多个条件中是否至少有一个条件成立。在其参数组中，任何一个参数逻辑值为 TURE，则返回 TURE；若所有参数逻辑值为 FLASE，则返回 FLASE。OR 函数的语法为：=OR(logical1,logical2,...)，其中，logical1,logical2,... 是 1~255 个结果为 TURE 或 FLASE 的检测条件，logical1 是必需的，后续逻辑值是可选的。

解决方法

例如，在"新进员工考核表 .xlsx"中，各项考核 >17 分成能达标，现在使用 OR 函数检查哪些员工的考核成绩都未达标，具体操作方法如下。

第1步 打开素材文件（位置：素材文件\第9章\新进员工考核表 .xlsx），选中要存放结果的单元格 F3，输入函数"=OR(B4>17,C4>17,D4>17,E4>17)"，按 Enter 键即可得出计算结果，如下图所示。

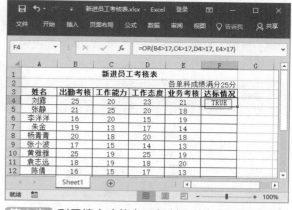

第2步 利用填充功能向下复制函数，即可计算出其他员工的达标情况，如下图所示。

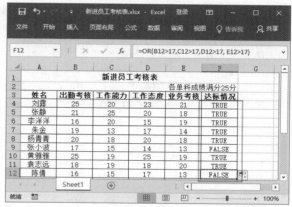

243 使用 NOT 函数对逻辑值求反

适用版本	实用指数
Excel 2007、2010、2013、2016	★★★★☆

使用说明

NOT 函数用于对参数的逻辑值求反：如果逻辑值为 FALSE，NOT 函数返回 TRUE；如果逻辑值为 TRUE，NOT 函数返回 FALSE。NOT 函数的语法为：=NOT(logical)，其中，logical 参数表示可以对其进行真（TRUE）假（FALSE）判断的任何值或表达式。

解决方法

例如，在"应聘名单 .xlsx"中，使用 NOT 函数将学历为"大专"的人员淘汰掉（即返回 FALSE），具体操作方法如下。

第1步 打开素材文件（位置：素材文件\第9章\应聘名单.xlsx），选中要存放结果的单元格 F3，输入函数"=NOT(D3="大专")"，按 Enter 键即可得出计算结果，如下图所示。

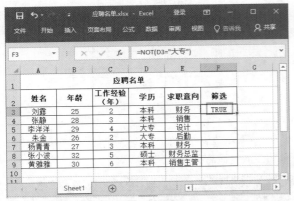

第2步 利用填充功能向下复制函数，即可计算出其他人员的筛选情况，如下图所示。

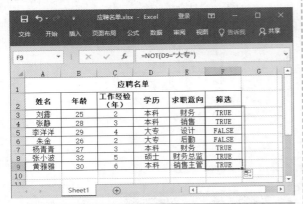

244 录用条件合格的员工

适用版本	实用指数
Excel 2007、2010、2013、2016	★★★★★

在使用逻辑函数时，相互配合使用，可以得到各种需要的计算结果，所以用户要融会贯通，灵活运用。

解决方法

例如：在"新进员工考核表.xlsx"中，设定条件为：总分 >=70 分的为"录用"，工作态度 <18 分的为"有待观察"，其余的则为"淘汰"，现在通过 IF 函数和 AND 函数实现，具体操作方法如下。

第1步 打开素材文件（位置：素材文件\第9章\新进员工考核表 1.xlsx），选中要存放结果的单元格 G4，输入函数"=IF(AND(F4>=70,D4>=18),"录用",IF(AND(F4>=70,D4<18)," 有待观察 "," 淘汰 "))"，按 Enter 键即可得出计算结果，如下图所示。

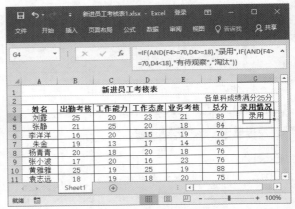

第2步 利用填充功能向下复制函数，即可计算出其他人员的筛选情况，如下图所示。

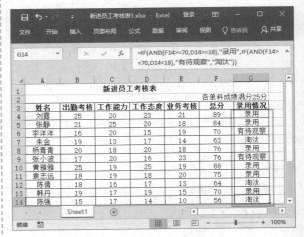

9.2 日期与时间函数的应用

日期与时间函数经常用来进行时间的处理，使用该类函数可使办公操作更加简便快捷。接下来将介绍在日常应用中日期与时间函数的使用方法，如返回年份、返回月份、计算工龄等。

245 使用 YEAR 函数返回年份

适用版本	实用指数	
Excel 2007、2010、2013、2016	★★★★★	

使用说明

YEAR 函数用于返回日期的年份值，是介于 1900~9999 之间的数字。YEAR 函数的语法为：=YEAR(seial_number)，参数 seial_number 为指定的日期。

解决方法

例如，要统计员工进入公司的年份，具体操作方法如下。

第1步 打开素材文件（位置：素材文件\第9章\员工入职时间登记表.xlsx），选中要存放结果的单元格 C3，输入函数 "=YEAR(B3)"，按 Enter 键即可得到计算结果，如下图所示。

第2步 利用填充功能向下复制函数，可计算出所有员工入职年份，如下图所示。

246 使用 MONTH 函数返回月份

适用版本	实用指数	
Excel 2007、2010、2013、2016	★★★★☆	

使用说明

MONTH 函数用于返回指定日期中的月份值，是介于 1~12 之间的数字。该函数的语法为：=MONTH(seial_number)，参数 seial_number 为指定的日期。

解决方法

例如，要统计员工进入公司的月份，具体操作方法如下。

第1步 打开素材文件（位置：素材文件\第9章\员工入职时间登记表1.xlsx），选中要存放结果的单元格 D3，输入函数 "=MONTH(B3)"，按 Enter 键即可得到计算结果，如下图所示。

第2步 利用填充功能向下复制函数，即可计算出所有员工入职月份，如下图所示。

247 使用 DAY 函数返回某天数值

适用版本	实用指数
Excel 2007、2010、2013、2016	★★★☆☆

使用说明

DAY 函数用于返回一个月中的第几天的数值，是介于 1~31 之间的数字。DAY 函数的语法为：=DAY(seial_number)，参数 seial_number 为指定的日期。

解决方法

例如，要统计员工进入公司的具体某天，具体操作方法如下。

第1步 打开素材文件（位置：素材文件\第9章\员工入职时间登记表 2.xlsx），选中要存放结果的单元格 E3，输入函数"=DAY(B3)"，按 Enter 键即可得到计算结果，如下图所示。

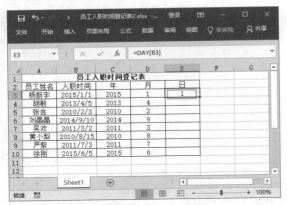

第2步 利用填充功能向下复制函数，即可计算出所有员工进入公司的具体某天，如下图所示。

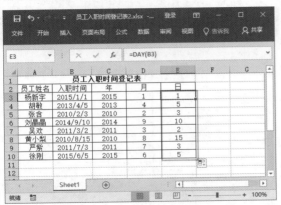

248 使用 WEEKDAY 函数返回一周中的第几天的数值

适用版本	实用指数
Excel 2007、2010、2013、2016	★★☆☆

使用说明

WEEKDAY 函数用于返回某日期为星期几，是一个 1~7 之间的整数。

WEEKDAY 函数的语法为：=WEEKDAY(serial_number,[return_type])，其中，参数 serial_number（必需）为一个序列号，代表尝试查找的那一天的日期；参数 return_type（可选）用于确定返回值类型的数字。参数 return_type 的值与其返回数字及对应星期数如下。

- 若为 1 或忽略：返回数字 1（星期日）到数字 7（星期六）。
- 若为 2：返回数字 1（星期一）到数字 7（星期日）。
- 若为 3：返回数字 0（星期一）到数字 6（星期日）。
- 若为 11：返回数字 1（星期一）到数字 7（星期日）。
- 若为 12：返回数字 1（星期二）到数字 7（星期一）。
- 若为 13：返回数字 1（星期三）到数字 7（星期二）。
- 若为 14：返回数字 1（星期四）到数字 7（星期三）。
- 若为 15：返回数字 1（星期五）到数字 7（星期四）。
- 若为 16：返回数字 1（星期六）到数字 7（星期五）。
- 若为 17：返回数字 1（星期日）到数字 7（星期六）。

解决方法

如果要使用 WEEKDAY 函数返回数值，具体操作方法如下。

第1步 打开素材文件（位置：素材文件\第9章\返回一周中的第几天的数值 .xlsx），选中要存放结果的单元格 C2，输入函数"=WEEKDAY(A2,B2)"，按 Enter 键即可得到计算结果，如下图所示。

第2步 利用填充功能向下复制函数，即可返回其他相应的结果，如下图所示。

---

249 使用 EDATE 函数返回指定日期

适用版本	实用指数
Excel 2007、2010、2013、2016	★★★☆☆

使用说明

EDATE 函数用于返回表示某个日期的序列号，该日期与指定日期 (start_date) 相隔（之前或之后）指示的月份数。EDATE 函数的语法为：=EDATE(start_date,months)，各参数含义介绍如下。

- start_date（必选）：一个代表开始日期的日期。
- months（必选）：start_date 之前或之后的月份数。months 为正值将生成未来日期；为负值将生成过去日期。

解决方法

如果要使用 EDATE 函数返回日期，具体操作方

法如下。

第1步 打开素材文件（位置：素材文件\第9章\返回指定日期 .xlsx），选中要存放结果的单元格 C2，输入函数"=EDATE(A2,B2)"，按 Enter 键即可得到计算结果，然后将数字格式设置为时间，如下图所示。

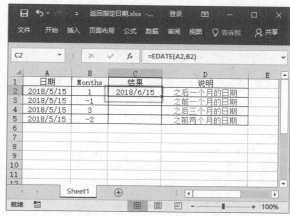

第2步 利用填充功能向下复制函数，即可返回其他相应的结果，如下图所示。

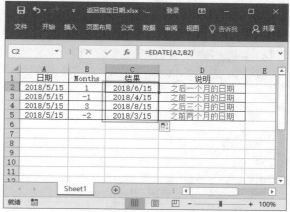

---

250 使用 HOUR 函数返回小时数

适用版本	实用指数
Excel 2007、2010、2013、2016	★★★★☆

使用说明

HOUR 函数用于返回时间值的小时数。可使用 HOUR 函数实现。HOUR 函数的语法为：=HOUR(serial_number)，参数 serial_number 为一个时间值。

解决方法

例如，在"实验记录.xlsx"中，计算各实验阶段所用的小时数，具体操作方法如下。

第1步 打开素材文件（位置：素材文件\第9章\实验记录.xlsx），选中要存放结果的单元格 D4，输入函数"=HOUR(C4-B4)"，按 Enter 键即可计算出第 1 阶段所用的小时数，如下图所示。

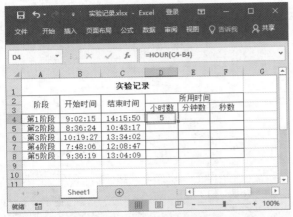

第2步 利用填充功能向下复制函数，即可计算出其他实验阶段所用的小时数，如下图所示。

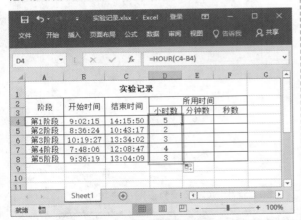

251　使用 MINUTE 函数返回分钟数

适用版本	实用指数
Excel 2007、2010、2013、2016	★★★★★

使用说明

MINUTE 函数用于返回时间的分钟数。MINUTE 函数的语法为：=MINUTE(serial _number)，参数

---

serial_number 是必需的，表示一个时间值，其中包含要查找的分钟。

解决方法

如果要计算各实验阶段所用的分钟数，具体操作方法如下。

第1步 打开素材文件（位置：素材文件\第9章\实验记录 1.xlsx），选中要存放结果的单元格 E4，输入函数"=MINUTE(C4-B4)"，按 Enter 键即可计算出第 1 阶段所用的分钟数，如下图所示。

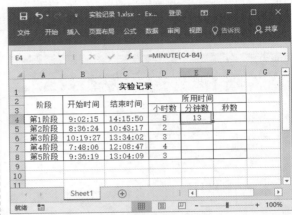

第2步 利用填充功能向下复制函数，即可计算出其他实验阶段所用的分钟数，如下图所示。

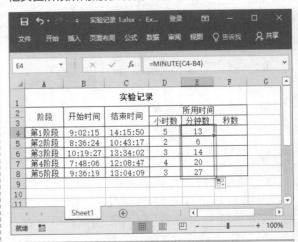

252　使用 SECOND 函数返回秒数

适用版本	实用指数
Excel 2007、2010、2013、2016	★★★★☆

使用说明

SECOND 函数用于返回时间值的秒数，返回的秒数为 0~59 之间的整数。SECOND 函数的语法为：=SECOND(serial_number)，参数 serial_number（必选）表示一个时间值，其中包含要查找的秒数。

解决方法

如果要计算各实验阶段所用的秒数，具体操作方法如下。

第1步 打开素材文件（位置：素材文件\第9章\实验记录 2.xlsx），选中要存放结果的单元格 F4，输入函数 "=SECOND(C4-B4)"，按 Enter 键即可计算出第 1 阶段所用的秒数，如下图所示。

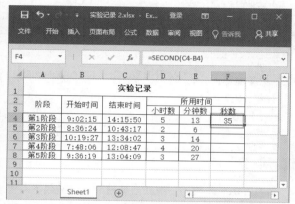

第2步 利用填充功能向下复制函数，即可计算出其他实验阶段所用的秒数，如下图所示。

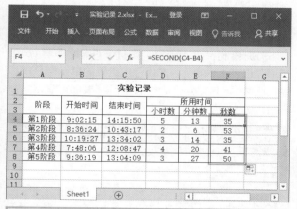

253 使用 NETWORKDAYS 函数返回两个日期间的全部工作日数

适用版本	实用指数
Excel 2007、2010、2013、2016	★★★★☆

使用说明

NETWORKDAYS 函数用于计算两个日期之间的工作日天数，工作日不包括周末和专门指定的假期。NETWORKDAYS 函数的语法为：=NETWORKDAYS(start_date, end_date, [holidays])，参数的含义介绍如下。

- start_date（必选）：一个代表开始日期的日期。
- wnd_date（必选）：一个代表终止日期的日期。
- holidays（可选）：不在工作日历中的一个或多个日期所构成的可选区域。

解决方法

例如，在"项目耗费时间 .xlsx"中，计算各个项目所用工作日天数，具体操作方法如下。

第1步 打开素材文件（位置：素材文件\第9章\项目耗费时间 .xlsx），选中要存放结果的单元格 E3，输入函数 "=NETWORKDAYS(B3,C3,D3)"，按 Enter 键即可计算出项目 1 所用的工作日天数，然后利用填充功能向下复制函数，计算出项目 2 和项目 3 所用的工作日天数，如下图所示。

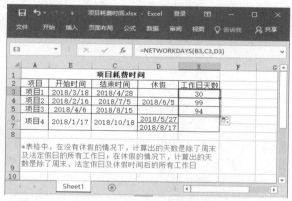

第2步 选中单元格 E6，输入函数 "=NETWORKDAYS(B5,C5,D6:D7)"，按 Enter 键，计算出项目 4 所用的工作日天数，如下图所示。

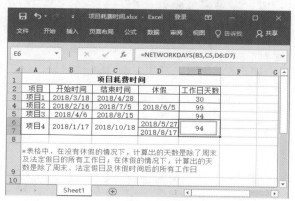

254　使用 WORKDAY 函数返回若干工作日之前或之后的日期

适用版本	实用指数
Excel 2007、2010、2013、2016	★★★☆☆

使用说明

WORKDAY 函数用于返回在某日期（起始日期）之前或之后、与该日期相隔指定工作日的某一日期的日期值。工作日不包括周末和专门指定的假日。

WORKDAY 函 数 的 语 法 为：=WORKDAY(start_date,days,[holidays])，各参数的含义介绍如下。

- start_date（必选）：一个代表开始日期的日期。
- days（必选）：start_date 之前或之后不含周末及节假日的天数。days 为正值时将生成未来日期，为负值生成过去日期。
- holidays（可选）：一个可选列表，其中包含需要从工作日日历中排除的一个或多个日期。该列表可以是包含日期的单元格区域，也可以是由代表日期的序列号所构成的数组常量。

解决方法

例如，在"员工实习时间表 .xlsx"中计算员工的实习结束时间，具体操作方法如下。

第1步 打开素材文件（位置：素材文件\第 9 章\员工实习时间表 .xlsx），选中要存放结果的单元格 E3， 输 入 函 数 "=WORKDAY(B3,C3,D3)"，按 Enter 键即可得出计算结果，然后将数字格式设置为日期，如下图所示。

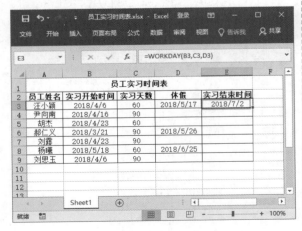

第2步 利用填充功能向下复制函数，计算出其他员工的实习结束时间，如下图所示。

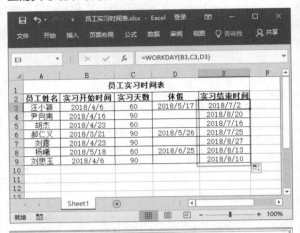

255　使用 TODAY 函数显示当前日期

适用版本	实用指数
Excel 2007、2010、2013、2016	★★★★★

使用说明

TODAY 函数用于返回当前日期，该函数不需要计算参数。

解决方法

如果要使用 TODAY 函数显示出当前日期，具体操作方法如下。

打开素材文件（位置：素材文件\第 9 章\员工信息登记表 1.xlsx），选择存放结果的单元格 B19，输入函数 "=TODAY()"，按 Enter 键即可显示当前日期，如下图所示。

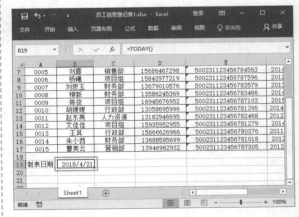

256　使用 NOW 函数显示当前日期和时间

适用版本	实用指数
Excel 2007、2010、2013、2016	★★★☆☆

使用说明

NOW 函数用于返回当前日期和时间，该函数不需要计算参数。

解决方法

如果要使用 NOW 函数显示出当前日期和时间，具体操作方法如下。

打开素材文件（位置：素材文件\第 9 章\员工信息登记表 2.xlsx），选择存放结果的单元格 B19，输入函数"=NOW()"，按 Enter 键即可显示当前日期和时间，如下图所示。

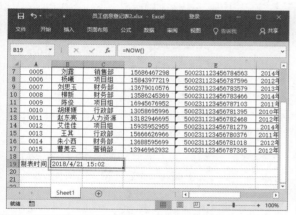

257　计算两个日期之间的年份数

适用版本	实用指数
Excel 2007、2010、2013、2016	★★★★★

使用说明

如果需要计算两个日期之间的年份数，可通过 YEAR 函数实现。

解决方法

例如，要在"员工离职表 .xlsx"中统计员工在公司的工作年限，具体操作方法如下。

第1步 打开素材文件（位置：素材文件\第 9 章\员工离职表 .xlsx），选中要存放结果的单元格 D3，输入函数"=YEAR(C3)–YEAR(B3)"，按 Enter 键即可得到计算结果，如下图所示。

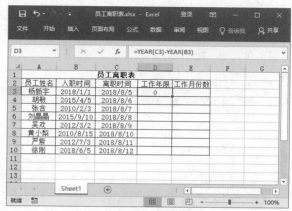

第 2 步 利用填充功能向下复制函数，即可计算出所有员工工作年限，如下图所示。

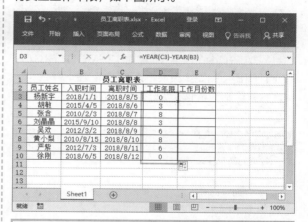

258　计算两个日期之间的月份数

适用版本	实用指数
Excel 2007、2010、2013、2016	★★★☆☆

使用说明

在编辑工作表时，还可计算两个日期之间间隔的月份数。如果需要计算间隔月份的两个日期在同年，可使用 MONTH 函数实现；如果需要计算间隔月份数的两个日期不在同一年，则需要使用 MONTH 函数和 YEAR 函数共同实现。

解决方法

例如，要在"员工离职表 1.xlsx"中统计员工在公司的工作月份数，具体操作方法如下。

第1步 打开素材文件（位置：素材文件\第9章\员工离职表 1.xlsx），选择要存放结果的单元格 E3，输入函数"=MONTH(C3)−MONTH(B3)"，按 Enter 键即可得出计算结果。将该函数复制到其他需要进行计算的单元格，如下图所示。

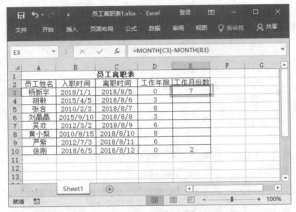

第2步 选择要存放结果的单元格 E4，输入函数"=(YEAR(C4)−YEAR(B4))*12+MONTH(C4)−MONTH(B4)"，按 Enter 键即可得出计算结果。将该函数复制到其他需要进行计算的单元格，如下图所示。

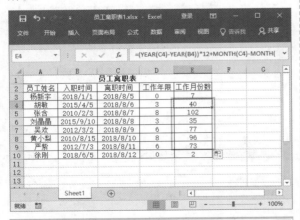

259　将时间值换算为秒数

适用版本	实用指数	
Excel 2007、2010、2013、2016	★★★★☆	

使用说明

使用时间函数时计算数据时，如果希望将时间值换算为秒数，可将 HOUR、MINUTE 和 SECOND 函数结合使用。

解决方法

如果要将通话时间换算为秒数，具体操作方法如下。

第1步 打开素材文件（位置：素材文件\第9章\通话明细.xlsx），选中要存放结果的单元格 C3，输入函数"=HOUR(B3)*3600+MINUTE(B3)*60+SECOND(B3)"，按 Enter 键即可得到计算结果，然后将数字格式设置为常规，如下图所示。

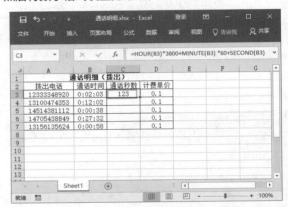

第2步 利用填充功能向下复制函数，即可计算出其他通话使用的秒数，如下图所示。

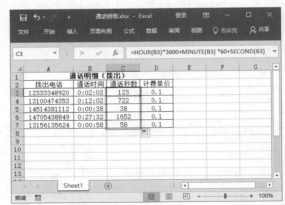

260　计算员工年龄和工龄

适用版本	实用指数	
Excel 2007、2010、2013、2016	★★★★★	

使用说明

在 Excel 中，利用 YEAR 函数和 TODAY 函数，可以快速计算出员工的年龄和工龄。

解决方法

如果要计算员工的年龄和工龄，具体操作方法如下。

第1步 打开素材文件（位置：素材文件\第9章\员工信息登记表 3.xlsx），选中要存放结果的单元格 G3，输入函数"=YEAR(TODAY())–YEAR(E3)"，按 Enter 键即可得到计算结果，此时，该计算结果显示的是日期格式，需要将数字格式设置为"常规"，然后利用填充功能向下复制函数，即可计算出所有员工的年龄，如下图所示。

第2步 选中要存放结果的单元格 H3，输入函数"=YEAR(TODAY())–YEAR(F3)"，按 Enter 键即可得到计算结果，将数字格式设置为"常规"，然后利用填充功能向下复制函数，即可计算出所有员工的工龄，如下图所示。

---

261 计算还款时间

适用版本	实用指数
Excel 2007、2010、2013、2016	★★★★★

使用说明

在计算表格数据时，配合使用 EDATE 函数和 TEXT 函数，可计算还款时间。

解决方法

如果要计算还款时间，具体操作方法如下。

第1步 打开素材文件（位置：素材文件\第9章\个人借贷 .xlsx），选中要存放结果的单元格 E3，输入函数 "=TEXT(EDATE(C3,D3), "yyyy-mm-dd")"，按 Enter 键即可得到计算结果，如下图所示。

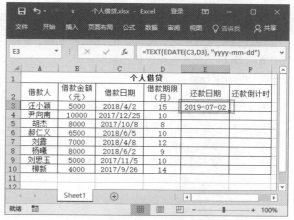

第2步 利用填充功能向下复制函数，即可计算出其他人员的还款时间，如下图所示。

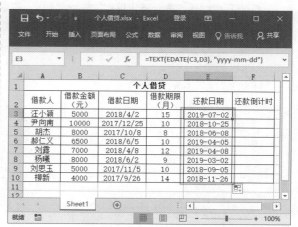

MID(E3,9,2))-TODAY()&"（天）""，按 Enter 键即
可得到计算结果，如下图所示。

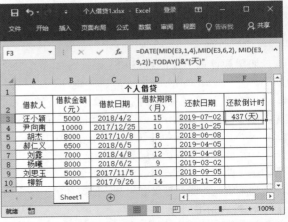

第2步 利用填充功能向下复制函数，即可计算出其
他人的还款倒计时，如下图所示。

温馨提示

TEXT 函数属于文本函数，通过该函数，可
以根据指定的数值格式将数字转换成文本，其函
数语法为：=TEXT(value,format_text)，参数
value（必选），表示要设置格式的数字，该参数
可以是具体的数值或引用单元格；参数 format_
text（必选），是用引号括起的文本字符串的数字
格式。

262　计算还款倒计时

适用版本	实用指数
Excel 2007、2010、2013、2016	★★★★☆

使用说明

在计算表格数据时，配合使用 DATE 函数、MID
函数和 TODAY 函数，可计算还款倒计时。

解决方法

如果要计算还款倒计时，具体操作方法如下。

第1步 打开素材文件（位置：素材文件\第9章\
个人借贷 1.xlsx），选中要存放结果的单元格 F3，
输入函数"=DATE(MID(E3,1,4),MID(E3,6,2),

温馨提示

DATE 函数返回表示特定日期的连续序列号，其函数语法为：DATE(year,month, day)，参数 year（必
选），表示年的数字，该参数的值可以包含 1~4 位数字；month（必选），一个正整数或负整数，表示一
年中从 1~12 月的各个月；day（必选），一个正整数或负整数，表示一月中从 1~31 日的各天。

第 10 章
数学函数的应用技巧

　　在办公过程中，数学函数也是比较常用的函数之一。使用数学函数，不仅可以进行一些常规的计算，如进行条件求和、乘幂运算等，还可以实现舍入与取整计算，如对数据进行四舍五入、计算除法的余数等。本章将详解介绍数学函数的使用方法，以及在办公中的实际应用。

　　下面先来看看以下一些数学函数中的常见问题，你是否会处理或已掌握。

【√】人事工作需要掌握每一位员工的考核情况，你知道如何统计员工考核成绩的波动情况吗？

【√】新年团拜会为了活跃气氛，需要随机抽取十个员工发放奖励，你知道使用什么函数来完成吗？

【√】你知道使用什么函数可以轻松地计算最大公约数和最小公倍数吗？

【√】想要对数字进行四舍五入，你知道应该怎样操作吗？

【√】对于需要现金结算的业务，提前准备好各类面值的现金，你知道如何根据数额计算出各种面额的钞票需要的张数吗？

【√】你知道怎样使用函数将数据上舍或下舍到特定的数额吗？

　　希望通过本章内容的学习，能帮助你解决以上问题，并学会 Excel 更多数学函数的使用技巧。

10.1 常规数学计算函数应用技巧

使用数学函数，可以进行一些常规的数学计算，如进行条件求和、随机抽取、乘幂运算等，下面将进行详细介绍。

---

263 使用 SUMIF 函数进行条件求和

适用版本	实用指数	
Excel 2007、2010、2013、2016	★★★★★	

使用说明

SUMIF 函数用于对满足条件的单元格进行求和运算。SUMIF 函数的语法为：=SUMIF(range,criteria,[sum_range])，各参数的含义介绍如下。

- range：要进行计算的单元格区域。
- criteria：单元格求和的条件，其形式可以为数字、表达式或文本形式等。
- sum_range：用于求和运算的实际单元格，若省略，将使用区域中的单元格。

解决方法

例如，使用 SUMIF 函数统计员工的销售总量，具体方法如下。

第1步 打开素材文件（位置：素材文件\第 10 章\海尔洗衣机销售统计 .xlsx），选中要存放结果的单元格 C9，输入函数"=SUMIF(A3:A8," 杨雪 ",C3:C8)"，按 Enter 键即可得到计算结果，如下图所示。

第2步 参照上述方法，对其他销售人员的销售总量

进行计算，如下图所示。

---

264 使用 SUMIFS 函数对一组给定条件指定的单元格求和

适用版本	实用指数	
Excel 2007、2010、2013、2016	★★★★★	

使用说明

如果需要对区域中满足多个条件的单元格求和，可通过 SUMIFS 函数实现。

SUMIFS 函数的语法为：=SUMIFS(sum_range,criteria_range1,criteria1,[criteria_range2,criteria2],...)，各参数的含义介绍如下。

- sum_range（必选）：要进行求和的一个或多个单元格，包括数字或包含数字的名称、区域或单元格引用，忽略空白和文本值。
- criteria_range1（必选）：要为特定条件计算的单元格区域。
- criteria1（必选）：是数字、表达式或文本形式的条件，它定义了单元格求和的范围，也可以用来定义将对 criteria_range1 参数中的哪些单元格求和。例如，条件可以表示为 135、"<135"、C14、"电视机"或"135"。
- criteria_range2,criteria2（可选）：附加的区域及其关联条件，最多允许 127 个区域 / 条件对。

解决方法

例如，在"厨房小家电销售情况 .xlsx"中，分别计算美的电烤箱销售额总量、计算美的（除电烤箱）的销售额总量，具体方法如下。

第1步 打开素材文件（位置：素材文件\第10章\厨房小家电销售情况 .xlsx），选中要存放结果的单元格 F27，输入函数"=SUMIFS(F3:F26,B3:B26," 电烤箱 ",C3:C26," 美的 ")，完成后按 Enter 键即可计算出美的的电烤箱销售额总量，如下图所示。

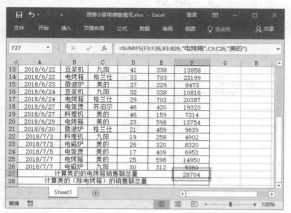

第2步 选中要存放结果的单元格 F28，输入函数"=SUMIFS(F3:F26, B3:B26,"<> 电 烤 箱 ", C3:C26, " 美的 ")"，按 Enter 键即可计算出美的（除电烤箱）的销售额总量，如下图所示。

265 使用 RAND 函数制作随机抽取表

适用版本	实用指数	
Excel 2007、2010、2013、2016	★★★★☆	

使用说明

RAND 函数用于返回大于或等于 0 且小于 1 的平均分布随机实数，依重新计算而变，即每次计算工作表时都将返回一个新的随机实数。该函数不需要计算参数。

解决方法

例如，公司有 230 位员工，随机抽出 24 位员工参加技能考试，具体操作方法如下。

第1步 打开素材文件（位置：素材文件\第10章\随机抽取 .xlsx），选择放置 24 个编号的单元格区域，将数字格式设置为"数值"，并将小数位数设置为 0。

第2步 保持单元格区域的选中状态，在编辑栏中输入 "=1+RAND()*230"，如下图所示。

第3步 按 Ctrl+Enter 组合键确认，即可得到 1~230 之间的 24 个随机编号，如下图所示。

266 使用 RANDBETWEEN 函数返回两个指定数之间的一个随机数

适用版本	实用指数	
Excel 2007、2010、2013、2016	★★★☆☆	

使用说明

RANDBETWEEN 函数用于返回任意两个数之间的一个随机数，每次计算工作表时都将返回一个新的随机实数。

RANDBETWEEN 函数的语法为：=RANDBETWEEN(bottom,top)，各参数的含义介绍如下。

- bottom（必选）：是 RANDBETWEEN 函数能返回的最小整数。
- top（必选）：是 RANDBETWEEN 函数能返回的最大整数。

解决方法

例如，公司有 850 位员工，需要随机抽出编号在 150~680 之间的 36 位员工参加培训，具体方法如下。

第1步 打开素材文件（位置：素材文件\第 10 章\随机抽取 1.xlsx），选择放置 36 个编号的单元格区域，输入函数"=RANDBETWEEN(150,680)"，如下图所示。

第2步 按 Ctrl+Enter 组合键确认，即可得到 150~680 之间的 36 个随机编号，如下图所示。

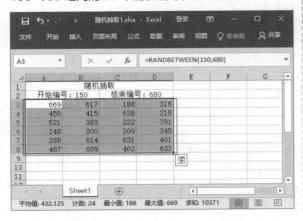

温馨提示

若输入函数"=RANDBETWEEN(150,680)*2"，则可以返回 150~680 之间的随机偶数；若输入函数"=RANDBETWEEN(150,680)*2-1"，则可以输入 150~680 之间的随机奇数。

在单元格中返回随机数后，按 F9 键可重新计算，并得出新的随机数。

267 使用 POWER 函数计算数据

适用版本	实用指数	
Excel 2007、2010、2013、2016	★★★★★	

使用说明

POWER 函数用于返回某个数字的乘幂。该函数的语法：=POWER(number,power)。其中 number 为底数，可以为任意实数；power 为指数，底数按该指数次幂乘方。

解决方法

例如，使用 POWER 函数进行乘幂计算，具体操作方法如下。

打开素材文件（位置：素材文件\第 10 章\乘幂运算 .xlsx），选中要存放结果的单元格 C3，输入函数"=POWER(A3,B3)"，按 Enter 键即可得到计算结果，然后利用填充功能向下复制函数即可，如下图所示。

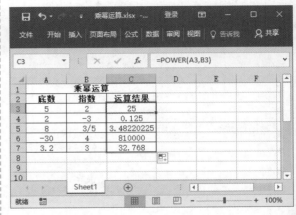

268 使用 SIGN 函数获取数值的符号

适用版本	实用指数
Excel 2007、2010、2013、2016	★★★☆☆

使用说明

SIGN 函数用于返回数字的正负号。当数字为正数时，返回 1；当数字为零时，返回 0；当数字为负数时，返回 −1。SIGN 函数的语法为：=SIGN(number)，参数 number 为任意实数。

解决方法

如果要使用 SIGN 函数计算数据，具体操作方法如下。

第 1 步 打开素材文件（位置：素材文件\第 10 章\检查销售销量是否达标 .xlsx），选中要存放结果的单元格 E4，输入函数"=SIGN(D4)"，按 Enter 键即可得到计算结果，如下图所示。

第 2 步 利用填充功能向下复制函数，即可对其他数据进行计算，如下图所示。

269 使用 ABS 函数计算数值的绝对值

适用版本	实用指数
Excel 2007、2010、2013、2016	★★★☆☆

使用说明

使用 ABS 函数可以返回给定数字的绝对值，即不带符号的数值。ABS 函数的语法为：=ABS(number)，其中参数 number 为需要计算其绝对值的实数。

解决方法

例如，要使用 ABS 函数计算销量差值，具体操作方法如下。

第 1 步 打开素材文件（位置：素材文件\第 10 章\月销量对比情况 .xlsx），选中要存放结果的单元格 D3，输入函数"=ABS(B3−C3)"，按 Enter 键即可得到计算结果，如下图所示。

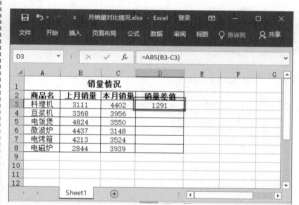

第 2 步 利用填充功能向下复制函数，即可对其他数据进行计算，如下图所示。

270 统计员工考核成绩波动情况

适用版本	实用指数
Excel 2007、2010、2013、2016	★★★☆☆

使用说明

对于从事人事工作的办公人员来讲，有时需要掌握员工的考核成绩。如果希望统计员工考核成绩的波动情况，还可通过 ABS 函数和 IF 函数实现。

解决方法

如果要统计员工考核成绩的波动情况，具体方法如下。

第1步 打开素材文件（位置：素材文件\第10章\统计员工考核成绩波动情况 .xlsx），选中要存放结果的单元格 D3，输入函数"=IF(C3>B3," 进步 "," 退步 ")&ABS(C3-B3)&" 分 ""，按 Enter 键即可得到计算结果，如下图所示。

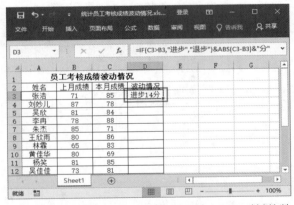

第2步 利用填充功能向下复制函数，即可对其他数据进行计算，如下图所示。

271 使用 SUMPRODUCT 函数计算对应的数组元素的乘积和

适用版本	实用指数
Excel 2007、2010、2013、2016	★★★★☆

使用说明

如果需要在给定的几组数组中，将数组间对应的元素相乘，并返回乘积之和，可通过 SUMPRODUCT 函数实现。

SUMPRODUCT 函数的语法为：SUMPRODUCT(array1,[array2],[array3],...)，其中参数 array1、array2、array3……为其相应元素需要进行相乘并求和的数组参数。

解决方法

例如，在"员工信息 .xlsx"中统计公关部女员工人数，具体方法如下。

打开素材文件（位置：素材文件\第10章\员工信息 .xlsx），选中要存放结果的单元格 C18，输入函数"=SUMPRODUCT((B3:B17=" 女 ")*1,(C3:C17=" 公关部 ")*1)"，按 Enter 键即可得到计算结果，如下图所示。

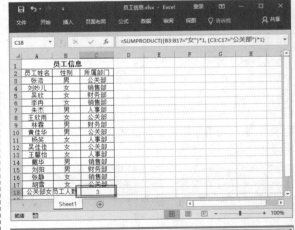

272 使用 AGGREGATE 函数返回列表或数据库中的聚合数据

适用版本	实用指数
Excel 2007、2010、2013、2016	★★★★★

使用说明

使用 AGGREGATE 函数可以返回列表或数据库中的聚合数据。AGGREGATE 函数的语法为：=AGGREGATE(function_num,options,ref1, [ref2], …)，各参数的含义介绍如下。

- function_num（必选）：一个 1~19 之间的数字，指定要使用的函数。关于该参数的取值情况如下图所示。

Function_num取值	对应函数	Function_num取值	对应函数
1	AVERAGE	11	VAR.P
2	COUNT	12	MEDIAN
3	COUNTA	13	MODE.SNGL
4	MAX	14	LARGE
5	MIN	15	SMALL
6	PRODUCT	16	PERCENTILE.INC
7	STDEV.S	17	QUARTILE.INC
8	STDEV.P	18	PERCENTILE.EXC
9	SUM	19	QUARTILE.EXC
10	VAR.S		

- options（必选）：一个数值，决定在函数的计算区域内要忽略哪些值。关于该参数的取值情况如下图所示。

Options取值	作用
0 或省略	忽略嵌套 SUBTOTAL 和 AGGREGATE 函数
1	忽略隐藏行、嵌套 SUBTOTAL 和 AGGREGATE 函数
2	忽略错误值、嵌套 SUBTOTAL 和 AGGREGATE 函数
3	忽略隐藏行、错误值、嵌套 SUBTOTAL 和 AGGREGATE 函数
4	忽略空值
5	忽略隐藏行
6	忽略错误值
7	忽略隐藏行和错误值

- ref1（必选）：函数的第一个数值参数，这些函数使用要为其计算聚合值的多个数值参数。
- ref2（可选）：要为其计算聚合值的 2~253 个数值参数。

解决方法

例如，在"商品促销情况 .xlsx"中计算折扣总金额，具体方法如下。

第1步 打开素材文件（位置：素材文件 \ 第 10 章 \ 商品促销情况 .xlsx），选中要存放结果的单元格 E3，输入函数"=AGGREGATE(6,7,B3:D3)"，按 Enter 键即可得到计算结果，如下图所示。

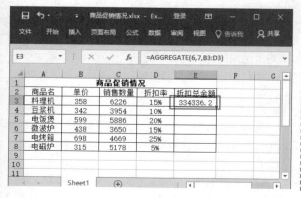

第2步 利用填充功能向下复制函数，即可对其他数据进行计算，如下图所示。

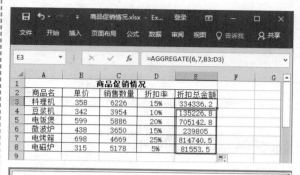

273 统计考核成绩排在第 1 位的员工姓名

适用版本	实用指数	
Excel 2007、2010、2013、2016	★★★☆☆	

使用说明

在制作工资表、考核成绩表等类型的表格时，结合 INDEX 函数、MATCH 函数和 AGGREGATE 函数的使用，可以计算出某项排在第 1 位的员工，如计算实发工资排在第 1 位的员工姓名、考核成绩排在第 1 位的员工姓名等。

解决方法

例如，在"员工考核成绩表 .xlsx"中统计考核成绩排在第 1 位的员工姓名，具体操作方法如下。

打开素材文件（位置：素材文件 \ 第 10 章 \ 员工考核成绩表 .xlsx），选中要存放结果的单元格 C18，输入函数"=INDEX(A3:A17,MATCH(AGGREGATE(14,7,C3:C17,1),C3:C17,0))"，按 Enter 键即可得到计算结果，如下图所示。

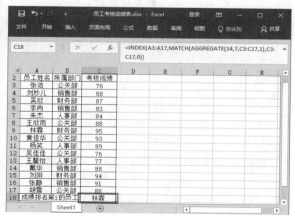

温馨提示

本例中涉及 INDEX 函数和 MATCH 函数，关于这两个函数的使用方法将在 11.2 节中进行讲解。

---

274 使用 SUBTOTAL 函数返回列表或数据库中的分类汇总

适用版本	实用指数
Excel 2007、2010、2013、2016	★★★★★

使用说明

如果需要返回一个数据列表或数据库中的分类汇总，可通过 SUBTOTAL 函数实现。

SUBTOTAL 函数的语法为：=SUBTOTAL(function_num,ref1,[ref2],...])，各参数含义介绍如下。

- function_num（必选）：1~11（包含隐藏值）或 101~111（忽略隐藏值）之间的数字，用于指定使用何种函数在列表中进行分类汇总计算。关于该参数的取值情况如下图所示。

Function_num （包含隐藏值）	Function_num （忽略隐藏值）	函数
1	101	AVERAGE
2	102	COUNT
3	103	COUNTA
4	104	MAX
5	105	MIN
6	106	PRODUCT
7	107	STDEV
8	108	STDEVP
9	109	SUM
10	110	VAR
11	111	VARP

- ref1（必选）：要对其进行分类汇总计算的第 1 个命名区域或引用。
- ref2（可选）：要对其进行分类汇总计算的第 2~254 个命名区域或引用。

解决方法

例如，在"产品加工耗时.xlsx"中，使用 SUBTOTAL 函数计算产品加工的总耗时，具体操作方法如下。

第1步 打开素材文件（位置：素材文件\第 10 章\产品加工耗时.xlsx），选中要存放结果的单元格 B9，输入函数"=SUBTOTAL(109,B4:B7)"，按

Enter 键即可得到计算结果，然后将数字格式设置为时间，如下图所示。

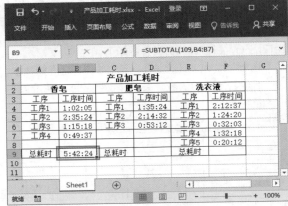

第2步 参照上述方法，分别对在 D9、F9 单元格中输入函数并得出计算结果，如下图所示。

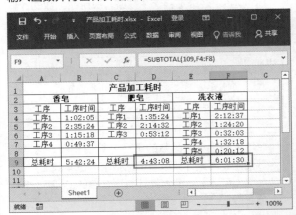

---

275 使用 SQRT 函数返回正平方根

适用版本	实用指数
Excel 2007、2010、2013、2016	★★★☆☆

使用说明

使用 SQRT 函数可以返回数字的正的平方根。SQRT 函数的语法为：=SQRT(number)，其中参数 number 为要计算平方根的数。

解决方法

例如，要制作一个正方体的商品展示架，已知占地面积为 576，现在需要计算货架边长，具体操作方法如下。

打开素材文件（位置：素材文件\第 10 章\商品

展示架 .xlsx），选中要存放结果的单元格 C2，输入函数"=SQRT(B1)"，按 Enter 键即可得到计算结果，如下图所示。

276　使用 ROMAN 函数将阿拉伯数字转换成文本式罗马数字

适用版本	实用指数	
Excel 2007、2010、2013、2016	★★★☆☆	

使用说明

　　使用 ROMAN 函数可以将阿拉伯数字转换成文本式罗马数字。ROMAN 函数的语法为：=ROMAN(number,[form])，其中，参数 number 表示需要转换的阿拉伯数字，form 指定所需的罗马数字类型。参数 form 的取值介绍如下。

- 若取值为 0 或忽略，则转换类型为经典。例如，将 499 转换为经典类型后，显示为 CDXCIX。
- 若取值为 1，则转换类型为更简洁。例如，将 499 转换后，显示为 LDVLIV。
- 若取值为 2，则转换类型为更简洁（即比 1 还简洁）。例如，将 499 转换后，显示为 XDIX。
- 若取值为 3，则转换类型为更简洁（即比 2 还简洁）。例如，将 499 转换后，显示为 VDIV。
- 若取值为 4，则转换类型为简化。例如，将 499 转换后，显示为 ID。

解决方法

　　例如，要将数字转换成罗马数字，转换类型为 2，具体操作方法如下。

第 1 步 打开素材文件（位置：素材文件\第 10 章\将数字转换为罗马数字 .xlsx），选中要存放结果的单元格 B2，输入函数"=ROMAN(A2,2)"，按 Enter 键，

即可实现转换，如下图所示。

第 2 步 利用填充功能向下复制函数，即可对其他数字进行转换，如下图所示。

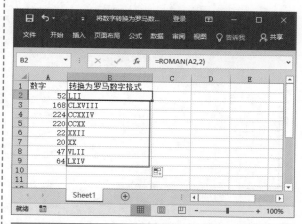

277　使用罗马数字输入当前员工编号

适用版本	实用指数	
Excel 2007、2010、2013、2016	★★★☆☆	

使用说明

　　某些公司习惯使用罗马数字作为员工编号，若手动输入，会显得非常繁琐，而且还易出错。为了提高输入，可以结合 ROMAN 函数和 ROW 函数进行输入。

解决方法

　　如果要使用函数输入员工编号，具体操作方法如下。

第 1 步 打开素材文件（位置：素材文件\第 10 章\员工信息 1.xlsx），选中要存放结果的单元格 A2，输入函数"=ROMAN(ROW()-2,3)"，按 Enter 键即可

输入当前员工的员工编号，如下图所示。

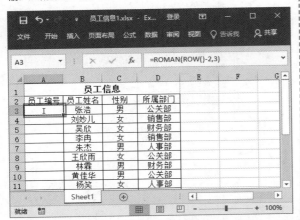

第2步 利用填充功能向下复制函数，即可输入其他员工的员工编号，如下图所示。

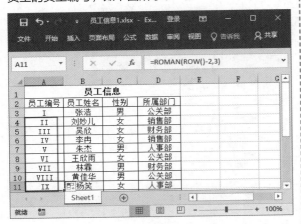

温馨提示

ROW 函数用于返回引用的行号，语法为：=ROW([reference])，参数 reference（可选）是需要得到其行号的单元格或单元格区域。在本例中，公式"ROW()"表示返回当前行的行号值。

---

278 使用 GCD 函数计算最大公约数

适用版本	实用指数	
Excel 2007、2010、2013、2016	★★★☆☆	

使用说明

使用 GCD 函数可以计算两个或两个以

上正数的最大公约数。GCD 函数的语法为：=GCD(number1,number2,...)，参数 number1, number2,... 是介于 1~255 之间的值。如果参数的任意值不是整数，将被截尾取整。

解决方法

如果要使用 GCD 函数计算最大公约数，具体操作方法如下。

打开素材文件（位置：素材文件\第 10 章\计算最大公约数.xlsx），选中要存放结果的单元格 B6，输入函数"=GCD(B1:B5)"，按 Enter 键即可得出计算结果，如下图所示。

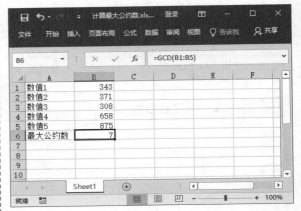

温馨提示

使用 GCD 函数时，需要注意：若任一参数为非数值型，则 GCD 函数将返回错误值 #VALUE!；若任一参数小于零，则 GCD 函数返回错误值 #NUM!；任何数都能被 1 整除；若 GCD 函数的参数 >=2^53，则 GCD 函数返回错误值 #NUM!。

---

279 使用 LCM 函数计算最小公倍数

适用版本	实用指数	
Excel 2007、2010、2013、2016	★★★☆☆	

使用说明

使用 LCM 函数可以返回整数的最小公倍数。LCM 函数的语法为：=LCM(number1, [number2],...)，参数 number1,number2,... 是介于

1~255 之间的值。如果参数的任意值不是整数，将被截尾取整。

解决方法

如果要使用 LCM 函数计算最小公倍数，具体操作方法如下。

打开素材文件（位置：素材文件 \ 第 10 章 \ 计算最小公倍数 .xlsx），选中要存放结果的单元格 B6，输入函数"=LCM(B1:B5)"，按 Enter 键即可得出计算结果，如下图所示。

温馨提示

使用 LCM 函数时，需要注意：如果任一参数为非数值型，则 LCM 函数返回错误值 #VALUE!；如果任一参数小于 0，则 LCM 函数返回错误值 #NUM!。如果 LCM(a,b)>=2^53，则 LCM 函数返回错误值 #NUM!。

280 使用 FACT 函数返回数字的阶乘

适用版本	实用指数
Excel 2007、2010、2013、2016	★★★★☆

使用说明

使用 FACT 函数，可以返回某个数字的阶乘。一个数字的阶乘等于小于及等于该数的正整数的积，例如，3 的阶乘为 3×2×1。FACT 函数的语法为：=FACT(number)，参数 number（必选）为要计算其阶乘的非负数。如果 number 不是整数，则截尾取整。

解决方法

如果使用 FACT 函数计算数字的阶乘，具体操作方法如下。

打开素材文件（位置：素材文件 \ 第 10 章 \ 计算阶乘 .xlsx），选中要存放结果的单元格 B2，输入函数"=FACT(A2)"，按 Enter 键即可得出计算结果，利用填充功能向下复制函数，即可计算出其他数字的阶乘，如下图所示。

281 使用 COMBIN 函数返回给定数目对象的组合数

适用版本	实用指数
Excel 2007、2010、2013、2016	★★★★☆

使用说明

使用 COMBIN 函数，可以计算从给定数目的对象集合中提取若干对象的组合数。COMBIN 函数的语法为：=COMBIN(number, number_chosen)，其中参数 number（必选）为项目的数量，参数 number_chosen（必选）为每一组合中项目的数量。

解决方法

例如，在"联谊比赛时间表 .xlsx"中，计算各项比赛预计完成时间，具体方法如下。

第1步 打开素材文件（位置：素材文件 \ 第 10 章 \ 联谊比赛时间表 .xlsx），选中要存放结果的单元格 B7，输入函数"=COMBIN(B3,B4)*B5/B6/60"，按 Enter 键即可得出计算结果，如下图所示。

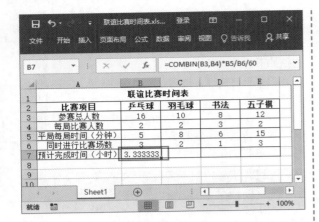

知识拓展

本例中涉及 INDEX 函数、SMALL 函数、COUNTIF 函数，关于这几个函数的使用方法将在第 11 章进行讲解。

温馨提示

本例中，先使用 COMBIN 函数计算出比赛项目队需要进行的总比赛场数，然后乘以单局时间，再除以同时进行的比赛场次，得出的结果为预计的总时间，单位为分钟，如果需要转换为小时，必须除以 60。

解决方法

例如，要随机抽取一位男员工和一位女员工以赠予奖品，具体操作方法如下。

第 1 步 打开素材文件（位置：素材文件\第 10 章\随机抽取员工姓名 .xlsx），选择 B12 单元格，输入函数 "=INDEX(A:A,SMALL(IF($B$2:$B$11="男",ROW($2:$11),4^8),RANDBETWEEN(1,COUNTIF($B$2:$B$11," 男 "))))"， 按 Ctrl+Shift+Enter 组合键，将随机抽取一名男员工，如下图所示。

第 2 步 利用填充功能向右复制函数，即可计算出其他比赛项目的预计完成时间，如下图所示。

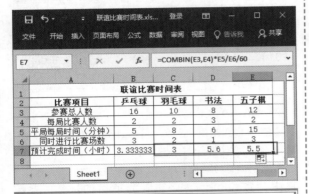

第 2 步 选中要存放结果的单元格 B13，输入函数 "=INDEX(A:A,SMALL(IF($B$2:$B$11=" 女 ",ROW($2:$11),4^8),RANDBETWEEN(1,COUNTIF($B$2:$B$11," 女 "))))"，按 Ctrl+Shift+Enter 组合键，将随机抽取一名女员工，如下图所示。

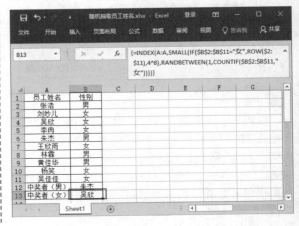

282 随机抽取员工姓名

适用版本	实用指数
Excel 2007、2010、2013、2016	★★★★☆

使用说明

许多公司年底会有一个抽奖活动，如果希望通过 Excel 随机抽取员工姓名，且男女各一名，可结合 RANDBETWEEN 函数、INDEX 函数、SMALL 函数、IF 函数、ROW 函数和 COUNTIF 函数实现。

知识拓展

使用随机函数计算数据时，为了防止表格中的数据自动重算，建议将计算方式设置为【手动】，方法为：切换到【公式】选项卡，在【计算】组中单击【计算选项】按钮，在弹出的下拉列表中单击【手动】选项即可。

10.2 舍入与取整函数的应用

使用舍入与取整类的数学函数，可以对数字进行舍入或取整操作，如四舍五入、计算除法的整数部分、向下舍入到最接近的整数等，下面分别进行讲解。

283 使用 ROUND 函数对数据进行四舍五入

适用版本	实用指数
Excel 2007、2010、2013、2016	★★★★☆

使用说明

ROUND 函数可按指定的位数对数值进行四舍五入。ROUND 函数的语法结构为：ROUND(number,num_digits),各参数含义介绍如下。

- number：要进行四舍五入的数值。
- num_digits：执行四舍五入时采用的位数。若该参数为负数，则圆整到小数点的左边；若该参数为正数，则圆整到最接近的整数。

解决方法

例如，希望对数据进行四舍五入，并只保留两位数，具体操作方法如下。

第1步 打开素材文件（位置：素材文件\第10章\四舍五入.xlsx），选中要存放结果的单元格 B2，输入函数"=ROUND(A2,2)"，按 Enter 键即可得到计算结果，如下图所示。

第2步 利用填充功能向下复制函数，即可对其他数据进行计算，如下图所示。

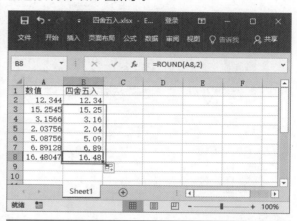

284 使用 QUOTIENT 函数计算除法的整数部分

适用版本	实用指数
Excel 2007、2010、2013、2016	★★★☆☆

使用说明

如果需要返回除法运算的结果（商）的整数部分，而舍去余数，可通过 QUOTIENT 函数实现。QUOTIENT 函数的语法为：=QUOTIENT(numerator, denominator)，其中参数 numerator 为被除数，参数 denominator 为除数。

解决方法

例如，要计算在预算内能够购买的商品数量，具体操作方法如下。

第1步 打开素材文件（位置：素材文件\第10章\

办公设备采购预算 .xlsx），选中要存放结果的单元格 D3，输入函数"=QUOTIENT(B3,C3)"，按 Enter 键即可得到计算结果，如下图所示。

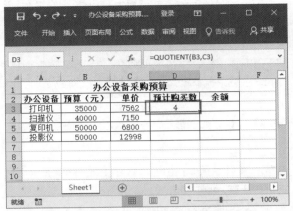

第2步 利用填充功能向下复制函数，即可对其他数据进行计算，如下图所示。

---

285 使用 MOD 函数计算除法的余数

适用版本	实用指数
Excel 2007、2010、2013、2016	★★★★☆

使用说明

如果需要返回两数相除的余数，可通过 MOD 函数实现。MOD 函数的语法为：=MOD(number,divisor)，其中，参数 number 为被除数，参数 divisor 为除数。

解决方法

例如，计算预算费用购买办公设备后所剩余额，具体操作方法如下。

第1步 打开素材文件（位置：素材文件\第10章\办公设备采购预算 1.xlsx），选中要存放结果的单元格 E3，输入函数"=MOD(B3,C3)"，按 Enter 键即可得到计算结果，如下图所示。

第2步 利用填充功能向下复制函数，即可对其他数据进行计算，如下图所示。

---

286 使用 INT 函数将数字向下舍入到最接近的整数

适用版本	实用指数
Excel 2007、2010、2013、2016	★★★★★

使用说明

使用 INT 函数可以将数字向下舍入到最接近的整数。INT 函数的语法为：INT(number)，其中，参数 number 是需要进行向下舍入取整的实数。

解决方法

例如，使用 INT 函数对产品的销售额进行取整，具体操作方法如下。

第1步 打开素材文件（位置：素材文件\第10章\厨房小家电销售情况 1.xlsx），选中要存放结果的单元格 D3，输入函数"=INT(C3)"，按 Enter 键即可得到计算结果，如下图所示。

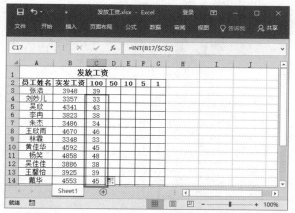

放工资 .xlsx），选中要存放结果的单元格 C3，输入函数 "=INT(B3/$C$2)"，按 Enter 键即可得到计算结果，如下图所示。

第2步 利用填充功能向下复制函数，即可对其他数据进行计算，如下图所示。

第2步 利用填充功能向下复制函数，即可对其他数据进行计算，如下图所示。

第3步 选 中 D3 单 元 格，输 入 函 数 "=INT(MOD(B3,$C$2)/$D$2)"，按 Enter 键 得出计算结果，然后利用填充功能向下复制函数即可，如下图所示。

287　根据工资数额统计各种面额需要的张数

适用版本	实用指数
Excel 2007、2010、2013、2016	★★★☆☆

● 使用说明

　　如果公司结算工资时，采用现金支付方式，则对于做财务工作的用户来说，就需要根据工资数额，提前准备好各种面额的钞票及零钱，这时就能结合 MOD 函数和 INT 函数实现。

● 解决方法

　　例如，要计算出各种面额的钞票需要的张数，具体方法如下。

第1步 打开素材文件（位置：素材文件\第 10 章\发

第4步 选中 E3 单元格，输入函数"=INT(MOD (B3,\$D\$2)/\$E\$2)"，按 Enter 键得出计算结果。然后利用填充功能向下复制函数即可，如下图所示。

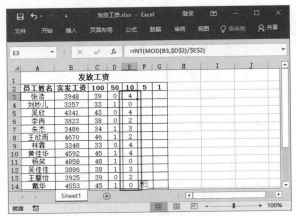

第5步 选中 F3 单元格，输入函数"=INT(MOD (B3,\$E\$2)/\$F\$2)"，按 Enter 键得出计算结果。然后利用填充功能向下复制函数即可，如下图所示。

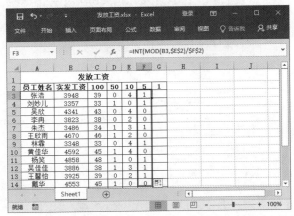

第6步 选中 G3 单元格，输入函数"=INT(MOD (B3,\$F\$2)/\$G\$2)"，按 Enter 键得出计算结果，然后利用填充功能向下复制函数即可，如下图所示。

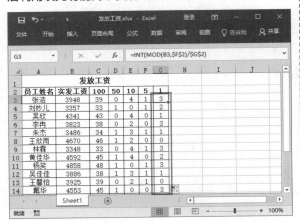

288 使用 MROUND 函数返回一个舍入到所需倍数的数字

适用版本	实用指数	
Excel 2007、2010、2013、2016	★★★★☆	

使用说明

使用 MROUND 函数可以返回一个舍入到所需倍数的数字。MROUND 函数的语法为：=MROUND (number,multiple)，各参数的含义介绍如下。

- number（必选）：要舍入的值。
- multiple（必选）：要将数值舍入到的倍数。

如果参数 number 除以基数的余数大于或等于基数的一半，则 MROUND 函数向远离零的方向舍入。

解决方法

如果要使用 MROUND 函数计算数据，具体操作方法如下。

第1步 打开素材文件（位置：素材文件\第10章\返回一个舍入到所需倍数的数字.xlsx），选中要存放结果的单元格 C2，输入函数"=MROUND(A2,B2)"，按 Enter 键得到计算结果，如下图所示。

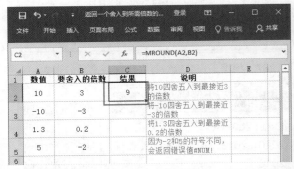

第2步 利用填充功能向下复制函数，即可对其他数据进行计算，如下图所示。

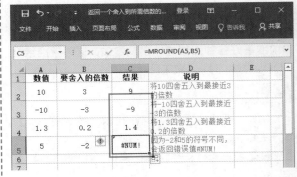

289 使用 TRUNC 函数返回数字的整数部分

适用版本	实用指数	
Excel 2007、2010、2013、2016	★★★☆☆	

使用说明

如果需要将数字的小数部分截去，返回整数，或者保留指定位数的小数，可通过 TRUNC 函数实现。TRUNC 函数的语法为：=TRUNC(number,[num_digits])，各参数的含义介绍如下。

- number（必选）：要截尾取整的数字。
- num_digits（可选）：用于指定截尾精度的数字。如果忽略，则为 0。

解决方法

例如，在"厨房小家电销售情况 2.xlsx"中，计算出产品销售额，要求不保留小数，具体操作方法如下。

第1步 打开素材文件（位置：素材文件\第 10 章\厨房小家电销售情况 2.xlsx），选中要存放结果的单元格 F3，输入函数"=TRUNC(D3*E3)"，按 Enter 键即可得到计算结果，如下图所示。

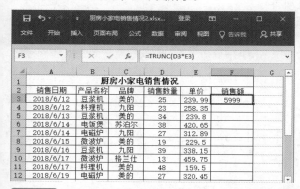

第2步 利用填充功能向下复制函数，即可对其他数据进行计算，如下图所示。

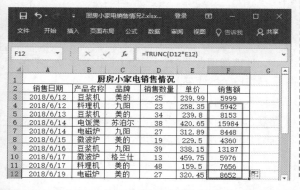

290 使用 ODD 函数将数字向上舍入为最接近的奇数

适用版本	实用指数	
Excel 2007、2010、2013、2016	★★★☆☆	

使用说明

使用 ODD 函数，可以将数字向上舍入为最接近的奇数。ODD 函数的语法为：=ODD(number)，其中参数 number 为要舍入的值。例如，数字 3.2，通过 ODD 函数计算后将返回奇数 5。

解决方法

如果要使用 ODD 函数将数字向上舍入为最接近的奇数，具体操作方法如下。

第1步 打开素材文件（位置：素材文件\第 10 章\将数字向上舍入为最接近的奇数 .xlsx），选中要存放结果的单元格 B2，输入函数"=ODD(A2)"，按 Enter 键即可得到计算结果，如下图所示。

第2步 利用填充功能向下复制函数，即可对其他数据进行计算，如下图所示。

291 使用 EVEN 函数将数字向上舍入为最接近的偶数

适用版本	实用指数	
Excel 2007、2010、2013、2016	★★★☆☆	

使用说明

如果需要返回某个数字沿绝对值增大方向取整后最接近的偶数，可以通过 EVEN 函数实现。EVEN 函数的语法为：=EVEN(number)，参数 number 为要舍入的值。例如，数字 3.2，通过 EVEN 函数计算后将返回偶数 4。

解决方法

例如，在"计算房间人数 .xlsx"中，参加人数和房间人数不一致，为了合理分配房间，需要把参数加人数向上舍入为最接近偶数的房间人数，以此来决定房间分配，具体操作方法如下。

第1步 打开素材文件（位置：素材文件\第 10 章\计算房间人数 .xlsx），选中要存放结果的单元格 E2，输入函数"=EVEN(D2)"，按 Enter 键即可得到计算结果，如下图所示。

第2步 利用填充功能向下复制函数，即可对其他数据进行计算，如下图所示。

292 使用 CEILING 函数按条件向上舍入

适用版本	实用指数	
Excel 2007、2010、2013、2016	★★★☆☆	

使用说明

如果需要将将数值向上舍入（沿绝对值增大的方向）为最接近数值的倍数，可以通过 CEILING 函数实现。CEILING 函数的语法为：=CEILING(number,significance)，其中，参数 number 为要舍入的值，参数 significance 为要舍入到的倍数。

解决方法

例如，在"通话明细 .xlsx"中计算通话费用，具体操作方法如下。

第1步 打开素材文件（位置：素材文件\第 10 章\通话明细 .xlsx），选中要存放结果的单元格 E3，输入函数"=CEILING(CEILING(C3/7,1)*D3,0.1)"，按 Enter 键即可得到计算结果，如下图所示。

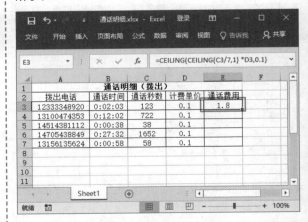

温馨提示

计算通话费用时，一般以 7 秒为单位，不足 7 秒也按 7 秒计算。

第2步 利用填充功能向下复制函数，即可计算出其他通话的通话费用，如下图所示。

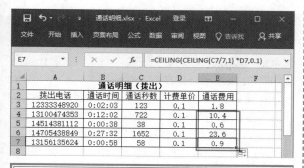

293 使用 ROUNDUP 函数向绝对值增大的方向舍入数字

适用版本	实用指数
Excel 2007、2010、2013、2016	★★★★☆

> 使用说明

如果希望将数字朝着远离 0（零）的方向将数字进行向上舍入，可通过 ROUNDUP 函数实现。ROUNDUP 函数的语法为：=ROUNDUP(number, num_digits)，各参数的含义介绍如下。

- number（必选）：需要向上舍入的任意实数。
- num_digits（必选）：要将数字舍入到的位数。如果 num_digits 大于 0（零），则将数字向上舍入到指定的小数位数；如果 num_digits 为 0，则将数字向上舍入到最接近的整数；如果 num_digits 小于 0，则将数字向上舍入到小数点左边的相应位数。

> 解决方法

如果要使用 ROUNDUP 函数向绝对值增大的方向舍入数字，具体操作方法如下。

第1步 打开素材文件（位置：素材文件\第10章\向绝对值增大的方向舍入数字.xlsx），选中要存放结果的单元格 C2，输入函数"=ROUNDUP(A2,B2)"，按 Enter 键即可得到计算结果，如下图所示。

第2步 利用填充功能向下复制函数，即可对其他数据进行计算，如下图所示。

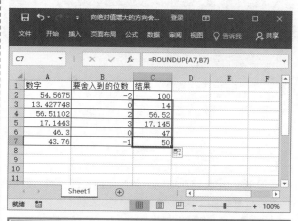

294 使用 ROUNDDOWN 函数向绝对值减小的方向舍入数字

适用版本	实用指数
Excel 2007、2010、2013、2016	★★★★☆

> 使用说明

如果希望将数字朝着 0（零）的方向将数字进行向下舍入，可通过 ROUNDDOWN 函数实现。ROUNDDOWN 函数的语法为：=ROUNDDOWN(number,num_digits)，各参数的含义介绍如下。

- number（必选）：需要向下舍入的任意实数。
- num_digits（必选）：要将数字舍入到的位数。如果 num_digits 大于 0（零），则将数字向下舍入到指定的小数位数；如果 num_digits 为 0，则将数字向下舍入到最接近的整数；如果 num_digits 小于 0，则将数字向下舍入到小数点左边的相应位数。

> 解决方法

如果要使用 ROUNDDOWN 函数向绝对值减小的方向舍入数字，具体操作方法如下。

第1步 打开素材文件（位置：素材文件\第10章\向绝对值减小的方向舍入数字.xlsx），选中要存放结果的单元格 C2，输入函数"=ROUNDDOWN(A2,B2)"，按 Enter 键即可得到计算结果，如下图所示。

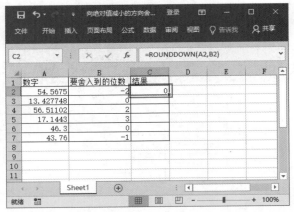

第2步 利用填充功能向下复制函数，即可对其他数据进行计算，如下图所示。

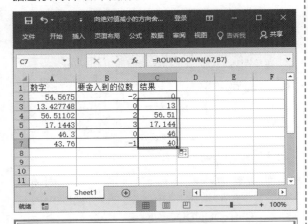

295　使用 FLOOR 函数向下舍入数字

适用版本	实用指数
Excel 2007、2010、2013、2016	★★★☆☆

使用说明

　　如果希望将数字向下舍入（沿绝对值减小的方向）为最接近的指定基数的倍数，可通过FLOOR 函数实现。FLOOR 函数的语法为：=FLOOR(number,significance)，各参数的含义介绍如下。

- number（必需）：要舍入的数值。
- significance（必需），要舍入到最接近的指定基数的倍数。

解决方法

　　例如，假设公司规定，每超过 3500 元提成 260 元，剩余金额若小于 3500 时则忽略不计，现在要计算员工的销售提成，具体操作方法如下。

第1步 打开素材文件（位置：素材文件 \ 第 10 章 \ 员工销售提成结算 .xlsx），选中要存放结果的单元格E3，输入函数"=FLOOR(D3,3500)/3500*260"，按 Enter 键即可得到计算结果，如下图所示。

温馨提示

　　如果 number 为正数，则数值向下舍入，并朝零调整；如果 number 为负数，则数值沿绝对值减小的方向向下舍入；如果 number 正好是significance 的倍数，则不进行舍入。

第2步 利用填充功能向下复制函数，即可对其他数据进行计算，如下图所示。

296 使用 FLOOR.MATH 函数将数据向下取舍求值

适用版本	实用指数
Excel 2013、2016	★★★★☆

使用说明

如果希望将数字向下舍入为最接近的整数或最接近的指定基数的倍数，可通过 FLOOR.MATH 函数实现。FLOOR.MATH 函数的语法为：FLOOR.MATH(number,[significance],[mode])，各参数的含义介绍如下。

- number（必选）：要向下舍入的数字。
- significance（可选）：要舍入到最接近的指定基数的倍数。如果省略该参数，则其默认值为 1。
- mode（可选）：舍入负数的方向（接近或远离 0）。

解决方法

如果要使用 FLOOR.MATH 函数计算数据，具体操作方法如下。

第1步 打开素材文件（位置：素材文件\第10 章\FLOOR.MATH 函数 .xlsx），选中要存放结果的单元格 D2，输入函数"=FLOOR.MATH(A2,B2,C2)"，按 Enter 键即可得到计算结果，如下图所示。

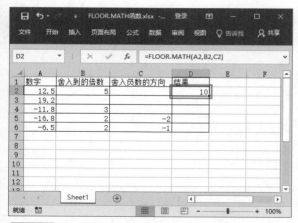

第2步 利用填充功能向下复制函数，即可对其他数据进行计算，如下图所示。

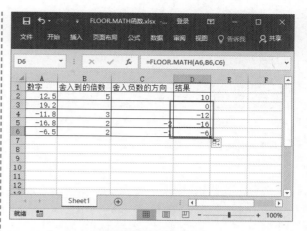

温馨提示

Excel 2007 中没有 FLOOR.MATH 函数，2010 中的 FLOOR.PRECISE 函数与 FLOOR.MATH 函数的功能相同，FLOOR.PRECISE 函数的语法为：=FLOOR.PRECISE(number,[significance])，其中，参数 number（必选）表示要进行舍入计算的值；参数 significance（可选）表示要将数字舍入到最接近的指定基数的倍数，如果省略该参数，则其默认值为 1。

297 使用 CEILING.MATH 函数将数据向上舍取求值

适用版本	实用指数
Excel 2013、2016	★★★☆☆

使用说明

如果希望将数字向上舍入为最接近的整数或最接近的指定基数的倍数，可通过 CEILING.MATH 函数实现。CEILING.MATH 函数的语法为：=CEILING.MATH(number, significance, mode)，其参数含义与 FLOOR.MATH 函数的参数含义相同。

解决方法

如果要使用 CEILING.MATH 函数计算数据，具体操作方法如下。

第1步 打开素材文件（位置：素材文件\第10 章\CEILING.MATH 函数 .xlsx），选中要存放结果的单元格 D2，输入函数"=CEILING.MATH(A2,B2,C2)"，按 Enter 键即可得到计算结果，如下图所示。

第2步 利用填充功能向下复制函数，即可对其他数据进行计算，如下图所示。

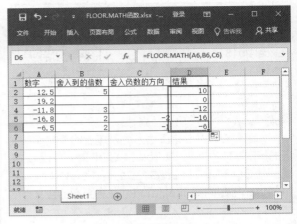

温馨提示

Excel 2007 中没有 CEILING.MATH 函数，2010 中的 CEILING.PRECISE 函数与 CEILING.MATH 函数的功能相同，CEILING.MATH 函数的语法为：=CEILING.PRECISE(number, [significance])，其参数含义与 FLOOR.PRECISE 函数的参数含义相同。

第 11 章
统计与查找函数的应用技巧

在信息化时代的今天，人们越来越习惯将数据信息存放于数据库中，若能灵活运用 Excel 中的统计函数，则可以非常方便地对存储在数据库中的数据进行分类统计和查找。本章将介绍关于统计函数和查找函数的相关技巧，让用户在管理数据时更加方便。

下面，先来看看以下统计与查找函数中的常见问题，你是否会处理或已掌握。

【√】已知员工的考核成绩，想要知道平均成绩，应该使用哪个函数？

【√】在登记表中，想要统计一共有多少个登记名称，使用哪个函数比较方便？

【√】在员工档案中，想要找到符合多个条件的数据，应该使用哪个函数？

【√】在投票统计结果中，想要找到出现次数最多的值，可以使用哪个函数？

【√】在对新员工进行考核时，怎样从考核成绩表中挑选出录用和淘汰的人选？

【√】月底发放工资时，怎样使用函数制作工资条？

希望通过本章内容的学习，能帮助你解决以上问题，并学会 Excel 统计与查找函数的应用技巧。

11.1 统计函数应用技巧

在工作中，经常需要统计数字、字母、姓名个数等数据，此时，可以使用统计函数来完成。本节将介绍使用统计函数的技巧。

---

298 使用 AVERAGE 函数计算平均值

适用版本	实用指数
Excel 2007、2010、2013、2016	★★★★★

使用说明

AVERAGE 函数用于计算列表中所有非空白的单元格（即仅仅有数值的单元格）的平均值。AVERAGE 函数的语法为：=AVERAGE(value1,value2,...)，其中，value1，value2,... 为需要计算平均值的 1~30 个数值、单元格或单元格区域。

解决方法

例如，使用 AVERAGE 函数计算有效总成绩的人均分，具体操作方法如下。

打开素材文件（位置：素材文件\第 11 章\新进员工考核表 .xlsx），选中要存放结果的单元格 F15，输入函数"=AVERAGE(F4:F14)"，按 Enter 键即可得到计算结果，如下图所示。

---

299 使用 AVERAGEIF 函数计算指定条件的平均值

适用版本	实用指数
Excel 2007、2010、2013、2016	★★★★★

使用说明

如果需要计算满足给定条件的单元格的平均值，可通过 AVERAGEIF 函数实现。AVERAGEIF 函数的语法为：=AVERAGEIF (range,criteria, [average_range])，各参数的含义介绍如下。

- range（必选）：要计算平均值的一个或多个单元格，其中包括数字或包含数字的名称、数组或引用。
- criteria（必选）：数字、表达式、单元格引用或文本形式的条件，用于定义要对哪些单元格计算平均值。例如，条件可以表示为 25、"25"">25""空调"或 B1。
- average_range（可选）：要计算平均值的实际单元格集。如果省略，则使用 range。

解决方法

例如，在"员工销售情况 .xlsx"中计算销售总额大于 30000 的平均销量，具体操作方法如下。

打开素材文件（位置：素材文件\第 11 章\员工销售情况 .xlsx），选中要存放结果的单元格 C13，输入函数"=AVERAGEIF(D3:D12, ">30000")"，按 Enter 键即可得到计算结果，如下图所示。

到计算结果，如下图所示。

温馨提示

如果条件中的单元格为空单元格，AVERAGEIF 就会将其视为 0 值；如果区域中没有满足条件的单元格，则 AVERAGEIF 会返回 #DIV/0! 错误值。

300　使用 AVERAGEIFS 函数计算多条件平均值

适用版本	实用指数
Excel 2007、2010、2013、2016	★★★★☆

使用说明

如果需要计算满足多重条件的单元格的平均值，可通过 AVERAGEIFS 函数实现。

AVERAGEIFS 函数的语法为：=AVERAGEIFS(average_range,criteria_range1,criteria1,[criteria_range2,criteria2],...)，各参数的含义介绍如下。

- average_range（必选）：要计算平均值的一个或多个单元格，其中包括数字或包含数字的名称、数组或引用。
- criteria_range1、criteria_range2...：criteria_range1 是必选的，随后的 criteria_range 是可选的。在其中计算关联条件的 1 ~ 127 个区域。
- criteria1、criteria2...：criteria1 是必选的，随后的 criteria 是可选的。数字、表达式、单元格引用或文本形式的 1~127 个条件，用于定义将对哪些单元格求平均值。

解决方法

例如，在一些比赛中进行评分时，通常需要去掉一个最高分和一个最低分，然后再求平均值，此时便可通过 AVERAGEIFS 函数实现，具体方法如下。

第1步 打开素材文件（位置：素材文件\第11章\比赛评分 .xlsx），选中要存放结果的单元格 I4，输入函数 "=AVERAGEIFS(B4:H4,B4:H4,">"&MIN(B4:H4),B4:H4,"<"&MAX(B4:H4))"，按 Enter 键即可得

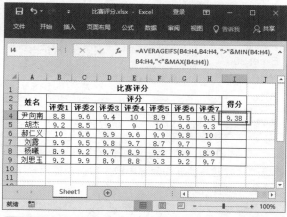

第2步 利用填充功能向下复制函数，即可计算出其他人员的得分，如下图所示。

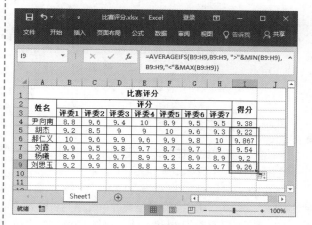

温馨提示

使用 AVERAGEIFS 函数进行计算时，若 average_range 为空值或文本值，则返回 #DIV0! 错误值；若 average_range 中的单元格无法转换为数字，则会返回错误值 #DIV0!；若没有满足所有条件的单元格，则返回 #DIV/0! 错误值；若条件区域中的单元格为空，则 AVERAGEIFS 将其视为 0 值；仅当 average_range 中的每个单元格满足为其指定的所有相应条件时，才对这些单元格进行平均值计算；区域中包含 TRUE 的单元格计算为 1，包含 FALSE 的单元格计算为 0（零）。

301 使用 TRIMMEAN 函数返回一组数据的修剪平均值

适用版本	实用指数
Excel 2007、2010、2013、2016	★★★☆☆

使用说明

TRIMMEAN 函数用于返回数据集的内部平均值，计算排除数据集顶部和底部尾数中数据点的百分比后取得的平均值。

TRIMMEAN 函数的语法为：=TRIMMEAN(array,percent)，各参数的含义介绍如下。

- array（必选）：需要进行整理并求平均值的数组或数值区域。
- percent（必选）：用于指定数据点集中所要消除的极值比例。例如，在 20 个数据点的集合中，如果 percent=0.2，就要除去 4 个数据点（20×0.2），即顶部除去 2 个，底部除去 2 个。

解决方法

例如，在"比赛评分 .xlsx"中使用 TRIMMEAN 函数计算得分，具体操作方法如下。

第1步 打开素材文件（位置：素材文件\第 11 章\比赛评分 .xlsx），选中要存放结果的单元格 I4，输入函数"=TRIMMEAN(B4:H4,0.3)"，按 Enter 键即可得到计算结果，如下图所示。

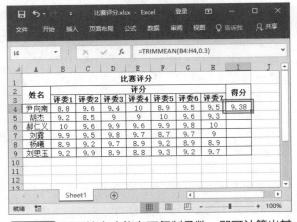

第2步 利用填充功能向下复制函数，即可计算出其他人员的得分，如下图所示。

技能拓展

在本例中输入函数时，还可以输入为：=TRIMMEAN(B4:H4,2/7)，表示在 7 个数据中去除两个极值再求平均值。

在"比赛评分 .xlsx"中计算得分时，与 AVERAGEIFS 函数相比较，TRIMMEAN 函数的计算结果更为精确。

302 使用 COUNTA 函数统计非空单元格

适用版本	实用指数
Excel 2007、2010、2013、2016	★★★★★

使用说明

COUNTA 函数可以对单元格区域中非空单元格的单元格个数进行统计。COUNTA 函数的语法为：=COUNTA(value1,value2,...)，其中，value1，value2... 表示参加计数的 1~255 个参数，代表要进行计数的值和单元格，值可以是任意类型的信息。

解决方法

例如，要统计今日访客数量，具体操作方法如下。

打开素材文件（位置：素材文件\第 11 章\访客登记表 .xlsx），选中要存放结果的单元格 B16，输入函数"=COUNTA(B4:B15)"，按 Enter 键即可得到计算结果，如下图所示。

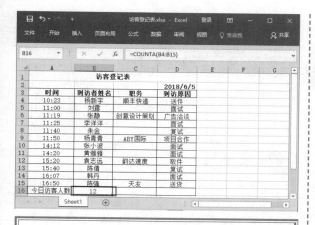

303 使用 COUNTIF 函数进行条件统计

适用版本	实用指数
Excel 2007、2010、2013、2016	★★★★★

使用说明

COUNTIF 函数用于统计某区域中满足给定条件的单元格数目。COUNTIF 函数的语法为：=COUNTIF(range,criteria)。range 表示要统计单元格数目的区域；criteria 表示给定的条件，其形式可以是数字、文本等。

解决方法

例如，使用 COUNTBLANK 函数统计无总分成绩的人数，具体操作方法如下。

第1步 打开素材文件（位置：素材文件\第 11 章\员工信息登记表 .xlsx），选中要存放结果的单元格 D19，输入函数"=COUNTIF(H3:H17,">=3")"，按 Enter 键即可得到计算结果，如下图所示。

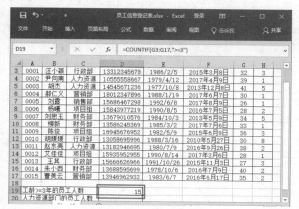

第2步 选中要存放结果的单元格 D20，输入函数

"=COUNTIF(C3:C17," 人力资源 ")"，按 Enter 键即可得到计算结果，如下图所示。

304 使用 COUNTBLANK 函数统计空白单元格

适用版本	实用指数
Excel 2007、2010、2013、2016	★★★★☆

使用说明

COUNTBLANK 函数用于统计某个区域中空白单元格的单元格个数。COUNTBLANK 函数的语法为：=COUNTBLANK(range)，其中 range 为需要计算空单元格数目的区域。

解决方法

例如，使用 AVERAGE 函数计算有效总成绩的人均分，具体操作方法如下。

打开素材文件（位置：素材文件\第 11 章\新进员工考核表 1.xlsx），选中要存放结果的单元格 C16，输入函数"=COUNTBLANK(F4:F14)"，按 Enter 键即可得到计算结果，如下图所示。

305 使用 COUNTIFS 函数进行多条件统计

适用版本	实用指数
Excel 2007、2010、2013、2016	★★★★☆

使用说明

如果要将条件应用于跨多个区域的单元格，并计算符合所有条件的单元格数目，可通过 COUNTIFS 函数实现。COUNTIFS 函数的语法为：=COUNTIFS(criteria_range1, criteria1,[criteria_range2,criteria2]....)，各参数含义介绍如下。

- criteria_range1（必选）：在其中计算关联条件的第一个区域。
- criteria1（必选）：表示要进行判断的第 1 个条件，条件的形式为数字、表达式、单元格引用或文本，可用来定义将对哪些单元格进行计数。
- criteria_range2, criteria2,...（可选）：附加的区域及其关联条件，最多允许 127 个区域 / 条件对。

解决方法

例如，使用 COUNTIFS 函数计算部门在人力资源部，且工龄在 3 年（含 3 年）以上的员工人数，具体操作方法如下。

打开素材文件（位置：素材文件\第 11 章\员工信息登记表 1.xlsx），选中要存放结果的单元格 D19，输入函数 "=COUNTIFS(C3:C17," 人力资源 ", H3:H17,">=3")"，按 Enter 键即可得到计算结果，如下图所示。

306 使用 FREQUENCY 函数分段统计员工培训成绩

适用版本	实用指数
Excel 2007、2010、2013、2016	★★★★☆

使用说明

如果需要计算数值在某个区域内的出现频率，然后返回一个垂直数组，可通过 FREQUENCY 函数实现。FREQUENCY 函数的语法为：=FREQUENCY(data_array, bins_array)，各参数的含义介绍如下。

- data_array（必选）：表示计算频率的一个值数组或对一组数值的引用。如果 data_array 中不包含任何数值，则 FREQUENCY 函数返回一个零数组。
- bins_array（必选）：对 data_array 中的数值进行分组的一个区间数组或对区间的引用。如果 bins_array 中不包含任何数值，则 FREQUENCY 函数返回 data_array 中的元素个数。

解决方法

例如，要统计各段成绩的人数，具体方法如下。

打开素材文件（位置：素材文件\第 11 章\新进员工考核表 2.xlsx），选中单元格区域 D3:D7，输入函数 "=FREQUENCY(B3:B14,C3:C6)"，按 Ctrl+Shift+Enter 组合键，即可计算出各段成绩的人数，如下图所示。

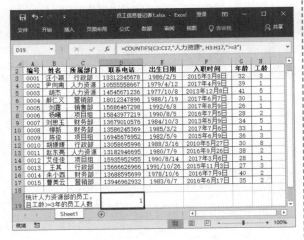

307　使用 MODE.SNGL 函数返回在数据集内出现次数最多的值

适用版本	实用指数
2016	★★★☆☆

使用说明

MODE.SNGL 函数用于返回在某一数组或数据区域中出现频率最多的数值，即众数。MODE.SNGL 函数的语法为：=MODE.SNGL (number1,number2,...)，number1,number2,... 是用于众数计算的 1~255 个参数。

解决方法

例如，要使用 MODE.SNGL 函数计算得票最多的候选人，具体操作方法如下。

打开素材文件（位置：素材文件 \ 第 11 章 \ 投票情况 .xlsx），选中要存放结果的单元格 C17，输入函数 "=MODE.SNGL(B2:B16)"，按 Enter 键即可得到计算结果，如下图所示。

308　使用 MODE.MULT 函数返回阵列中出现频率最多的垂直数组

适用版本	实用指数
Excel 2007、2010、2013、2016	★★★☆☆

使用说明

MODE.MULT 函数用于返回一组数据或数据区域中出现频率最高或重复出现的数值的垂直数组，即返回出现同样次数的众数数组，输入时以数组公式的

形式输入。

MODE.MULT 函数的语法为：=MODE.MULT (number1,number2,...)，number1,number2,... 是用于众数计算的 1~255 个参数。

温馨提示

对于水平数组，请使用 =TRANSPOSE (MODE.MULT(number1,number2,...))。

解决方法

例如，使用 MODE.MULT 函数计算出现最多的众数数组，具体操作方法如下。

打开素材文件（位置：素材文件 \ 第 11 章 \ 返回阵列中频率最多的垂直数组 .xlsx），选中单元格区域 B2:B6，输入函数 "=MODE.MULT(A2:A14)"，按 Ctrl+Shift+Enter 组合键，即可得出计算结果，如下图所示。

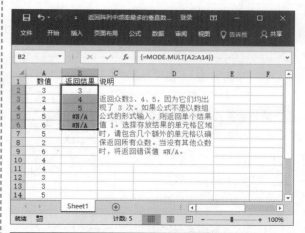

309　使用 LARGE 函数返回第 k 个最大值

适用版本	实用指数
Excel 2007、2010、2013、2016	★★★☆☆

使用说明

使用 LARGE 函数可以返回数据集中第 k 个最大值。LARGE 函数的语法为：=LARGE(array,k)，各参数的含义介绍如下。

- array（必选）：需要确定第 k 个最大值的数组或数据区域。

- k（必选）：返回值在数组或数据单元格区域中的位置（从大到小）。

■ 解决方法

例如，要使用 LARGE 函数返回排名第 3 的得分，具体操作方法如下。

打开素材文件（位置：素材文件\第 11 章\新进员工考核表 3.xlsx），选中要存放结果的单元格 B15，输入函数"=LARGE(B3:B14,3)"，按 Enter 键即可得到计算结果，如下图所示。

┌───┐
│ 310 使用 SMALL 函数返回第 k 个最小值   │
└───┘

适用版本	实用指数
Excel 2007、2010、2013、2016	★★★☆☆

■ 使用说明

SMALL 函数与 LARGE 函数的作用刚好相反，用于返回第 k 个最小值。SMALL 函数的语法为：=SMALL(array,k)，各参数的含义介绍如下。

- array（必选）：需要找到第 k 个最小值的数组或数字型数据区域。
- k（必选）：要返回的数据在数组或数据区域里的位置（从小到大）。

■ 解决方法

例如，要使用 SMALL 函数返回排名倒数第 5 的得分，具体操作方法如下。

打开素材文件（位置：素材文件\第 11 章\新进员工考核表 4.xlsx），选中要存放结果的单元格 B16，输入函数"=SMALL(B3:B14,3)"，按 Enter 键即可得到计算结果，如下图所示。

┌──┐
│ **11.2** 查找函数的应用   │
└──┘

在数据量非常大的工作表中，使用查找函数，可以非常方便地找到各种需要的数据信息，接下来就讲解一些查找函数的使用方法和相关应用。

┌───┐
│ 311 使用 CHOOSE 函数基于索引号返回参数列 │
│   表中的数值   │
└───┘

适用版本	实用指数
Excel 2007、2010、2013、2016	★★★★★

■ 使用说明

如果需要根据给定的索引值，从参数串中选出相应值或操作，可通过 CHOOSE 函数实现。CHOOSE 函数的语法为：=CHOOSE（index_num,value1,[value2],...），各参数的含义介绍如下。

- index_num（必选）：用于指定所选定的值参数，index_num 必须是介于 1~254 之间的数字，或是包含 1~254 之间的数字的公式或单元格引用。如果 index_num 为 1，则 CHOOSE 函数返回 value1；如果为 2，则 CHOOSE 函数返回 value2，以此类推。

- value1,value2,…：value1 是必选的，后续值是可选的，表示 1~254 个数值参数，CHOOSE 函数将根据 index_num 从中选择一个数值或一项要执行的操作。参数可以是数字、单元格引用、定义的名称、公式、函数或文本。

解决方法

例如，新进员工试用期结束，现在根据考核成绩判断是否录用，判断依据为：总成绩大于等于 80 分的录用，反之则淘汰。具体方法如下。

第 1 步 打开素材文件（位置：素材文件 \ 第 11 章 \ 新进员工考核表 5.xlsx），选中要存放结果的单元格 G4，输入函数"=CHOOSE(IF(F4>=80,1,2),"录用","淘汰")"，按 Enter 键即可得到计算结果，如下图所示。

第 2 步 利用填充功能向下复制函数，即可计算出其他人员的得分，如下图所示。

312　使用 LOOKUP 函数以向量形式仅在单行单列中查找

适用版本	实用指数	
Excel 2007、2010、2013、2016	★★★☆☆	

使用说明

使用 LOOKUP 函数，可以在单行区域或单列区域（称为向量）中查找值，然后返回第二个单行区域或单列区域中相同位置的值。LOOKUP 函数的语法为：=LOOKUP(lookup_value,lookup_vector,[result_vector])，各参数的含义介绍如下。

- lookup_value（必选）：函数在第一个向量中搜索的值。lookup_value 可以是数字、文本、逻辑值、名称或对值的引用。
- lookup_vector（必选）：指定检查范围，只包含一行或一列的区域。lookup_vector 中的值可以是文本、数字或逻辑值。
- result_vector（可选）：指定函数返回值的单元格区域，只包含一行或一列的区域。result_vector 参数必须与 lookup_vector 大小相同。

解决方法

例如，要在"员工信息登记表 2.xlsx"中根据姓名查找身份证号码，具体操作方法如下。

打开素材文件（位置：素材文件 \ 第 11 章 \ 员工信息登记表 2.xlsx），选中要存放结果的单元格 B20，输入函数"=LOOKUP(A20,B3:B17,E3:E17)"，按 Enter 键即可得到计算结果，如下图所示。

B20，输入函数"=VLOOKUP(A20,B3:E17,4)"，按 Enter 键即可得到计算结果，如下图所示。

温馨提示

使用 LOOKUP 函数时，lookup_vector 中的值必须以升序排列；否则，可能无法返回正确的值。例如在本操作中，就需要以"身份证号码"为关键字进行升序排列。

---

313 使用 VLOOKUP 函数在区域或数组的列中查找数据

适用版本	实用指数
Excel 2007、2010、2013、2016	★★★★★

使用说明

VLOOKUP 函数用于搜索某个单元格区域的第一列，然后返回该区域相同行上任何单元格中的值。VLOOKUP 函数的语法为：=VLOOKUP(lookup_value,table_array,col_index_num,[range_lookup])，各参数的含义介绍如下。

- lookup_value（必选）：要查找的值，要查找的值必须位于 table-array 中指定的单元格区域的第一列中。
- table_array（必选）：指定查找范围，VLOOKUP 函数在 table_array 中搜索 lookup_value 和返回值的单元格区域。
- col_index_num（必选）：为 table_array 参数中待返回的匹配值的列号。该参数为 1 时，返回 table_array 参数中第一列中的值；该参数为 2 时，返回 table_array 参数中第二列中的值，以此类推。
- range_lookup（可选）：一个逻辑值，指定希望 VLOOKUP 函数查找精确匹配值还是近似匹配值，如果参数 range_lookup 为 TRUE 或被省略，则精确匹配；如果为 FALSE，则大致匹配。

解决方法

例如，要在"员工信息登记表 2.xlsx"中根据姓名查找身份证号码，具体操作方法如下。

打开素材文件（位置：素材文件\第 11 章\员工信息登记表 2.xlsx），选中要存放结果的单元格

知识拓展

使用 VLOOKUP 函数时，col_index_num 中的值必须以升序排列；否则，VLOOKUP 函数可能无法返回正确的值。例如在本操作中，就需要以"身份证号码"为关键字进行升序排列。若没有对表格数据进行排序，在本操作中输入函数"=VLOOKUP(A20,B3:E17,4,0)"，也能返回正确值。

---

314 使用 VLOOKUP 函数制作工资条

适用版本	实用指数
Excel 2007、2010、2013、2016	★★★☆☆

使用说明

使用 VLOOKUP 函数时，还能制作工资条。

解决方法

例如，在"员工工资表 .xlsx"中制作工资条，具体操作方法如下。

第 1 步 打开素材文件（位置：素材文件\第 11 章\员工工资表 .xlsx），新建一个名为"工资条"的工作表，将 Sheet1 工作表中的表头复制到"工资条"工作表中，并将标题修改为"工资条"，添加相应的边框线，在 A3 单元格输入第一个工号，如下图所示。

第2步 ❶切换到 Sheet1 工作表，选择工资表中的数据区域；❷单击【公式】选项卡【定义的名称】组中的【定义名称】按钮，如下图所示。

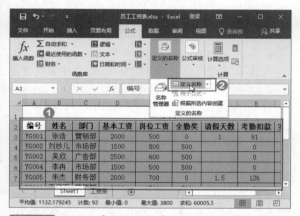

第3步 ❶弹出【新建名称】对话框，在【名称】文本框中输入名称【工资表】；❷单击【确定】按钮，如下图所示。

第4步 切换到"工资条"工作表，选择 B3 单元格，输入函数"=VLOOKUP(A3,工资表,2,0)"，按Enter 键即可在 B3 单元格中显示 Sheet1 工作表中与 A3 单元格相匹配的第 2 列内容，即员工名字，如下图所示。

第5步 在 C3 单元格中输入函数"=VLOOKUP(A3,工资表,3,0)"，按 Enter 键，显示 Sheet1 工作表中第 3 列的内容，如下图所示。

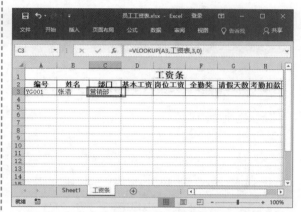

第6步 参照上述操作方法，在其他单元格中输入相应的函数，得到相匹配的值，本例中因为Sheet1 工作表中将数字的小数位数设置为了 0，因此【工资条】工作表中也要进行设置，如下图所示。

第7步 选择单元格区域 A1:I3，利用填充功能向下拖动，如下图所示。

第8步 拖动到合适位置后释放鼠标，即可完成工资条的制作，如下图所示。

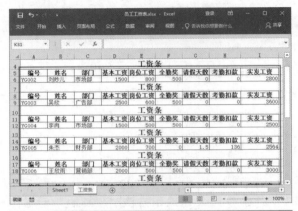

---

315 使用 HLOOKUP 函数在区域或数组的行中查找数据

适用版本	实用指数
Excel 2007、2010、2013、2016	★★★★☆

使用说明

如果要在表格的首行或数值数组中搜索值，然后返回表格或数组中指定行的所在列中的值，可通过 HLOOKUP 函数实现。HLOOKUP 函数的语法为：=HLOOKUP(lookup_value,table_array,row_index_num,[range_lookup])，各参数的含义介绍如下。

- lookup_value（必选）：要在表格的第一行中查找的值，该参数可以为数值、引用或文本字符串。

- table_array（必选）：在其中查找数据的信息表，使用对区域或区域名称的引用，该参数第一行的数值可以是文本、数字或逻辑值。如果 range_lookup 为 TRUE，则 table_array 中第一行的数值必须按升序排列，否则，HLOOKUP 函数可能无法返回正确的数值；如果 range_lookup 为 FALSE，则 table_array 不必进行排序。

- row_index_num（必选）：table_array 中将返回的匹配值的行序号。该参数为 1 时，返回 table_array 参数中第一行的某数值；该参数为 2 时，返回 table_array 参数中第二行的数值，以此类推。

- range_lookup（可选）：逻辑值，指明函数查找时是精确匹配，还是近似匹配。如果为 TRUE 或省略，则返回近似匹配值；如果为 FALSE，查找时精确匹配。

解决方法

例如，在"新进员工考核表 6.xlsx"中查找黄雅雅的业务考核成绩，具体操作方法如下。

打开素材文件（位置：素材文件 \ 第 11 章 \ 新进员工考核表 6.xlsx），选中要存放结果的单元格 B17，输入函数"=HLOOKUP（"业务考核"，A3:G14,8）"，按 Enter 键即可得到计算结果，如下图所示。

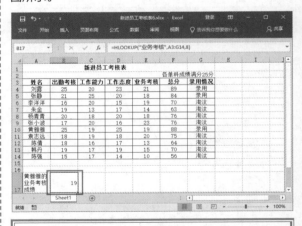

---

316 使用 INDEX 函数在引用或数组中查找

适用版本	实用指数
Excel 2007、2010、2013、2016	★★★☆☆

使用说明

如果要在给定的单元格区域中，返回指定的行与列交叉处的单元格的值或引用，可通过 INDEX 函数实现。INDEX 函数的语法为：=INDEX(array,row_num,[column_num])，各参数的含义介绍如下。

- array（必选）：单元格区域或数组常量。如果数组只包含一行或一列，则相对应的参数 row_num 或 column_num 为可选参数；如果数组有多行和多列，但只使用 row_num 或 column_num，则 INDEX 函数返回数组中的整行或整列，且返回值也为数组。
- row_num（必选）：选择数组中的某行，函数从该行返回数值。如果省略 row_num，则必须有 column_num。
- column_num（可选）：选择数组中的某列，函数从该列返回数值。如果省略 column_num，则必须有 row_num。

解决方法

例如，通过 INDEX 函数查找黄雅雅的业务考核成绩，具体操作方法如下。

打开素材文件（位置：素材文件\第 11 章\新进员工考核表 6.xlsx），选中要存放结果的单元格 B17，输入函数"=INDEX(A3:G14,8,5)"，按下【Enter】键，即可得到计算结果，如下图所示。

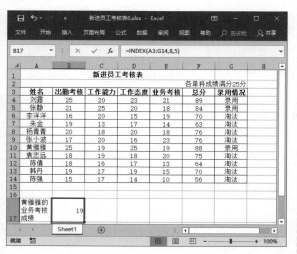

---

317 使用 MATCH 函数在引用或数组中查找值

适用版本	实用指数
Excel 2007、2010、2013、2016	★★★☆☆

使用说明

MATCH 函数可在单元格范围中搜索指定项，然后返回该项在单元格区域中的相对位置。例如，在 A1:A4 单元格区域中分别包含值 30、24、58、39，在单元格中 A4 中输入函数"=MATCH(58,A1:A4,0)"，会返回数字 3，因为值 58 是单元格区域中的第 3 项，效果如下图所示。

A5		⁝	×	✓	fx	=MATCH(58,A1:A4,0)
⊿	A	B	C	D	E
1	30				
2	24				
3	58				
4	39				
5	3				
6					

MATCH 函数的语法为：=MATCH(lookup_value,lookup_array,[match_type])，各参数的含义介绍如下。

- lookup_value（必选）：要在 lookup_array 中查找的值。
- lookup_array（必选）：要搜索的单元格区域。
- match_type（可选）：指定 Excel 如何将 lookup_value 与 lookup_array 中的值匹配，表达为数字 −1、0 或 1，默认值为 1。参数 match_type 取值与 MATCH 函数的返回值如下图所示。

Match_type 参数	MATCH 函数 返回值
1或省略	小于。查找小于或等于lookup_value的最大值。lookup_array必须以升序排序。
0	精确匹配。查找精确等于lookup_value的第一个值。lookup_array的顺序任意。
−1	大于。查找大于或等于lookup_value的最小值。lookup_array必须按序降序排列。

解决方法

例如，要查找某位员工的身份证号码，具体操作方法如下。

打开素材文件（位置：素材文件 \ 第 11 章 \ 员工信息登记表 2.xlsx），选中要存放结果的单元格 B17，输入函数 "=INDEX(A2:G17,MATCH(A20,B2:B17,0),5)"，按 Enter 键即可得到计算结果，如下图所示。

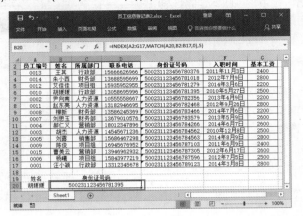

第 12 章
数据的排序与筛选应用技巧

完成表格的编辑后，还可通过 Excel 的排序、筛选功能对表格数据进行管理与分析。本章将针对这些功能，给用户讲解一些数据排序和筛选中的实用技巧。

下面先来看看以下一些关于数据排序与筛选的常见问题，你是否会处理或已掌握。

【√】想将工作表中的数据从高到低，或者从低到高排列，你知道如何操作吗？

【√】默认的排序方式是以列排序，如果需要按行排序，你知道应该如何设置吗？

【√】招聘员工时的面试名单，需要随机排序，应该如何操作？

【√】表格制作完成后，如果想要将其中的一项数据筛选出来，你知道筛选的方法吗？

【√】工作表中的特殊数据设置了单元格颜色，此时，你知道怎样通过颜色来筛选数据吗？

【√】如果想要筛选的数据有多个条件，你知道怎样筛选吗？

希望通过本章内容的学习，能帮助你解决以上问题，并学会 Excel 数据的排序和筛选应用技巧。

12.1 如何对数据快速排序

在编辑工作表时，可通过排序功能对表格数据进行排序，从而方便查看和管理数据。

318 按一个关键字快速排序表格数据

适用版本	实用指数
Excel 2007、2010、2013、2016	★★★★★

使用说明

使用一个关键字排序，是最简单、快速，也是最常用的一种排序方法。

使用一个关键字排序，是指依据某列的数据规则对表格数据进行升序或降序操作，按升序方式排序时，最小的数据将位于该列的最前端；按降序方式排序时，最大的数据将位于该列的最前端。

解决方法

例如，在"员工工资表 .xlsx"中按照关键字"实发工资"进行降序排列，具体方法如下。

第1步 打开素材文件（位置：素材文件\第 12 章\员工工资表 .xlsl），❶选中【实发工资】列中的任意单元格；❷单击【数据】选项卡【排序和筛选】组中的【降序】按钮，如下图所示。

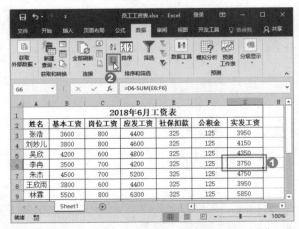

第2步 此时，工作表中的数据将按照关键字"实发工资"进行降序排列，如下图所示。

319 使用多个关键字排序表格数据

适用版本	实用指数
Excel 2007、2010、2013、2016	★★★★★

使用说明

按多个关键字进行排序，是指依据多列的数据规则对表格数据进行排序操作。

解决方法

例如，在"员工工资表 .xlsx"中，以【基本工资】为主关键字，【实发工资】为次关键字，对表格数据进行排序，具体方法如下。

第1步 ❶打开素材文件（位置：素材文件\第 12 章\员工工资表 .xlsl），选中数据区域中的任意单元格；❷单击【数据】选项卡【排序和筛选】组中的【排序】按钮，如下图所示。

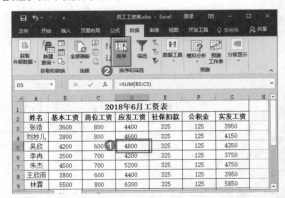

第 2 步 ❶弹出【排序】对话框，在【主要关键字】下拉列表中选择排序关键字，在【排序依据】下拉列表中选择排序依据，在【次序】下拉列表中选择排序方式；❷单击【添加条件】按钮，如下图所示。

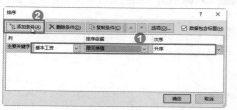

第 3 步 ❶使用相同的方法设置次要关键字；❷完成后单击【确定】按钮，如下图所示。

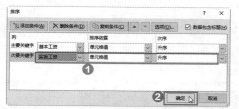

第 4 步 此时，工作表中的数据将按照关键字【基本工资】和【实发工资】进行升序排列，如下图所示。

320　让表格中的文本按字母顺序排序

适用版本	实用指数
Excel 2007、2010、2013、2016	★★★☆☆

使用说明

对表格进行排序时，可以让文本数据按照字母顺序进行排序，即按照拼音的首字母进行降序（Z~A 的字母顺序）或升序排序（A~Z 的字母顺序）。

解决方法

例如，将"员工工资表 .xlsx"中的数据按照关键字"姓名"进行升序排列，具体操作方法如下。

第 1 步 ❶打开素材文件（位置：素材文件 \ 第 12 章 \ 员工工资表 .xlsl），选中【姓名】列中的任意单元格；❷单击【数据】选项卡【排序和筛选】组中的【升序】按钮，如下图所示。

第 2 步 此时，工作表中的数据将以【姓名】为关键字，并按字母顺序进行升序排列，如下图所示。

321　按笔画数进行排序

适用版本	实用指数
Excel 2007、2010、2013、2016	★★★☆☆

使用说明

在编辑工资表、员工信息表等之类的表格时，若要以员工姓名为依据进行排序，人们通常会按字母顺序进行排序。除此之外，我们还可以按照文本的笔画进行排序，下面就讲解操作方法。

解决方法

例如，在【员工信息登记表 .xlsx】的工作表中，要以【姓名】为关键字，并按笔画进行排序，具体操作方法如下。

第1步 ❶打开素材文件（位置：素材文件\第 12 章\员工信息登记表 .xlsl），选中数据区域中的任意单元格；❷单击【数据】选项卡【排序和筛选】组中的【排序】按钮，如下图所示。

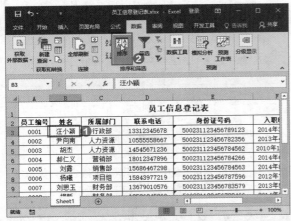

第2步 ❶弹出【排序】对话框，在【主要关键字】下拉列表中选择【姓名】选项，在【次序】下拉列表中选择【升序】选项；❷单击【选项】按钮，如下图所示。

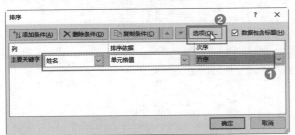

第3步 ❶弹出【排序选项】对话框，在【方法】选项组中选中【笔划排序】单选按钮；❷单击【确定】按钮，如下图所示。

第4步 返回【排序】对话框，单击【确定】按钮，在返回的工作表中即可查看排序后的效果，如下图所示。

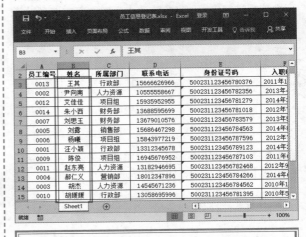

322 按行进行排序

适用版本	实用指数
Excel 2007、2010、2013、2016	★★★★☆

使用说明

默认情况下，对表格数据进行排序时，是按列进行排序的。但是当表格标题是以列的方式进行输入的，若按照默认的排序方向排序则可能无法实现预期的效果，此时就需要按行进行排序了。

解决方法

如果要将数据按行进行排序，具体操作方法如下。

第1步 打开素材文件（位置：素材文件\第 12 章\海尔冰箱销售统计 .xlsl），选中要进行排序的单元格区域，本例中选择 B2:G5，打开【排序】对话框，单击【选项】按钮，如下图所示。

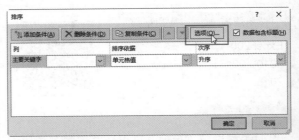

第2步 ❶弹出【排序选项】对话框，在【方向】选项组中选中【按行排序】单选按钮；❷单击【确定】按钮，如下图所示。

第3步 ❶返回【排序】对话框，设置排序关键字、排序依据及次序；❷单击【确定】按钮，如下图所示。

第4步 返回工作表，即可查看排序后的效果，如下图所示。

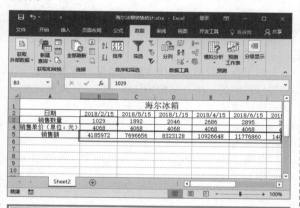

方法如下。

第1步 ❶打开素材文件（位置：素材文件\第12章\销售清单.xlsx），选中数据区域中的任意单元格，打开【排序】对话框，在【主要关键字】下拉列表中选择排序关键字，本例中选择【品名】；❷在【排序依据】下拉列表中选择排序依据，本例中选择【单元格颜色】；❸在【次序】下拉列表中选择单元格颜色，在右侧的下拉列表中设置该颜色所处的单元格位置；❹单击【添加条件】按钮，如下图所示。

第2步 ❶通过单击【添加条件】按钮，添加并设置其他关键字的排序参数；❷设置完成后单击【确定】按钮，如下图所示。

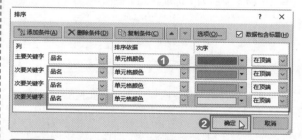

第3步 返回工作表，即可查看排序后的效果，如下图所示。

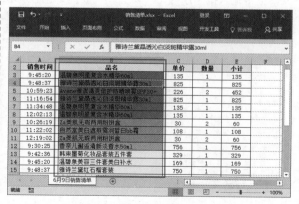

---

323 按单元格背景颜色进行排序

适用版本	实用指数	
Excel 2007、2010、2013、2016	★★★★☆	

使用说明

编辑表格时，若设置了单元格背景颜色，还可以按照设置的单元格背景进行排序。

解决方法

例如，在"销售清单.xlsx"中对【品名】列中的数据设置了多种单元格背景颜色，现在要以【品名】为关键字，按照单元格背景颜色进行排序，具体操作

温馨提示

也可以按照字体颜色来排序，方法与使用单元格背景颜色排序相同。

324 通过自定义序列排序数据

适用版本	实用指数
Excel 2007、2010、2013、2016	★★★☆☆

使用说明

在对工作表数据进行排序时，如果希望按照指定的字段序列进行排序，则要进行自定义序列排序。

解决方法

例如，要将"员工信息登记表 .xlsx"的工作表数据按照自定义序列进行排序，具体操作方法如下。

第1步 ❶打开素材文件（位置：素材文件\第12章\员工信息登记表 .xlsx），选中数据区域中的任意单元格，打开【排序】对话框，在【主要关键字】下拉列表中选择排序关键字；❷在【次序】下拉列表中单击【自定义序列】选项，如下图所示。

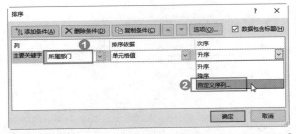

第2步 ❶弹出【自定义序列】对话框，在【输入序列】文本框中输入排序序列；❷单击【添加】按钮，将其添加到【自定义序列】列表框中；❸单击【确定】按钮，如下图所示。

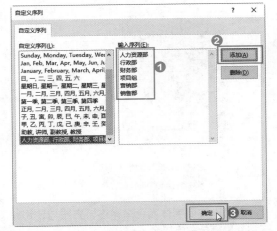

第3步 返回【排序】对话框，单击【确定】按钮，

在返回的工作表中即可查看排序后的效果，如下图所示。

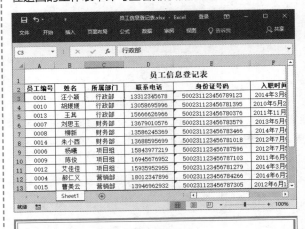

325 对表格数据进行随机排序

适用版本	实用指数
Excel 2007、2010、2013、2016	★★★★☆

使用说明

对工作表数据进行排序时，通常是按照一定的规则进行排序的，但在某些特殊情况下，还需要对数据进行随机排序。

解决方法

如果要对工作表数据进行随机排序，具体操作方法如下。

第1步 ❶打开素材文件（位置：素材文件\第12章\应聘职员面试顺序 .xlsx），在工作表中创建一列辅助列，并输入标题"排序"，在下方第一个单元格输入函数"=RAND()"；❷按 Enter 键计算结果，利用填充功能向下填充公式，如下图所示。

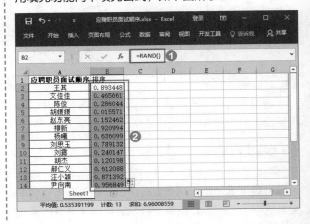

第2步 ❶选择辅助列中的数据；❷单击【数据】选项卡【排序和筛选】组中的【升序】按钮或【降序】按钮，如下图所示。

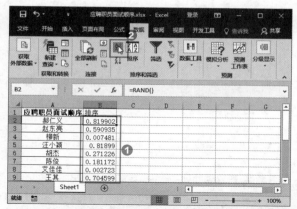

第3步 返回工作表，删除辅助列，即可查看排序后的效果，如下图所示。

326　对合并单元格相邻的数据区域进行排序

适用版本	实用指数	
Excel 2007、2010、2013、2016	★★★☆☆	

使用说明

在编辑工作表时，若对部分单元格进行了合并操作，则对相邻单元格进行排序时，会弹出提示框，导致排序失败。针对这种情况，我们就需要按照下面的操作方法进行排序。

解决方法

如果要对合并单元格相邻的数据区域进行排序，具体操作方法如下。

第1步 ❶打开素材文件（位置：素材文件\第 12 章\手机报价参考.xlsx），选中要进行排序的单元格区域，本例中选择 B3:C5，打开【排序】对话框，取消勾选【数据包含标题】复选框；❷设置排序参数；❸单击【确定】按钮，如下图所示。

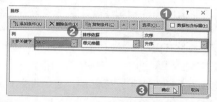

第2步 返回工作表，即可查看排序后的效果，如下图所示。

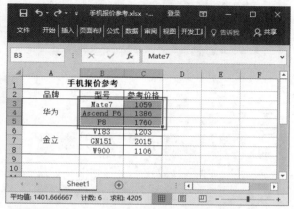

第3步 参照上述方法，对 B6:C8 单元格区域进行排序，排序后的最终效果如下图所示。

327　利用排序法制作工资条

适用版本	实用指数	
Excel 2007、2010、2013、2016	★★★☆☆	

使用说明

在 Excel 中，利用排序功能不仅能对工作表数据进行排序，还能制作一些特殊表格，例如工资条等。

解决方法

如果要使用工作表制作成工资条效果，具体操作方法如下。

第1步 ❶打开素材文件（位置：素材文件\第12章\6月工资表.xlsx），选中工资表的标题行，进行复制操作；❷选中 A13:I21 单元格区域，进行粘贴操作，如下图所示。

第2步 ❶在原始单元格区域右侧添加辅助列，并填充 1~10 的数字；❷在添加了重复标题区域右侧填充 1~9 的数字，如下图所示。

第3步 ❶在辅助列中选中任意单元格；❷单击【数据】选项卡【排序和筛选】组中的【升序】按钮，如下图所示。

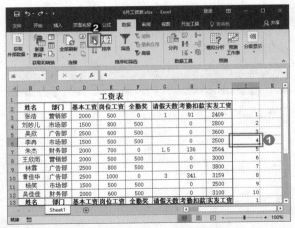

第4步 删除辅助列的数据，完成后的效果如下图所示。

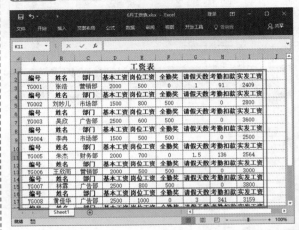

328 分类汇总后按照汇总值进行排序

适用版本	实用指数	
Excel 2007、2010、2013、2016	★★★★☆	

使用说明

对表格数据进行分类汇总后，有时会希望按照汇总值对表格数据进行排序，如果直接对其进行排序操作，会弹出提示框提示该操作会删除分类汇总并重新排序。如果希望在分类汇总后按照汇总值进行排序，就需要先进行分级显示，再进行排序。

解决方法

如果要按照汇总值对表格数据进行升序排列，具体操作方法如下。

第1步 打开素材文件（位置：素材文件\第12章\项目经费预算.xlsx），在工作表左侧的分级显示栏中单击二级显示按钮②，如下图所示。

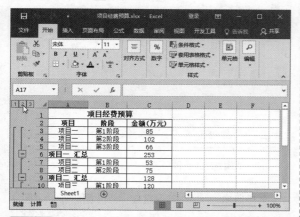

第2步 ❶此时，表格数据将只显示汇总金额，选中【金额（万元）】列中的任意单元格；❷单击【数据】选项卡【排序和筛选】组中的【升序】按钮⬆️，如右上图所示。

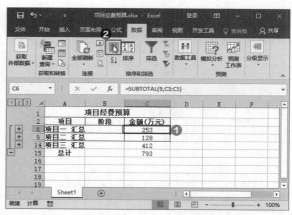

第3步 在工作表左侧的分级显示栏中单击三级显示按钮③，显示全部数据，此时可发现表格数据已经按照汇总值进行了升序排列，如下图所示。

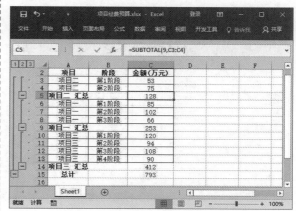

12.2 数据筛选技巧

在管理工作表数据时，可以通过筛选功能将符合某个条件的数据显示出来，将不符合条件的数据隐藏起来，以便管理与查看数据。

329　使用一个条件筛选		
适用版本	**实用指数**	
Excel 2007、2010、2013、2016	★★★★★	

💡 **使用说明**

单条件筛选就是将符合某个条件的数据筛选出来。

🔧 **解决方法**

如果要进行单条件筛选，具体方法如下。

第1步 ❶打开素材文件（位置：素材文件\第12章\销售业绩表.xlsl），选中数据区域中的任意单元格；❷单击【数据】选项卡【排序和筛选】组中的【筛选】按钮，如下图所示。

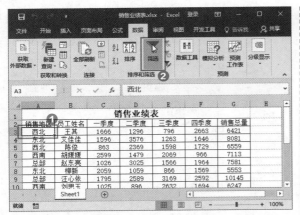

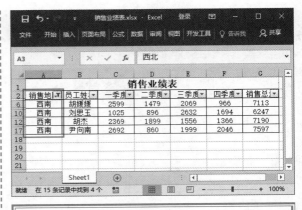

第2步 ❶打开筛选状态，单击【销售地区】列右侧的下拉按钮；❷在弹出的下拉列表中设置筛选条件，本例中勾选【西南】复选框；❸单击【确定】按钮，如下图所示。

330 使用多个条件筛选

适用版本	实用指数
Excel 2007、2010、2013、2016	★★★★★

使用说明

多条件筛选是将符合多个指定条件的数据筛选出来，以便用户更好地分析数据。

解决方法

如果要进行多条件筛选，具体方法如下。

第1步 ❶打开素材文件（位置：素材文件\第12章\销售业绩表.xlsl），打开筛选状态，单击【销售地区】列右侧的下拉按钮；❷在弹出的下拉列表中设置筛选条件，本例中勾选【西南】复选框；❸单击【确定】按钮，如下图所示。

知识拓展

表格数据呈筛选状态时，单击【筛选】按钮可退出筛选状态。若在【排序和筛选】组中单击【清除】按钮，可快速清除当前设置的所有筛选条件，将所有数据显示出来，但不退出筛选状态。

第3步 返回工作表，可看见表格中只显示了【销售地区】为【西南】的数据，且列标题【销售地区】右侧的下拉按钮将变为漏斗形状的按钮，表示【销售地区】为当前数据区域的筛选条件，如右上图所示。

第2步 ❶返回工作表，单击【销售总量】列右侧的下拉按钮；❷在弹出的下拉列表中设置筛选条件，本

例中单击【数字筛选】选项；❸在弹出的扩展列表中选择【大于】选项，如下图所示。

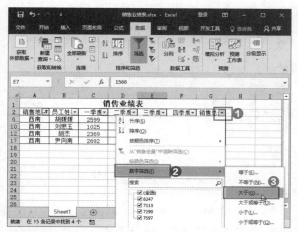

第 3 步　❶弹出【自定义自动筛选方式】对话框，在文本框中输入7000；❷单击【确定】按钮，如下图所示。

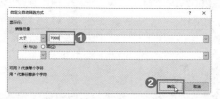

第 4 步　返回工作表，可看见只显示出了【销售地区】为【西南】及【销售总量】在 7000 以上的数据，如下图所示。

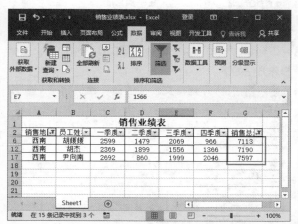

331　筛选销售成绩靠前的数据

适用版本	实用指数	
Excel 2007、2010、2013、2016	★★★★★	

使用说明

在制作销售表、员工考核成绩表等之类的工作表时，如果要从庞大的数据中查找排名前几位的记录不是件容易的事，此时我们可以利用筛选功能快速筛选。

解决方法

例如，在"销售业绩表.xlsx"的工作表中，将【二季度】销售成绩排名前 5 位的数据筛选出来，具体方法如下。

第 1 步　❶打开素材文件（位置：素材文件\第 12 章\销售业绩表.xlsl），打开筛选状态，单击【二季度】右侧的下拉按钮；❷在弹出的下拉列表中选择【数字筛选】选项；❸在弹出的扩展列表中选择【前 10 项】选项，如下图所示。

第 2 步　❶弹出【自动筛选前 10 个】对话框，在中间的数值框中输入5；❷单击【确定】按钮，如下图所示。

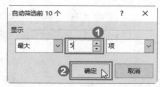

第 3 步　返回工作表，可看见只显示了【二季度】销售成绩排名前 5 位的数据，如下图所示。

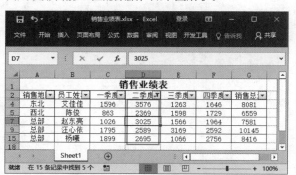

温馨提示

对数字进行筛选时，单击【数字筛选】选项，在弹出的扩展菜单中单击某个选项，可筛选出相应的数据，如筛选出等于某个数字的数据、不等于某个数字的数据、大于某个数字的数据、介于某个范围之间的数据等。

332 快速按目标单元格的值或特征进行筛选

适用版本	实用指数
Excel 2007、2010、2013、2016	★★★★★

使用说明

在制作销售表、员工考核成绩表等之类的工作表时，如果要从庞大的数据中查找数据比较困难，此时我们可以利用目标单元格的值或特征进行快速筛选。

解决方法

如果要按目标单元格的值进行筛选，具体方法如下。

第1步 ❶打开素材文件（位置：素材文件\第12章\销售业绩表.xlsl），选中要作为筛选条件的单元格，使用鼠标右键单击；❷在弹出的快捷菜单中选择【筛选】命令；❸在弹出的扩展菜单中选择【按所选单元格的值筛选】命令，如下图所示。

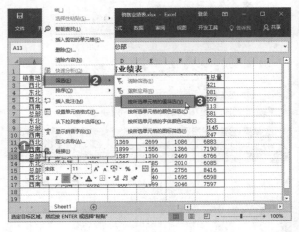

第2步 返回工作表，即可查看筛选后的效果，如下图所示。

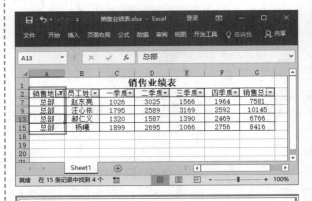

333 利用筛选功能快速删除空白行

适用版本	实用指数
Excel 2007、2010、2013、2016	★★★☆☆

使用说明

对于从外部导入的表格，有时可能会包含大量的空白行，整理数据时需将其删除，若按照常规的方法一个一个删除会非常繁琐，此时可以通过筛选功能先筛选出空白行，然后一次性将其删除。

解决方法

如果要利用筛选功能快速删除所有空白行，具体操作方法如下。

第1步 ❶打开素材文件（位置：素材文件\第12章\数码产品销售清单.xlsx），通过单击列标选中A列；❷单击【数据】选项卡【排序和筛选】组中的【筛选】按钮，如下图所示。

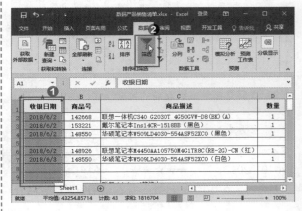

第2步 ❶打开筛选状态，单击 A 列中的自动筛选下拉按钮；❷取消勾选【全选】复选框，然后勾选【（空白）】复选框；❸单击【确定】按钮，如下图所示。

第3步 ❶系统将自动筛选出所有空白行，选中所有空白行；❷单击【开始】选项卡【单元格】组中的【删除】按钮，如下图所示。

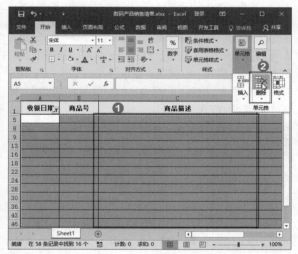

第4步 单击【数据】选项卡【排序和筛选】组中的【筛选】按钮取消筛选状态，即可看到所有空白行已经被删除掉了，如右上图所示。

334　在自动筛选时让日期不按年月日分组

适用版本	实用指数
Excel 2007、2010、2013、2016	★★★☆☆

使用说明

　　默认情况下，对日期数据进行筛选时，日期是按年、月、日进行分组显示的。如果希望按天数对日期数据进行筛选，则要设置让日期不按年月日分组。

解决方法

　　如果要按天数对日期数据进行筛选，具体操作方法如下。

第1步 ❶打开素材文件（位置：素材文件\第 12 章\数码产品销售清单 1.xlsx），打开【Excel 选项】对话框；在【高级】选项卡【此工作簿的显示选项】选项组中取消勾选【使用"自动筛选"菜单分组日期】复选框；❷单击【确定】按钮，如下图所示。

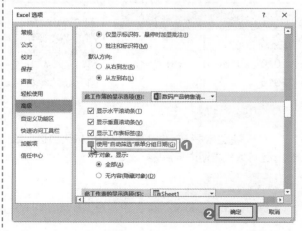

第2步 ❶返回工作表，打开筛选状态，单击【收银日期】列右侧的下拉按钮，在弹出的下拉列表中可看见日期按天显示了，此时可根据需要设置筛选条件；❷单击【确定】按钮，如下图所示。

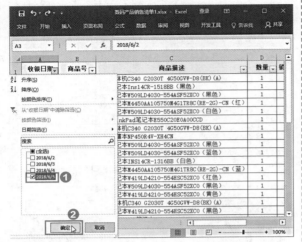

第3步 返回工作表即可查看筛选效果，如下图所示。

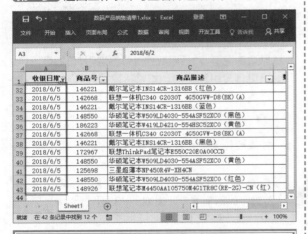

---

335 对日期按星期进行筛选

适用版本	实用指数
Excel 2007、2010、2013、2016	★★★★☆

使用说明

对日期数据进行筛选时，不仅可以按天数进行筛选，还可以按星期进行筛选。

解决方法

例如，在"考勤表.xlsx"中，为了方便后期评定

员工的绩效，现在需要将周六、周日的日期筛选出来，并设置黄色填充颜色，具体操作方法如下。

第1步 ❶打开素材文件（位置：素材文件\第12章\考勤表.xlsx），选中B2:B23单元格区域，打开【设置单元格格式】对话框，在【数字】选项卡的【分类】列表框中选择【日期】选项；❷在【类型】列表框中选择【星期三】选项；❸单击【确定】按钮，如下图所示。

第2步 ❶返回工作表，打开筛选状态，单击【上班时间】列右侧的下拉按钮；❷在弹出的下拉列表中选择【日期筛选】选项；❸在弹出的扩展列表中选择【等于】选项，如下图所示。

第3步 ❶弹出【自定义自动筛选方式】对话框，将第1个筛选条件设置为【等于】，值为【星期六】；❷选中【或】单选按钮；❸将第2个筛选条件设置为【等于】，值为【星期日】；❹单击【确定】按钮，如下图所示。

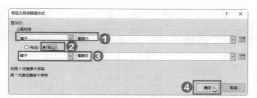

第4步 返回工作表，选中筛选出来的记录，将填充颜色设置为【黄色】，如下图所示。

第5步 退出筛选状态，然后选中 B2:B23 单元格区域，将数字格式设置为日期，如下图所示。

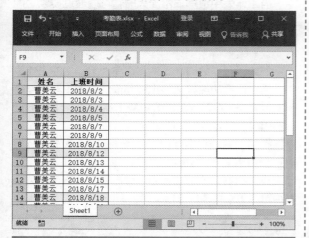

336　按文本条件进行筛选

适用版本	实用指数
Excel 2007、2010、2013、2016	★★★★☆

使用说明

对文本进行筛选时，可以筛选出等于某个指定文本的数据、以指定内容开头的数据、以指定内容结尾

的数据等，灵活掌握这些筛选方式，可以轻松自如地管理表格数据。

解决方法

例如，在"员工信息登记表.xlsx"中，以【开头是】方式筛选出"胡"姓员工的数据，具体操作方法如下。

第1步 ❶打开素材文件（位置：素材文件\第 12 章\员工信息登记表.xlsx），打开筛选状态，单击【姓名】右侧的下拉按钮；❷在弹出的下拉列表中选择【文本筛选】选项；❸在弹出的扩展列表中选择【开头是】选项，如下图所示。

第2步 ❶弹出【自定义自动筛选方式】对话框，在【开头是】右侧的文本框中输入"胡"；❷单击【确定】按钮，如下图所示。

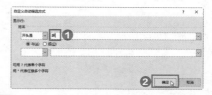

第3步 返回工作表，可看见表格中只显示了"胡"姓员工的数据，如下图所示。

337 在文本筛选中使用通配符进行模糊筛选

适用版本	实用指数
Excel 2007、2010、2013、2016	★★★★★

使用说明

筛选数据时，如果不能明确指定筛选的条件时，可以使用通配符进行模糊筛选。常见的通配符有"?"和"*"，其中"?"代表单个字符，"*"代表任意多个连续的字符。

解决方法

如果要使用通配符进行模糊筛选，具体操作方法如下。

第1步 ❶打开素材文件（位置：素材文件\第12章\销售清单.xlsx），选中数据区域中的任意单元格，打开筛选状态，单击【品名】列右侧的下拉按钮；❷在弹出的下拉列表中选择【文本筛选】选项；❸在弹出的扩展列表中选择【自定义筛选】选项，如下图所示。

第2步 ❶弹出【自定义自动筛选方式】对话框，设置筛选条件，本例中在第一个下拉列表中选择【等于】选项，在右侧文本框中输入"雅*"；❷单击【确定】按钮即可，如下图所示。

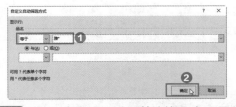

第3步 返回工作表，即可查看筛选效果，如下图所示。

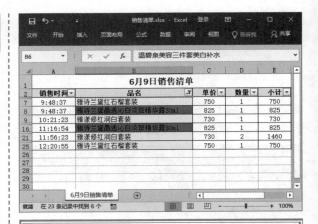

338 使用搜索功能进行筛选

适用版本	实用指数
Excel 2007、2010、2013、2016	★★★★☆

使用说明

当工作表中数据非常庞大时，可以通过搜索功能简化筛选过程，从而提高工作效率。

解决方法

例如，在"数码产品销售清单1.xlsx"的工作表中，通过搜索功能快速将【商品描述】为【联想一体机C340 G2030T 4G50GVW-D8(BK)(A)】的数据筛选出来，具体操作方法如下。

第1步 打开素材文件（位置：素材文件\第12章\数码产品销售清单1.xlsx），打开筛选状态，单击【商品描述】列右侧的下拉按钮，弹出下拉列表，在列表框中可看见众多条件选项，如下图所示。

第2步 ❶在搜索框中输入搜索内容，若确切的商品描述记得不清楚，只需输入"联想"；❷此时将自动显示符合条件的搜索结果，根据需要设置筛选条件，本例中只勾选【联想一体机C340 G2030T 4G50GVW-D8(BK)(A)】；❸单击【确定】按钮，如下图所示。

温馨提示

筛选时如果不能明确指定筛选的条件时，可以使用通配符进行模糊筛选。常见的通配符有"?"和"*"，其中"?"代表单个字符，"*"代表任意多个连续字符。

第3步 返回工作表，即可查看只显示了【商品描述】为【联想一体机C340 G2030T 4G50GVW-D8(BK)(A)】的数据，如下图所示。

---

339 按单元格颜色进行筛选

适用版本	实用指数
Excel 2007、2010、2013、2016	★★★☆☆

使用说明

编辑表格时，若设置了单元格背景颜色、字体颜色或条件格式等格式时，还可以按照颜色对数据进行筛选。

解决方法

如果要按单元格颜色进行筛选，具体操作方法如下。

第1步 ❶打开素材文件（位置：素材文件\第12章\销售清单.xlsx），打开筛选状，单击【品名】列右侧的下拉按钮；❷在弹出的下拉列表中选择【按颜色筛选】选项；❸在弹出的扩展列表中选择要筛选的颜色，如下图所示。

第2步 返回工作表，即可查看筛选效果，如下图所示。

---

340 以单元格颜色为条件进行求和计算

适用版本	实用指数
Excel 2007、2010、2013、2016	★★★☆☆

使用说明

对表格数据进行筛选后，还可对筛选结果进行求和、求平均值等基本计算。

解决方法

例如，在"销售清单.xlsx"中，先将【品名】列中黄色背景的单元格筛选出来，再对销售额进行求和运算，具体操作方法如下。

打开素材文件（位置：素材文件\第12章\销售清单.xlsx），使用上一例的方法将【品名】列中黄色背景的单元格筛选出来；选中 E26 单元格，输入函数："=SUBTOTAL(9,E4:E25)"，按 Enter 键即可得出计算结果，如下图所示。

341 对双行标题的工作表进行筛选

适用版本	实用指数	
Excel 2007、2010、2013、2016	★★★★☆	

使用说明

当工作表中的标题由两行组成，且有的单元格进行了合并处理时，若选中数据区域中的任意单元格，再进入筛选状态，会发现无法正常筛选数据，此时就需要参考下面的操作方法。

解决方法

如果要对双行标题的工作表进行筛选，具体操作方法如下。

第1步 打开素材文件（位置：素材文件\第12章\工资表.xlsx），❶通过单击行号选中第2行标题；❷单击【筛选】按钮，如下图所示。

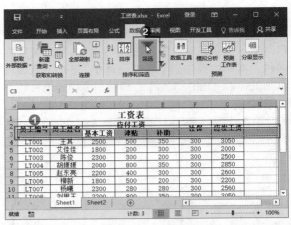

第2步 进入筛选状态，此时用户便可根据需要设置筛选条件了，如下图所示。

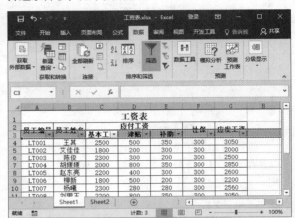

342 对筛选结果进行排序整理

适用版本	实用指数	
Excel 2007、2010、2013、2016	★★★★☆	

使用说明

对表格内容进行筛选分析的同时，还可根据操作需要，将表格按筛选字段进行升序或降序排列。

解决方法

例如，在"销售业绩表.xlsx"工作表中，先将【销售总量】前5名的数据筛选出来，再进行降序排列，具体操作方法如下。

第1步 打开素材文件（位置：素材文件\第12章\销售业绩表.xlsx），使用前文所学的方法，将【销售总量】前5名的数据筛选出来，如下图所示。

第2步 ①单击【销售总量】列右侧的下拉按钮；②在弹出的下拉列表中选择排序方式，如【降序】，如下图所示。

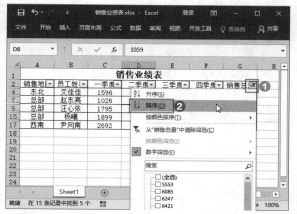

第3步 筛选结果即可进行降序排列，如下图所示。

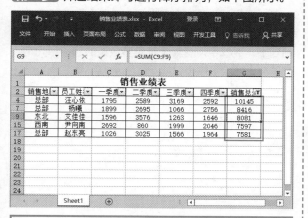

343　使用多个条件进行高级筛选

适用版本	实用指数
Excel 2007、2010、2013、2016	★★★★★

当要对表格数据进行多条件筛选时，用户通常会按照常规方法依次设置筛选条件。如果需要设置的筛选字段较多，且条件比较复杂，通过常规方法就会比较麻烦，而且还易出错，此时便可通过高级筛选进行筛选。

解决方法

如果要在工作表中进行高级筛选，具体操作方法如下。

第1步 ①打开素材文件（位置：素材文件\第12章\销售业绩表.xlsx），在数据区域下方创建一个筛选的条件；②选择数据区域内的任意单元格；③单击【数据】选项卡【排序和筛选】组中的【高级】按钮，如下图所示。

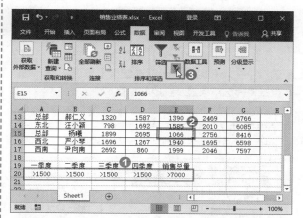

第2步 ①弹出【高级筛选】对话框，选中【将筛选结果复制到其他位置】单选按钮；②【列表区域】中自动设置了参数区域（若有误，需手动修改），将光标插入点定位在【条件区域】参数框中，在工作表中拖动鼠标选择参数区域；③在【复制到】参数框中设置筛选结果要放置的起始单元格；④单击【确定】按钮，如下图所示。

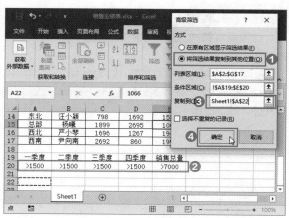

第3步 返回工作表，即可查看到筛选结果，如下图所示。

温馨提示

如果在【高级筛选】对话框的【方式】栏中选择【在原有区域显示筛选结果】单选按钮，则直接将筛选结果显示在原数据区域。

344	将筛选结果复制到其他工作表中

适用版本	实用指数
Excel 2007、2010、2013、2016	★★★★☆

使用说明

对数据进行高级筛选时，默认会在原数据区域中显示筛选结果，如果希望将筛选结果显示到其他工作表，可参考下面的方法。

解决方法

如果要将筛选结果显示到其他工作表，具体操作方法如下。

第1步 打开素材文件（位置：素材文件\第12章\销售业绩表.xlsx），在数据区域下方创建一个筛选的约束条件，如下图所示。

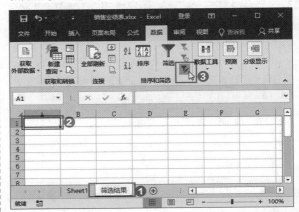

第2步 ❶新建一个名为【筛选结果】的工作表，并切换到该工作表；❷选中任意单元格；❸单击【排序和筛选】组中的【高级】按钮，如下图所示。

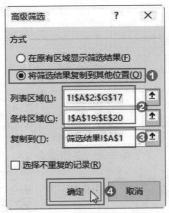

第3步 ❶弹出【高级筛选】对话框，选中【将筛选结果复制到其他位置】单选按钮；❷分别在【列表区域】和【条件区域】参数框中设置参数区域；❸在【复制到】参数框中设置筛选结果要放置的起始单元格；❹单击【确定】按钮，如下图所示。

第4步 返回工作表，即可在"筛选结果"工作表中查看筛选结果，如下图所示。

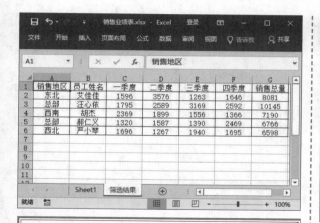

345 高级筛选不重复的记录

适用版本	实用指数
Excel 2007、2010、2013、2016	★★★★☆

使用说明

通过高级筛选功能筛选数据时，还可对工作表中的数据进行过滤，保证字段或工作表中没有重复的值。

解决方法

如果要在工作表中进行高级筛选，具体操作方法如下。

第1步 打开素材文件（位置：素材文件\第12章\员工信息登记表 1.xlsx），在数据区域下方创建一个筛选的约束条件，如下图所示。

第2步 ❶新建一张工作表 Sheet2，并切换到该工作表；❷选中任意单元格；❸单击【排序和筛选】组中的【高级】按钮，如下图所示。

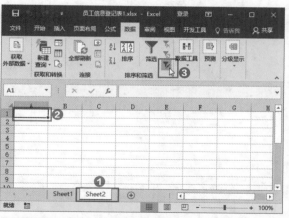

第3步 ❶弹出【高级筛选】对话框，设置筛选的相关参数；❷勾选【选择不重复的记录】复选框；❸单击【确定】按钮，如下图所示。

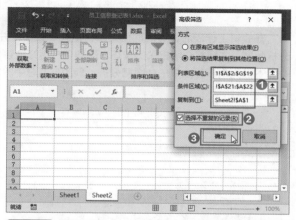

第4步 返回工作表，将在 Sheet2 工作表显示筛选结果，对各列调整合适的列宽，如下图所示。

第 13 章
数据分析、预测与汇总技巧

在编辑工作表时，灵活的使用条件格式、数据合并计算与预测分析及分类汇总等技巧，可以更快地管理和分析数据。本章将介绍相关的技巧，帮助用户更好地管理数据。

下面先来看看以下一些数据分析、预测与汇总中的常见问题，你是否会处理或已掌握。

【√】在分析销量表时，想要突出显示符合特定条件的单元格，你知道使用哪种方法吗？

【√】想要把数据形象地表现出来，你可以将不同范围的值用不同的符号标示出来吗？

【√】公司每个季度制作一张销量统计表，现在需要将一年的工作表进行合并计算，你知道怎样操作吗？

【√】为某件商品设定了利润目标，如果要达到这个目标，需要在成本的基础上加价销售，而需要加价多少才能达到目标你知道如何计算吗？

【√】要查看各地区的销量表，应该怎样汇总数据，以提高查看效果？

【√】年度汇总表数据量较大，你知道怎样利用分级显示数据吗？

希望通过本章内容的学习，能帮助你解决以上问题，并学会 Excel 更多的数据分析、预测与汇总技巧。

13.1 使用条件格式分析数据

条件格式是指当单元格中的数据满足某个设定的条件时，系统自动将其以设定的格式显示出来，从而使表格数据更加直观。本节将讲解条件格式的一些操作技巧，如突出显示符合特定条件的单元格、突出显示高于或低于平均值的数据等。

346 突出显示符合特定条件的单元格

适用版本	实用指数
Excel 2007、2010、2013、2016	★★★★★

使用说明

在编辑工作表时，可以使用条件格式让符合特定条件的单元格数据突出显示出来，以便更好地查看工作表数据。

解决方法

如果要将符合特定条件的单元格突出显示，具体方法如下。

第1步 打开素材文件（位置：素材文件\第 13 章\销售清单 1.xlsx），❶选择要设置条件格式的单元格区域 B3:B25；❷在【开始】选项卡的【样式】组中单击【条件格式】下拉按钮；❸在弹出的下拉列表中选择【突出显示单元格规则】选项；❹在弹出的扩展列表中选择条件，本例中选择【文本包含】，如下图所示。

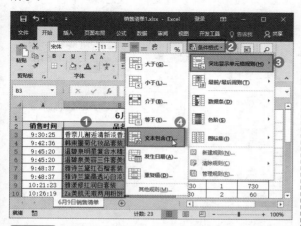

第2步 ❶弹出【文本中包含】对话框，设置具体条件及显示方式；❷单击【确定】按钮即可，如下图所示。

第3步 返回工作表，可看到设置后的效果，如下图所示。

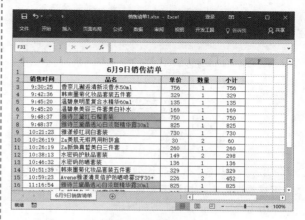

知识拓展

如果要清除设置了包含条件格式的单元格区域，可单击【条件格式】按钮，在弹出的下拉列表中单击【清除规则】选项，在弹出的扩展菜单中单击【清除所选单元格的规则】选项即可。

347 突出显示高于或低于平均值的数据

适用版本	实用指数
Excel 2007、2010、2013、2016	★★★★★

使用说明

利用条件格式展现数据时，可以将高于或低于平均值的数据突出显示出来。

解决方法

如果要突出显示高于或低于平均值的数据，操作方法如下。

第1步 ❶打开素材文件（位置：素材文件\第13章\员工销售表 .xlsx），选中要设置条件格式的单元格区域 E3:E12；❷单击【条件格式】下拉按钮；❸在弹出的下拉列表中选择【最前／最后规则】选项；在弹出的扩展列表中选择【低于平均值】选项，如下图所示。

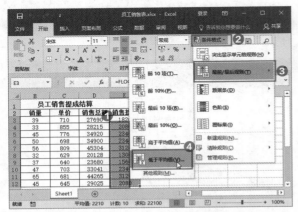

第2步 ❶弹出【低于平均值】对话框，在【针对选定区域设置为】下拉列表中选择需要的单元格格式；❷单击【确定】按钮，如下图所示。

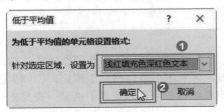

知识拓展

Excel 2016 之前的版本，应在单击【条件格式】下拉按钮后，选择【项目选取规则】选项，然后在弹出的扩展菜单中选择需要的命令。

第3步 返回工作表，即可看到低于平均值的数据以所设置的格式突出显示出来，如下图所示。

348 突出显示排名前几位的数据

适用版本	实用指数
Excel 2013、2016	★★★★★

使用说明

对表格数据进行处理分析时，如果希望在工作表中突出显示排名靠前的数据，可通过条件格式轻松实现。

解决方法

例如，要将销售总额排名前 3 位的数据突出显示出来，操作方法如下。

第1步 ❶打开素材文件（位置：素材文件\第13章\员工销售表 .xlsx），选中要设置条件格式的单元格区域 D3:D12；❷单击【条件格式】下拉按钮；❸在弹出的下拉列表中选择【最前／最后规则】选项；❹在弹出的扩展列表中选择【前 10 项】选项，如下图所示。

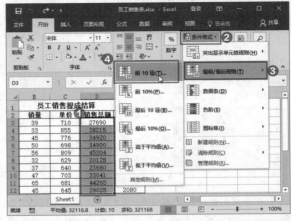

第2步 ❶弹出【前 10 项】对话框，在微调框中将值设置为 3，然后在【设置为】下拉列表中选择需要

的格式；❷单击【确定】按钮，如下图所示。

第 3 步 返回工作表，即可看到突出显示了销售总额排名前 3 位的数据，如下图所示。

---

349 突出显示重复数据

适用版本	实用指数
Excel 2007、2010、2013、2016	★★★★★

使用说明

在制作表格时，为了方便查看管理和查看数据，可以通过条件格式设置突出显示重复值。

解决方法

例如，要将表格中重复的姓名标记出来，操作方法如下。

第 1 步 ❶打开素材文件（位置：素材文件\第 13 章\职员招聘报名表.xlsx），选中要设置条件格式单元格区域 A3:A15；❷单击【条件格式】下拉按钮；

❸在弹出的下拉列表中选择【突出显示单元格规则】选项；❹在弹出的扩展列表中选择【重复值】选项，如下图所示。

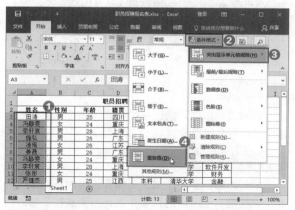

第 2 步 ❶弹出【重复值】对话框，设置重复值的显示格式；❷单击【确定】按钮，如下图所示。

第 3 步 返回工作表，可看到突出显示了重复姓名，如下图所示。

350 突出显示部门总经理名册记录

适用版本	实用指数
Excel 2007、2010、2013、2016	★★★★★

使用说明

编辑工作表时，通过条件格式，还可以突出显示部门总经理名册记录。

解决方法

例如，制作了一个员工名册表，因为有的部门有多个总经理，但主事的只有 1 人，因而放在了各部门员工的最前面，如下图所示。

	A	B	C	D	E	F	G	H
1				员工名册				
2	姓名	部门	岗位职务	性别	名族	籍贯	出生年月	政治面貌
3	魏梅夏	办公室	总经理	女	汉	重庆	1980-02	中国共产党
4	沈映	办公室	普通职员	女	汉	江苏	1983-12	
5	王熙	办公室	普通职员	男	汉	重庆	1975-05	中国共产党
6	吴怜优	办公室	普通职员	女	汉	安徽	1978-03	中国共产党
7	许璇婕	人资部	总经理	女	汉	上海	1976-11	
8	冯鹤	人资部	总经理	男	汉	安徽	1979-05	
9	袁薇璇	人资部	普通职员	女	汉	江苏	1988-10	中国共产党
10	夏逸辰	人资部	普通职员	男	汉	上海	1992-12	中国共产党
11	赵梦静	人资部	普通职员	女	汉	重庆	1989-04	
12	苏越	人资部	普通职员	男	汉	安徽	1985-02	
13	姜逸瑾	营销部	总经理	男	汉	上海	1982-07	中国共产党
14	张涛	营销部	普通职员	男	汉	重庆	1972-06	
15	田语婕	营销部	普通职员	女	汉	江苏	1981-03	
16	姜逸瑾	营销部	普通职员	男	汉	上海	1982-08	中国共产党
17	苏玉	营销部	普通职员	女	汉	安徽	1983-07	

现在通过条件格式将各部门主事的总经理标记出来，在操作过程中，通过 MATCH 和 ROW 函数判断数据是否是首条记录，具体操作方法如下。

第1步 ❶打开素材文件（位置：素材文件\第13章\员工名册.xlsx），选中单元格区域 A3:H17；❷单击【开始】选项卡【样式】组中的【条件格式】下拉按钮；❸在弹出的下拉列表中选择【新建规则】选项，如下图所示。

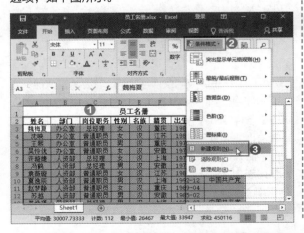

第2步 ❶打开【新建格式规则】对话框，在【选择规则类型】列表框中选择【使用公式确定要设置格式的单元格】选项；❷在【为符合此公式的值设置格式】文本框中输入公式"=MATCH($B3,$B:$B,0)=ROW()"；❸单击【格式】按钮，如下图所示。

第3步 ❶弹出【设置单元格格式】对话框，切换到【填充】选项卡；❷在【背景色】选项组中选择需要的颜色；❸单击【确定】按钮，如下图所示。

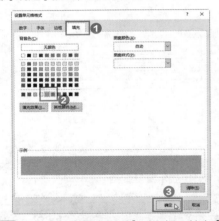

第4步 返回【新建格式规则】对话框，单击【确定】按钮，返回工作表可查看效果，如下图所示。

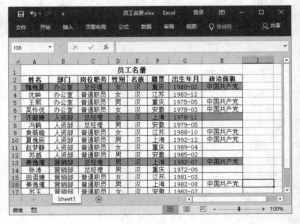

351 用不同颜色显示不同范围的值

适用版本	实用指数
Excel 2007、2010、2013、2016	★★★★☆

使用说明

Excel 提供了色阶功能，通过该功能，可以在单元格区域中以双色渐变或三色渐变直观显示数据，帮助用户了解数据的分布和变化。

解决方法

如果要以不同颜色显示单元格不同范围的数据，操作方法如下。

❶打开素材文件（位置：素材文件\第 13 章\员工销售表 .xlsx），选中要设置条件格式的单元格区域 E3:E12；❷单击【条件格式】下拉按钮；❸在弹出的下拉列表中选择【色阶】选项；❹在弹出的扩展列表中选择一种双色渐变方式的色阶样式即可，如下图所示。

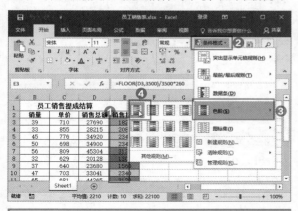

352 复制条件格式产生的颜色

适用版本	实用指数
Excel 2007、2010、2013、2016	★★★★☆

使用说明

在工作表中设置某些条件格式后，如突出显示重复值、突出显示排名靠前 / 靠后的数据等，会通过指定的颜色显示单元格数据。如果希望删除已经设置的条件格式，但是又需要保留条件格式产生的颜色，可通过复制功能实现。

解决方法

如果要在工作表中删除条件格式，并保留条件格式产生的颜色，具体操作方法如下。

第 1 步 ❶打开素材文件（位置：素材文件\第 13 章\比赛评分 .xlsx），选中 B4:H9 单元格区域，连续按两次 Ctrl+C 组合键进行复制操作；❷在【开始】选项卡【剪贴板】组中单击对话框启动器 ⌐，如下图所示。

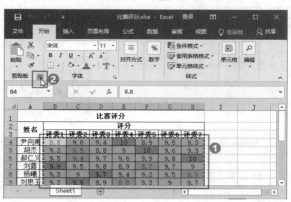

第 2 步 ❶打开【剪贴板】窗格，在【单击要粘贴的项目】列表框中单击项目右侧的下拉按钮；❷在弹出的下拉列表中选择【粘贴】选项，如下图所示。

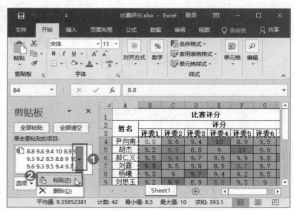

第 3 步 通过上述设置后，表格虽然看起来并没有变化，但实际上条件格式已经被删除，而由条件格式产生的颜色也得到了保留，如下图所示。

第3步 返回工作表，可看到所选区域添加了设置了数据条效果，如下图所示。

温馨提示

通过上述操作后，如果需要验证是否删除掉了条件格式，使用清除规则进行验证即可，若执行清除操作后颜色还在，则证明了条件格式已经被删除。

353 使用数据条表示不同级别人员的工资

适用版本	实用指数
Excel 2007、2010、2013、2016	★★★★☆

使用说明

在编辑工作表时，为了能一目了然地查看数据的大小情况，可通过数据条功能实现。

解决方法

例如，使用数据条表示不同级别人员的工资，具体操作方法如下。

第1步 打开素材文件（位置：素材文件\第13章\各级别职员工资总额对比 .xlsx），在 C3 单元格输入公式"=B3"，然后利用填充功能向下复制公式，如下图所示。

第2步 ❶选中单元格区域 C3:C9，单击【开始】选项卡【样式】组中的【条件格式】下拉按钮；❷在弹出的下拉列表中选择【数据条】选项；❸在弹出的扩展列表中选择需要的数据条样式，如下图所示。

354 让数据条不显示单元格数值

适用版本	实用指数
Excel 2007、2010、2013、2016	★★★★☆

使用说明

在编辑工作表时，为了能一目了然地查看数据的大小情况，可通过数据条功能实现。而使用数据条显示单元格数值后，还可以根据操作需要，设置让数据条不显示单元格数值。

解决方法

如果要使用数据条显示数据，并让数据条不显示单元格数值，具体操作方法如下。

第1步 打开素材文件（位置：素材文件\第13章\各级别职员工资总额对比 1.xlsx），❶选中单元格区域 C3:C9，单击【条件格式】下拉按钮；❷在弹出的下拉列表中选择【管理规则】选项,如下图所示。

第2步 ❶弹出【条件格式规则管理器】对话框,在列表框中选中【数据条】选项;❷单击【编辑规则】按钮,如下图所示。

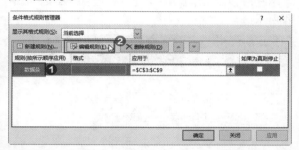

第3步 ❶弹出【编辑格式规则】对话框,在【编辑规则说明】选项组中勾选【仅显示数据条】复选框;❷单击【确定】按钮,如下图所示。

第4步 返回【条件格式规则管理器】对话框,单击【确定】按钮,在返回的工作表中即可查看效果,如下图所示。

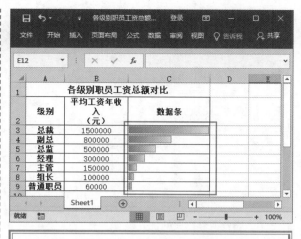

355 用图标把考试成绩等级形象地表示出来

适用版本	实用指数
Excel 2007、2010、2013、2016	★★★★★

使用说明

图标集用于对数据进行注释,并可以按值的大小将数据分为 3~5 个类别,每个图标代表一个数据范围。

解决方法

例如,为了方便查看员工考核成绩,通过图标集进行标识,具体操作方法如下。

第1步 ❶打开素材文件(位置:素材文件\第 13 章\新进员工考核表.xlsx),选择单元格区域 B4:E14,❷单击【条件格式】按钮;❸在弹出的下拉列表中选择【图标集】选项;❹在弹出的扩展列表中选择图标集样式,如下图所示。

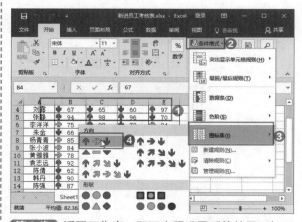

第2步 返回工作表,即可查看设置后的效果,如下图所示。

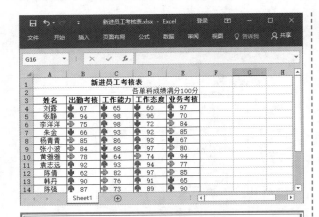

356 调整条件格式的优先级

适用版本	实用指数
Excel 2007、2010、2013、2016	★★★★★

使用说明

Excel 允许对同一个单元格区域设置多个条件格式，当同一个单元格区域存在多个条件格式规则时，如果规则之间不冲突，则全部规则都有效，将同时显示在单元格中；如果两个条件格式规则发生冲突，则会执行优先级高的规则。

例如，在下图所示中，B4:B14 单元格区域内，分别使用了数据条和图标集两种条件格式，因为两种格式的规则都不冲突，所以两条规则都得以应用；C4:C14 单元格区域中依次设置了【突出显示单元格规则】中的大于 90 的值、【项目选取规则】中的显示前 3 个值，所以这两个规则发生冲突，只显示了优先级高的条件格式。

	A	B	C	D	E
1			新进员工考核表		
2				各单科成绩满分100分	
3	姓名	出勤考核	工作能力	工作态度	业务考核
4	刘露	67	65	60	97
5	张静	94	98	96	70
6	李洋洋	75	98	72	84
7	朱金	66	93	92	85
8	杨青青	85	86	92	67
9	张小波	84	68	97	80
10	黄雅雅	78	64	74	94
11	袁志远	92	93	94	77
12	陈倩	62	82	97	85
13	韩丹	90	76	91	65
14	陈强	87	73	89	90

对单元格区域添加多个条件格式后，可通过【条件格式规则管理器】对话框调整它们的优先级。

解决方法

如果要在工作表中调整规则的优先级，具体操作方法如下。

第1步 ❶打开素材文件（位置：素材文件\第13章\新进员工考核表 1.xlsx），在单元格区域 C4:C11 中选择任意单元格，打开【条件格式规则管理器】对话框，在列表框中选择需要调整优先级的规则；❷通过单击【上移】▲ 或【下移】▼ 按钮进行调整；❸单击【确定】按钮即可，如下图所示。

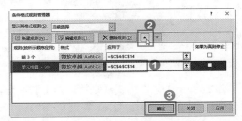

第2步 返回工作表，即可查看设置后的效果，如下图所示。

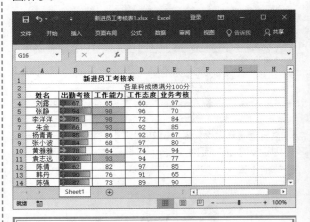

357 如果为真则停止

适用版本	实用指数
Excel 2007、2010、2013、2016	★★★★☆

使用说明

当同一单元格区域中同时存在多个条件格式规则时，从优先级高的规则开始逐条执行，直到所有规则执行完毕。但是，若用户使用了【如果为真则停止】规则后，一旦优先级较高的规则条件被满足后，则不再执行其优先级之下的规则了。使用【如果为真则停止】规则，可以对数据集中的数据进行有条件的筛选。

解决方法

如果要使用【如果为真则停止】规则，具体操作方法如下。

第1步 打开素材文件（位置：素材文件\第 13 章\新进员工考核表 1.xlsx），选中 B4:B14 单元格区域，添加规则【突出显示单元格规则】中的大于 90 的值，如下图所示。

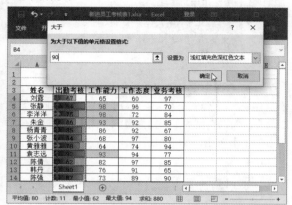

第2步 ❶在单元格区域 B4:B14 中选择任意单元格，打开【条件格式规则管理器】对话框。在列表框中选择【单元格值 >90】选项，保证其优先级最高；❷勾选右侧的【如果为真则停止】复选框；❸单击【确定】按钮，如下图所示。

第3步 返回工作表，将看到值大于 90 的单元格，只应用了【突出显示单元格规则】条件格式，如下图所示。

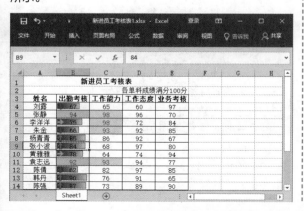

358　只在不合格的单元格上显示图标集

适用版本	实用指数
Excel 2007、2010、2013、2016	★★★★☆

使用说明

在使用图标集时，默认会为选择的单元格区域都添加上图标。如果想要在特定的某些单元格上添加图标集，可以使用公式来实现。

解决方法

如果需要只在不合格的单元格上显示图标集，具体操作方法如下。

第1步 ❶打开素材文件（位置：素材文件\第 13 章\行业资格考试成绩表 .xlsx），选中 B3:D16 单元格区域；❷单击【条件格式】下拉按钮；❸在弹出的下拉列表中选择【新建规则】选项，如下图所示。

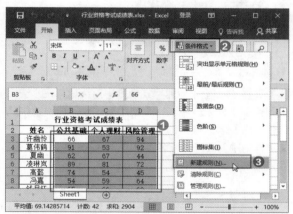

第2步 ❶弹出【新建格式规则】对话框，在【选择规则类型】列表框中选择【基于各自值设置所有单元格的格式】选项；❷在【编辑规则说明】选项组中，在【基于各自值设置所有单元格的格式】子选项组的【格式样式】下拉列表中选择【图标集】选项；❸在【图标样式】下拉列表中选择一种带打叉的样式；❹在【根据以下规则显示各个图标】选项组中设置等级参数，其中第 1 个【值】参数框可以输入大于 60 的任意数字，第 2 个【值】参数框必须输入 60；❺相关参数设置完成后单击【确定】按钮，如下图所示。

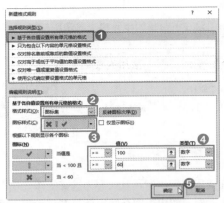

第3步 ❶返回工作表，保持单元格区域 B3:D16 的选中状态，单击【条件格式】按钮；❷在弹出的下拉列表中选择【新建规则】选项，如下图所示。

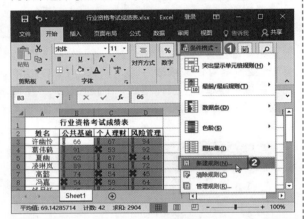

第4步 ❶弹出【新建格式规则】对话框，在【选择规则类型】列表框中选择【使用公式确定要设置格式的单元格】选项；❷在【为符合此公式的值设置格式】文本框中输入公式"=B3>=60"；❸不设置任何格式，直接单击【确定】按钮，如下图所示。

第5步 ❶保持单元格区域 B3:D16 的选中状态；单击【条件格式】下拉按钮；❷在弹出的下拉列表中选择【管理规则】选项，如下图所示。

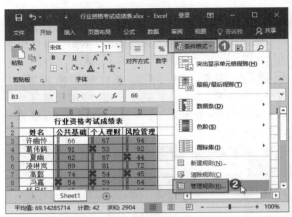

第6步 ❶弹出【条件格式规则管理】对话框，在列表框中选择【公式：=B3>=60】选项，保证其优先级最高，勾选右侧的【如果为真则停止】复选框；❷单击【确定】按钮，如下图所示。

第7步 返回工作表，可看到只有不及格的成绩才有打叉的图标标记，而及格的成绩没有图标集，也没有改变格式，如下图所示。

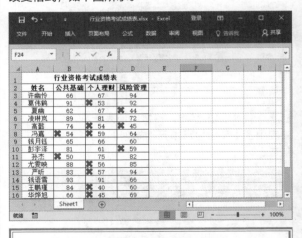

359 利用条件格式突出显示双休日

适用版本	实用指数	
Excel 2007、2010、2013、2016	★★★★★	

使用说明

编辑工作表时，我们还可以通过条件格式来突出显示双休日。

解决方法

如果要利用条件格式来突出显示双休日，具体操作方法如下。

第1步 ❶打开素材文件（位置：素材文件\第13章\备忘录.xlsx），选择要设置条件格式的单元格区域 A3:A33；❷单击【条件格式】下拉按钮；❸在弹出的下拉列表中选择【新建规则】选项，如下图所示。

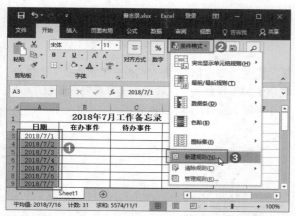

第2步 ❶弹出【新建格式规则】对话框，在【选中规则类型】列表框中选择【使用公式确定要设置格式的单元格】选项；❷在【为符合此公式的值设置格式】文本框中输入公式"=WEEKDAY($A3,2)>5"；❸单击【格式】按钮，如下图所示。

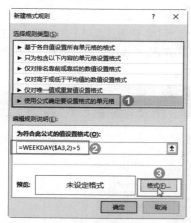

第3步 ❶弹出【设置单元格格式】对话框，根据需要设置显示方式，本例中在【填充】选项卡中选择【红色】背景色；❷单击【确定】按钮，如下图所示。

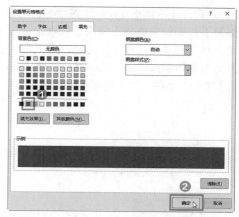

第4步 返回【新建格式规则】对话框，单击【确定】按钮，返回工作表，即可看到双休日的单元格以红色背景进行显示，如下图所示。

---

360 快速将奇数行和偶数行用两种颜色来区分

适用版本	实用指数
Excel 2007、2010、2013、2016	★★★★☆

使用说明

在制作表格时，有时为了美化表格，需要分别对奇数行和偶数行设置不同的填充颜色。若逐一选择再设置填充颜色会非常繁琐，此时可通过条件格式进行设置，以快速获得需要的效果。

解决方法

如果要通过条件格式分别为奇数行和偶数行设置填充颜色，具体操作方法如下。

第1步 ❶打开素材文件（位置：素材文件\第13章\行业资格考试成绩表.xlsx），选中单元格区域

A2:D16，打开【新建格式规则】对话框，在【选择规则类型】列表框中选择【使用公式确定要设置格式的单元格】选项；❷在【为符合此公式的值设置格式】文本框中输入公式"=MOD(ROW(),2)"；❸单击【格式】按钮，如下图所示。

[第2步] ❶弹出【设置单元格格式】对话框，在【填充】选项卡的【背景色】选项组中选择需要的颜色；❷单击【确定】按钮，如下图所示。

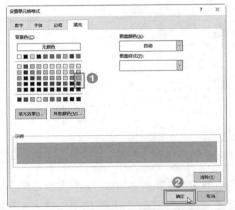

[第3步] 返回【新建格式规则】对话框，单击【确定】按钮，返回工作表，可发现奇数行填充了所设置的颜色，如下图所示。

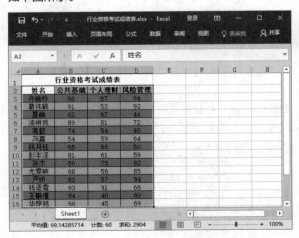

[第4步] ❶选中单元格区域 A2:D16，打开【新建格式规则】对话框，在【选择规则类型】列表框中选择【使用公式确定要设置格式的单元格】选项；❷在【为符合此公式的值设置格式】文本框中输入公式"=MOD(ROW(),2)=0"；❸单击【格式】按钮，如下图所示。

[第5步] ❶弹出【设置单元格格式】对话框，在【填充】选项卡的【背景色】选项组中选择需要的颜色；❷单击【确定】按钮，如下图所示。

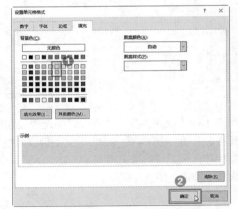

[第6步] 返回【新建格式规则】对话框，单击【确定】按钮，返回工作表，可发现偶数行填充了所设置的颜色，如下图所示。

361 标记特定年龄段的人员

适用版本	实用指数
Excel 2007、2010、2013、2016	★★★★☆

使用说明

编辑工作表时，通过条件格式，还可以将特定年龄段的人员标记出来。

解决方法

例如，要将年龄在 25~32 之间的职员标记出来，具体操作方法如下。

第1步 ❶打开素材文件（位置：素材文件\第13章\员工信息登记表 2.xlsx），选中单元格区域A3:H17，打开【新建格式规则】对话框，在【选择规则类型】列表框中选择【使用公式确定要设置格式的单元格】选项；❷在【为符合此公式的值设置格式】文本框中输入公式："=AND($G3>=25,$G3<=32)"；❸单击【格式】按钮，如下图所示。

第2步 ❶弹出【设置单元格格式】对话框，在【填充】选项卡的【背景色】选项组中选择需要的颜色；❷单击【确定】按钮，如下图所示。

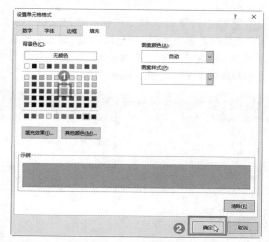

第3步 返回【新建格式规则】对话框，单击【确定】按钮，返回工作表可查看效果，如下图所示。

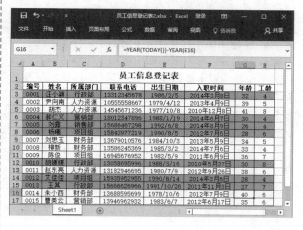

13.2 数据合并计算与预测分析

在编辑表格的过程中，还可以使用合并计算、模拟分析功能对表格数据进行处理与分析。接下来就为读者介绍这两个功能的相关使用技巧。

362 对单张工作表的数据进行合并计算

适用版本	实用指数
Excel 2010、2013、2016	★★★★★

使用说明

合并计算是指将多个相似格式的工作表或数据区域，按指定的方式进行自动匹配计算。如果所有数据在同一张工作表中，则可以在此工作表中进行合并计算。

解决方法

如果要对工作表中的数据进行合并计算，具体操作方法如下。

第1步 ❶打开素材文件（位置：素材文件\第13章\家电销售汇总.xlsx），选中汇总数据要存放的起始单元格；❷单击【数据】选项卡【数据工具】组中的【合并计算】按钮，如下图所示。

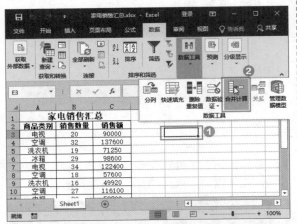

第2步 ❶弹出【合并计算】对话框，在【函数】下拉列表中选择汇总方式，如【求和】；❷将插入点定位到【引用位置】参数框，在工作表中拖动鼠标选择参与计算的数据区域；❸完成选择后，单击【添加】按钮，将选择的数据区域添加到【所有引用位置】列表框中；❹在【标签位置】选项组中勾选【首行】和【最左列】复选框；❺单击【确定】按钮，如下图所示。

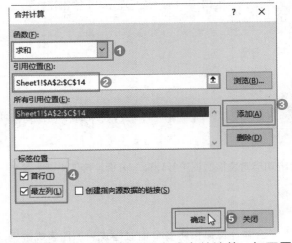

第3步 返回工作表即可完成合并计算，如下图所示。

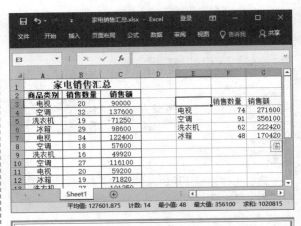

363 对多张工作表的数据进行合并计算

适用版本	实用指数
Excel 2007、2010、2013、2016	★★★★★

使用说明

在制作销售报表、汇总报表等类型的表格时，经常需要对多张工作表的数据进行合并计算，以便更好地查看数据。

解决方法

如果要对多张工作表数据进行合并计算，具体操作方法如下。

第1步 ❶打开素材文件（位置：素材文件\第13章\家电销售年度汇总.xlsx），在要存放结果的工作表中选中汇总数据要存放的起始单元格；❷单击【数据工具】组中的【合并计算】按钮，如下图所示。

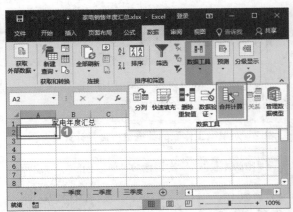

第2步 ❶弹出【合并计算】对话框，在【函数】下拉列表中单击汇总方式，如【求和】；❷将光标插入点定位到【引用位置】参数框，如下图所示。

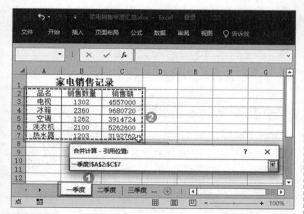

第3步 ❶单击参与计算的工作表的标签；❷在工作表中拖动鼠标选择参与计算的数据区域，如下图所示。

第4步 完成选择后，单击【添加】按钮，将选择的数据区域添加到【所有引用位置】列表框中，如下图所示。

第5步 ❶参照上述方法，添加其他需要参与计算的数据区域；❷勾选【首行】和【最左列】复选框；❸单击【确定】按钮，如下图所示。

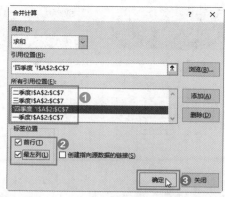

第6步 返回工作表，完成对多张工作表的合并计算，如下图所示。

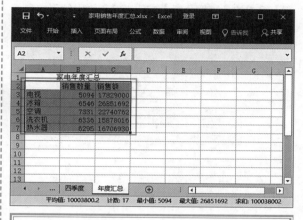

364 进行单变量求解

适用版本	实用指数
Excel 2010、2013、2016	★★★★★

> **使用说明**

单变量求解就是求解具有一个变量的方程，它通过调整可变单元格中的数值，使之按照给定的公式得出目标单元格中的目标值。

> **解决方法**

例如，假设某款手机的进价为 1250 元，销售费用为 12 元，要计算销售利润在不同情况下的加价百分比，具体操作方法如下。

第1步 打开素材文件（位置：素材文件\第 13 章\单变量求解.xlsx），在工作表中选中 B4 单元格，输入公式"=B1*B2-B3"，然后按 Enter 键确认，如下图所示。

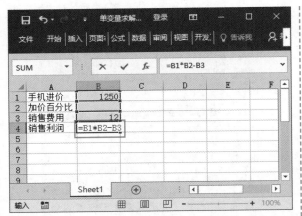

第2步 ❶选中B4单元格;❷单击【数据】选项卡【预测】组中的【模拟分析】按钮;❸在弹出的下拉列表中选择【单变量求解】选项,如下图所示。

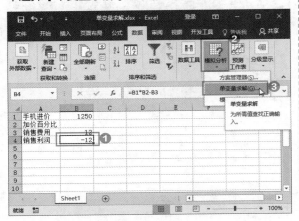

知识拓展

在 Excel 2007 中的操作略有不同,即选中单元格后,在【数据工具】组中单击【假设分析】按钮。

第3步 ❶弹出【单变量求解】对话框,在【目标值】参数框中输入理想的利润值,本例输入 300;❷在【可变单元格】参数框中输入"$B$2";❸单击【确定】按钮,如下图所示。

第4步 弹出【单变量求解状态】对话框,单击【确定】按钮,如下图所示。

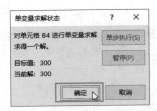

第5步 返回工作表,即可计算出销售利润为 300 元时的加价百分比,如下图所示。

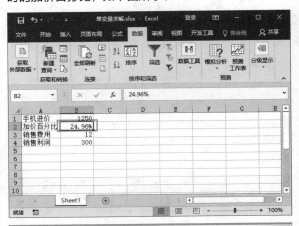

365 使用方案管理器

适用版本	实用指数
Excel 2007、2010、2013、2016	★★★★★

使用说明

单变量求解只能解决具有一个未知变量的问题,如果要解决包括较多可变因素的问题,或者要在几种假设分析中找到最佳执行方案,可以用方案管理器来实现。

解决方法

例如,假设某玩具的成本为 246 元,销售数量为 10,加价百分比为 40%,销售费用为 38,在成本、加价百分比及销售费用各不相同,销售数量不变的情况下,计算毛利情况,具体操作方法如下。

第1步 ❶打开素材文件(位置:素材文件\第 13 章\方案管理器 .xlsx),在工作表中选中 B5 单元格;❷单击【数据】选项卡【预测】组中的【模拟分析】按钮;❸在弹出的下拉列表中选择【方案管理器】选项,如下图所示。

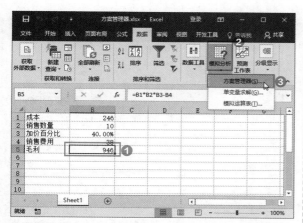

第2步 弹出【方案管理器】对话框，单击【添加】按钮，如下图所示。

第3步 ❶弹出【添加方案】对话框，在【方案名】文本框中输入方案名，如"方案一"；❷在【可变单元格】文本框中输入"$B$1,$B$3,$B$4"；❸单击【确定】按钮，如下图所示。

第4步 ❶弹出【方案变量值】对话框，分别设置可变单元格的值，如 238、0.35 和 30；❷单击【确定】按钮，如下图所示。

第5步 ❶返回【方案管理器】对话框，参照上述操作步骤，添加其他方案；❷单击【摘要】按钮，如下图所示。

第6步 ❶弹出【方案摘要】对话框，选中【方案摘要】单选按钮；❷在【结果单元格】文本框中输入 B5；❸单击【确定】按钮，如下图所示。

第7步 返回工作表，可看到自动创建了一个名为【方案摘要】的工作表，如下图所示。

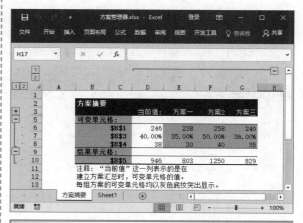

---

366 使用单变量模拟运算表分析数据

适用版本	实用指数
Excel 2007、2010、2013、2016	★★★★☆

使用说明

在 Excel 中，可以使用模拟运算表分析数据。通过模拟运算表，可以在给出一个或两个变量的可能取值时，来查看某个目标值的变化情况。根据使用变量的多少，可分为单变量和双变量两种。下面先讲解单变量模拟运算表的使用。

解决方法

例如，假设某人向银行贷款 50 万元，借款年限为 15 年，每年还款期数为 1 期，现在计算不同【年利率】下的【等额还款额】，具体操作方法如下。

第1步 打开素材文件（位置：素材文件\第13章\单变量模拟运算表.xlsx），选中 F2 单元格，输入公式 "=PMT(B2/D2,E2,-A2)"，按 Enter 键得出计算结果，如下图所示。

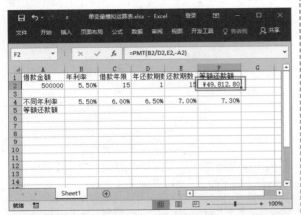

第2步 选中 B5 单元格，输入公式 "=PMT(B2/D2,E2,-A2)"，按 Enter 键得出计算结果，如下图所示。

第3步 ①选中 B4:F5 单元格区域；②单击【数据】选项卡【预测】组中的【模拟分析】下拉按钮；③在弹出的下拉列表中选择【模拟运算表】选项，如下图所示。

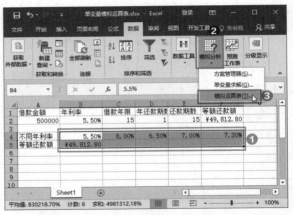

第4步 ①弹出【模拟运算表】对话框，将光标插入点定位到【输入引用行的单元格】参数框，在工作表中选择要引用的单元格；②单击【确定】按钮，如下图所示。

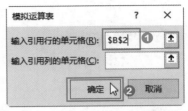

第5步 进行上述操作后，即可计算出不同【年利率】下的【等额还款额】，然后对这些计算结果的数字格式设置为【货币】，如下图所示。

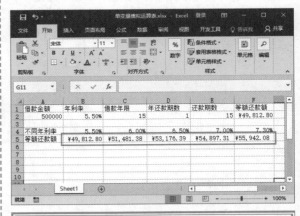

367 使用双变量模拟运算表分析数据

适用版本	实用指数
Excel 2007、2010、2013、2016	★★★★☆

使用说明

使用单变量模拟运算表时,只能解决一个输入变量对一个或多个公式计算结果的影响问题。如果想要查看两个变量对公式计算结果的影响,则需用使用双变量模拟运算表。

解决方法

例如,假设借款年限为 15 年,年利率为 6.5%,每年还款期数为 1,现要计算不同【借款金额】和不同【还款期数】下的【等额还款额】,具体操作方法如下。

第1步 打开素材文件(位置:素材文件\第13章\双变量模拟运算表 .xlsx),选中 F2 单元格,输入公式"=PMT(B2/D2,E2,–A2)",按 Enter 键得出计算结果,如下图所示。

第2步 选中 A5 单元格,输入公式"=PMT(B2/D2,E2,–A2)",按 Enter 键得出计算结果,如下图所示。

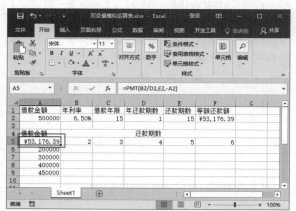

第3步 ❶选中 A5:F9 单元格区域;❷单击【数据】选项卡【预测】组中的【模拟分析】下拉按钮;❸在弹出的下拉列表中选择【模拟运算表】选项,如下图所示。

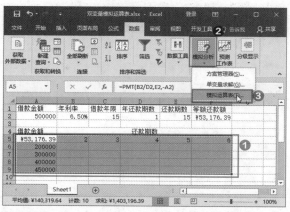

第4步 弹出【模拟运算表】对话框,将光标插入点定位到【输入引用行的单元格】参数框,在工作表中选择要引用的单元格,如下图所示。

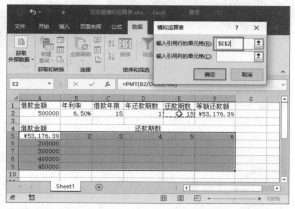

第5步 ❶将光标插入点定位到【输入引用列的单元格】参数框,在工作表中选择要引用的单元格;❷单击【确定】按钮,如下图所示。

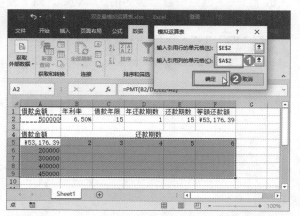

第6步 进行上述操作后,即可在工作表中计算出不同【借款金额】和不同【还款期数】下的【等额还款额】,然后对这些计算结果的数字格式设置为【货币】,如下图所示。

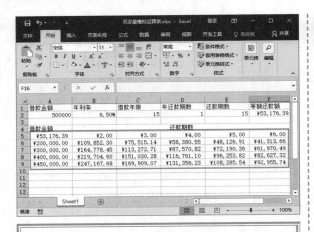

368 使用模拟运算表制作九九乘法表

适用版本	实用指数
Excel 2007、2010、2013、2016	★★★★★

使用说明

在实际应用中，使用模拟运算表还可以制作九九乘法表。

解决方法

如果要使用模拟运算表制作九九乘法表，具体操作方法如下。

第1步 新建一个名为"九九乘法表.xlsx"的工作簿，分别在 B1:J1 和 A2:A10 单元格区域中输入数字 1~9，然后设置相应的格式和边框，如下图所示。

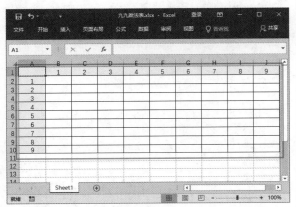

第2步 选中 A1 单元格，输入公式"=IF(A11>A12,"",A11&"×"&A12&"="&A11*A12)"，按 Enter 键进行确认，如下图所示。

第3步 ①选中 A1:J10 单元格区域，打开【模拟运算表】对话框，分别在【输入引用行的单元格】和【输入引用列的单元格】参数框中设置引用参数；②单击【确定】按钮，如下图所示。

第4步 返回工作表，可查看九九乘法表的初始效果，如下图所示。

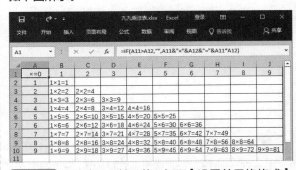

第5步 ①选中 A1 单元格，打开【设置单元格格式】对话框，在【数字】选项卡的【分类】列表框中选择【自定义】选项；②在【类型】文本框中输入";;;"；③单击【确定】按钮，如下图所示。

执行本步操作，是为了隐藏 A1 单元格中的内容，从而使九九乘法表更加整洁、美观。

第6步 返回工作表，完成九九乘法表的制作。在 B2:J10 单元格区域中，选中任意单元格，编辑栏显示的公式都是"=TABLE(A11,A12)"。九九乘法表的最终效果如下图所示。

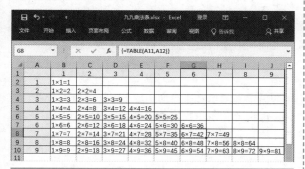

369　以最低成本购买固定数量的礼品

适用版本	实用指数
Excel 2007、2010、2013、2016	★★★★☆

使用说明

如果需要在目标单元格中计算出公式中的最优值，则可以使用规划求解。"规划求解"将直接或间接与目标单元格中公式相关联的一组单元格中的数值进行调整，最终在目标单元格中计算出期望的结果。

此外，进行规划求解时，因为功能区中没有规划求解工具，因此还需要先加载规划求解工具。

解决方法

例如，某公司组织抽奖活动，各等级奖品设置情况如下图所示。

等级	礼品名称	数量	单价
一等奖	iPhone	<=30	6500
二等奖	冰箱	<=80	2000
三等奖	榨汁机	>=260	450

公司员工有 500 人，为了让每位员工能抽到奖品，总奖品数量必须为 500 件，现在要计算各种奖品应各购买多少成能达到要求，且成本最低，具体操作方法如下。

第1步 ❶打开素材文件（位置：素材文件 \ 第 13 章 \ 礼品计划 .xlsx），打开【Excel 选项】对话框，切换到【加载项】选项卡；❷在【管理】下拉列表中选择【Excel 加载项】选项；❸单击【转到】按钮，如下图所示。

第2步 ❶弹出【加载项】对话框，勾选【规划求解加载项】复选框；❷单击【确定】按钮，如下图所示。

第3步 在工作表中，在 D2 单元格中输入公式"=B2*C2"，并将公式复制到 D3:D4 单元格区域中，如下图所示。

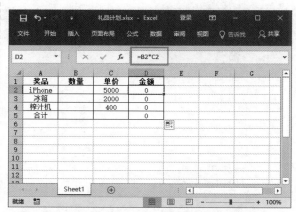

第4步 在 B5 单元格中输入公式"=SUM(B2:B4)"，然后将公式复制到 D5 单元格中，如下图所示。

第7步 ❶弹出【添加约束】对话框，将单元格 B2 的约束条件设置为"<=30"；❷单击【添加】按钮，如下图所示。

第8步 ❶继续在【添加约束】对话框中添加约束条件，将单元格 B3 的约束条件设置为"<=80"；❷单击【添加】按钮，如下图所示。

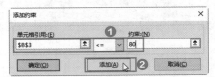

第9步 ❶继续在【添加约束】对话框中添加约束条件，将单元格 B4 的约束条件设置为">=260"；❷单击【添加】按钮，如下图所示。

第10步 ❶继续在【添加约束】对话框中添加约束条件，将单元格 B5 的约束条件设置为"=500"；❷单击【确定】按钮，如下图所示。

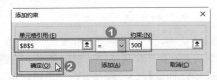

温馨提示

本操作中，因为要通过规划求解计算各种奖品应购买多少数量，因此单元格区域 B2:B4 中不用填写数字。

第5步 ❶在数据区域中选中任意单元格；❷单击【数据】选项卡【分析】组中的【规划求解】按钮，如下图所示。

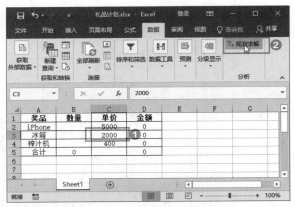

第6步 ❶弹出【规划求解参数】对话框，在【设置目标】参数框中设置参数 $D$5；❷在【通过更改可变单元格】参数框中设置参数 $B$2:$B$4；❸单击【添加】按钮，如下图所示。

第11步 返回【规划求解参数】对话框，在【遵守约束】列表框中将显示添加的所有约束条件，单击【求解】按钮，如下图所示。

第12步 ❶弹出【规划求解选项】对话框,选中【保留规划求解的解】单选按钮;❷单击【确定】按钮,如下图所示。

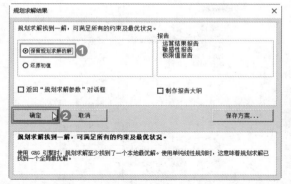

第13步 返回工作表,工作表中将显示求解的结果,如下图所示。

370 使用方案管理器分析贷款方式

适用版本	实用指数
Excel 2007、2010、2013、2016	★★★★☆

使用说明

在进行房屋贷款时,通常会重点考虑等额还款或等本还款方式。此外,贷款在 5 年内的利率与 5 年以上的利率有所不同,也是用户会考虑的因素之一。这时使用方案管理器,可以非常方便地以不同的贷款方式作为分析对象进行对比分析。

解决方法

例如,以 45 万元的公积金贷款为例,5 年期以下的年利率假定为 5.5%,5 年期以上的年利率假定为 6.2%,现在别以 5 年还款、20 年还款以及等本、

等额还款等 4 种方式进行分析比较,具体操作方法如下。

第1步 打开素材文件(位置:素材文件\第 13 章\房屋贷款方式分析 .xlsx),在 A5 单元格输入公式"=IF(D2=" 等 额 ",PMT(A2/12,C2*12,-B2,,)*C2*12-B2,(B2*C2*12+B2)/2*A2/12)",在 B5 单元格中输入公式"=A5/B2",在 C5 单元格中输入公式"=A5/C2",如下图所示。

第2步 分别为工作表中的单元格定义名称,如下图所示。

第3步 打开【方案管理器】对话框,单击【添加】按钮,如下图所示。

第4步 ❶弹出【编辑方案】对话框，在【方案名】文本框中输入"等额5年期"；❷在【可变单元格】参数框中设置参数"$A$2,$C$2: $D$2"；❸单击【确定】按钮，如下图所示。

第5步 ❶弹出【方案变量值】对话框，分别设置相应的参数；❷单击【确定】按钮，如下图所示。

第6步 返回【方案管理器】对话框，可看见添加了【等额5年期】方案，如下图所示。

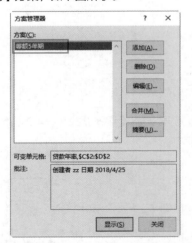

第7步 通过单击【添加】按钮，依次添加其他3个方案，其中，【可变单元格】的参数依然是"$A$2,$C$2: $D$2"。各个方案的名称及变量取值如下图所示。

	等额5年期	等本5年期	等额20年期	等本20年期
贷款年率	0.055	0.055	0.062	0.062
贷款时间	5	5	20	20
还款方式	等额	等本	等额	等本

第8步 完成添加后，【方案管理器】对话框的【方案】列表框中将显示所有方案，单击【摘要】按钮，如下图所示。

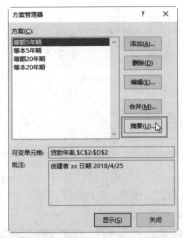

第9步 ❶弹出【方案摘要】对话框，在【报表类型】选项组中选中【方案摘要】单选按钮；❷在【结果单元格】参数框中设置参数"=$A$5: $C$5"；❸单击【确定】按钮，如下图所示。

第10步 返回工作表，可看到自动创建了一个名为【方案摘要】的工作表，如下图所示。

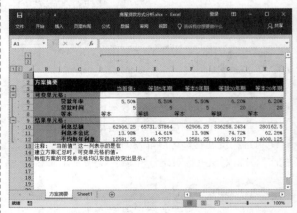

13.3 数据汇总与分析技巧

对表格数据进行分析处理的过程中，利用 Excel 提供的分类汇总功能，我们可以将表格中的数据进行分类，然后再把性质相同的数据汇总到一起，使其结构更清晰，还可以使用合并计算、模拟分析功能对表格数据进行处理与分析。下面介绍数据汇总与分析的技巧。

371 创建分类汇总		
适用版本	实用指数	
Excel 2007、2010、2013、2016	★★★★★	

使用说明

分类汇总是指根据指定的条件对数据进行分类，并计算各分类数据的汇总值。

在进行分类汇总前，应先以需要进行分类汇总的字段为关键字进行排序，以避免无法达到预期的汇总效果。

解决方法

例如，在"家电销售情况 .xlsx"中，以【商品类别】为分类字段，对销售额进行求和汇总，具体方法如下。

第1步 ❶打开素材文件（位置：素材文件\第 13 章\家电销售情况 .xlsx），在【商品类别】列中选中任意单元格；❷单击【排序和筛选】组中的【升序】按钮进行排序，如下图所示。

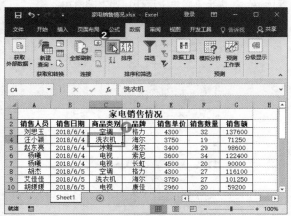

第2步 ❶选择数据区域中的任意单元格；❷单击【数据】选项卡【分级显示】组中的【分类汇总】按钮，如下图所示。

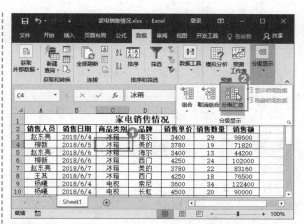

第3步 ❶弹出【分类汇总】对话框，在【分类字段】下拉列表中选择要进行分类汇总的字段，本例中选择【商品类别】；❷在【汇总方式】下拉列表中选择需要的汇总方式，本例中选择【求和】；❸在【选定汇总项】列表框中选择要进行汇总的项目，本例中选择【销售额】；❹单击【确定】按钮，如下图所示。

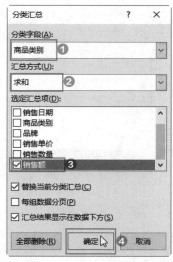

第4步 返回工作表，工作表数据完成分类汇总。分类汇总后，工作表左侧会出现一个分级显示栏，通过分级显示栏中的分级显示符号可分级查看相应的表格数据，如下图所示。

259

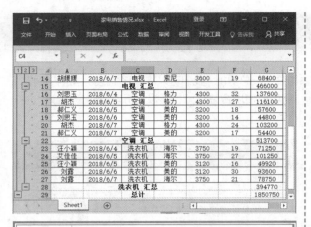

372 更改分类汇总

适用版本	实用指数	
Excel 2007、2010、2013、2016	★★★★★	

创建分类汇总后，还可根据需要更改汇总方式。

解决方法

如果要更改分类汇总，具体方法如下。

❶在创建了分类汇总的工作表中，选中任意单元格，打开【分类汇总】对话框，根据需要设置汇总字段、汇总方式等参数；❷单击【确定】按钮，如下图所示。

373 将汇总项显示在数据上方

适用版本	实用指数	
Excel 2007、2010、2013、2016	★★★★☆	

使用说明

默认情况下，对表格数据进行分类汇总后，汇总项显示在数据的下方。根据操作需要，可以将汇总项显示在数据的上方。

解决方法

例如，要对销售额进行求和汇总，并将汇总项显示在数据上方，具体方法如下。

第1步 打开素材文件（位置：素材文件\第13章\家电销售情况.xlsx），以【销售日期】为关键字，对表格数据进行升序排列，如下图所示。

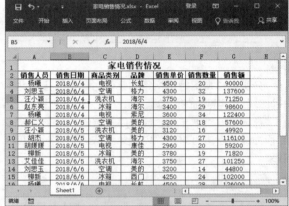

第2步 ❶选择数据区域中的任意单元格，打开【分类汇总】对话框，在【分类字段】下拉列表中选择【销售日期】选项；❷在【汇总方式】下拉列表选择【求和】选项；❸在【选定汇总项】列表框中勾选【销售额】复选框；❹取消勾选【汇总结果显示在数据下方】复选框；❺单击【确定】按钮，如下图所示。

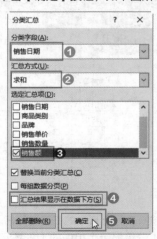

第3步 返回工作表，即可看到表格数据以【销售日期】为分类字段，对销售额进行了求和汇总，且汇总项显示在数据上方，如下图所示。

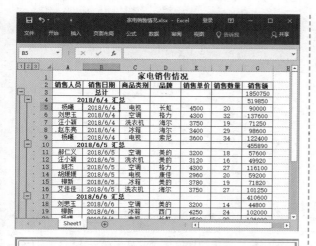

374 对表格数据进行嵌套分类汇总

适用版本	实用指数
Excel 2007、2010、2013、2016	★★★★★

使用说明

对表格数据进行分类汇总时，如果希望对某一关键字段进行多项不同汇总方式的汇总，可通过嵌套分类汇总方式实现。

解决方法

例如，在"员工信息表 .xlsx"中以【部门】为分类字段，先对【缴费基数】进行求和汇总，再对【年龄】进行平均值汇总，具体方法如下。

第1步 打开素材文件（位置：素材文件\第 13 章\员工信息表 .xlsx），以【部门】为关键字，对表格数据进行升序排列，如下图所示。

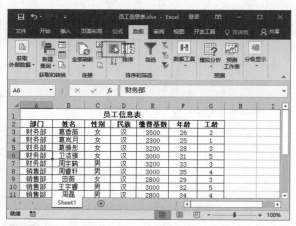

第2步 ❶选择数据区域中的任意单元格，打开【分

类汇总】对话框，在【分类字段】下拉列表中选择【部门】选项；❷在【汇总方式】下拉列表中选择【求和】选项；❸在【选定汇总项】列表框中勾选【缴费基数】复选框；❹单击【确定】按钮，如下图所示。

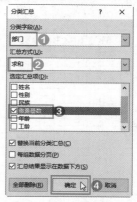

第3步 返回工作表，可看到以【部门】为分类字段，对【缴费基数】进行求和汇总后的效果，如下图所示。

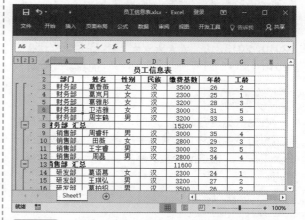

第4步 ❶选择数据区域中的任意单元格，打开【分类汇总】对话框，在【分类字段】下拉列表中选择【部门】选项；❷在【汇总方式】下拉列表中选择【平均值】选项；❸在【选定汇总项】列表框中勾选【年龄】复选框；❹取消勾选【替换当前分类汇总】复选框；❺单击【确定】按钮，如下图所示。

第5步 返回工作表，可查看嵌套汇总后的最终效果，如下图所示。

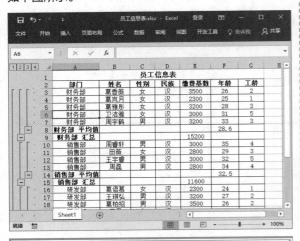

375　对表格数据进行多字段分类汇总

适用版本	实用指数
Excel 2007、2010、2013、2016	★★★★★

使用说明

在对数据进行分类汇总时，一般是按单个字段对数据进行分类汇总。如果需要按多个字段对数据进行分类汇总，只需按照分类次序多次执行分类汇总操作即可。

解决方法

例如，在"员工信息表.xlsx"中，先以【部门】为分类字段，对【年龄】进行平均值汇总，再以【性别】为分类字段，对【年龄】进行平均值汇总，具体方法如下。

第1步 ❶打开素材文件（位置：素材文件\第13章\员工信息表.xlsx），选中数据区域中的任意单元格，打开【排序】对话框，设置排序条件；❷单击【确定】按钮，如下图所示。

第2步 返回工作表，可查看排序后的效果，如下图所示。

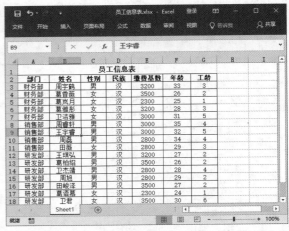

第3步 ❶选择数据区域中的任意单元格，打开【分类汇总】对话框，在【分类字段】下拉列表中选择【部门】选项；❷在【汇总方式】下拉列表中选择【平均值】选项；❸在【选定汇总项】列表框中勾选【年龄】复选框；❹单击【确定】按钮，如下图所示。

第4步 返回工作表，可看到以【部门】为分类字段，对【年龄】进行平均值汇总后的效果，如下图所示。

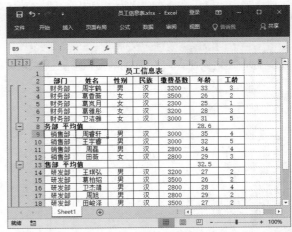

第5步 ❶选择数据区域中的任意单元格，打开【分类汇总】对话框，在【分类字段】下拉列表中选择【性

别】选项；❷在【汇总方式】下拉列表中选择【平均值】选项；❸在【选定汇总项】列表框中勾选【年龄】复选框；❹取消勾选【替换当前分类汇总】复选框；❺单击【确定】按钮，如下图所示。

第6步 返回工作表，可看到依次以【部门】【性别】为分类字段，对【年龄】进行平均值汇总后的效果，如下图所示。

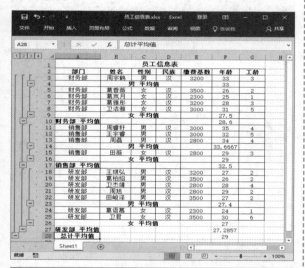

376 复制分类汇总结果

适用版本	实用指数
Excel 2007、2010、2013、2016	★★★★☆

使用说明

对工作表数据进行分类汇总后，可将汇总结果复制到新工作表中进行保存。根据操作需要，可以将包含明细数据在内的所有内容进行复制，也可只复制不含明细数据的汇总结果。

解决方法

例如，要复制不含明细数据的汇总结果，具体操作方法如下。

第1步 打开素材文件（位置：素材文件\第13章\家电销售情况1.xlsx），在创建了分类汇总的工作表中，通过左侧的分级显示栏调整要显示的内容，本例中单击③按钮，隐藏明细数据，如下图所示。

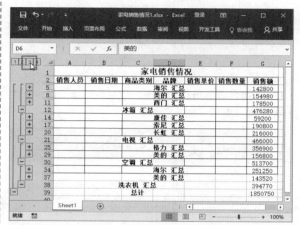

第2步 ❶隐藏明细数据后选中数据区域；❷在【开始】选项卡的【编辑】组中单击【查找和选择】按钮；❸在弹出的下拉列表中选择【定位条件】选项，如下图所示。

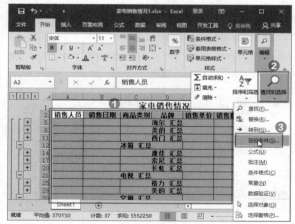

温馨提示

若要将包含明细数据在内的所有内容进行复制，则选中数据区域后直接进行复制→粘贴操作即可。

第3步 ❶弹出【定位条件】对话框，选中【可见单元格】单选按钮；❷单击【确定】按钮，如下图所示。

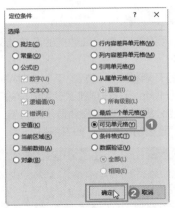

第4步 返回工作表，新建一个工作表，直接按 Ctrl+C 组合键进行复制操作，然后在新建工作表中执行粘贴操作即可，如下图所示。

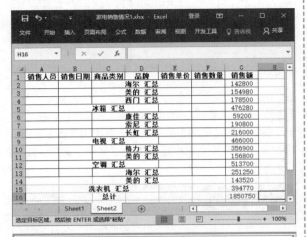

377 分页存放汇总结果

适用版本	实用指数
Excel 2007、2010、2013、2016	★★★★☆

使用说明

如果希望将分类汇总后的每组数据进行分页打印操作，可通过设置分页汇总来实现。

解决方法

如果要将分类汇总分页存放，具体操作方法如下。

第1步 打开素材文件（位置：素材文件\第13章\家电销售情况 .xlsx），将【品牌】按升序排列，然后打开【分类汇总】对话框，如下图所示。

第2步 ❶设置分类汇总的相关条件；❷勾选【每组数据分页】复选框；❸单击【确定】按钮，如下图所示。

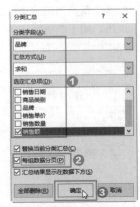

第3步 经过以上操作后，在每组汇总数据的后面会自动插入分页符，切换到【分页预览】视图，可以查看最终效果，如下图所示。

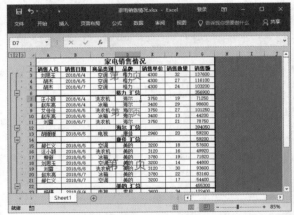

378 删除分类汇总

适用版本	实用指数
Excel 2007、2010、2013、2016	★★★★☆

使用说明

对表格数据进行分类汇总后，如果需要恢复到汇总前的状态，可将设置的分类汇总删除。

解决方法

如果要删除分类汇总，具体操作方法如下。

选择数据区域中的任意单元格，打开【分类汇总】对话框，单击【全部删除】按钮即可，如下图所示。

379 自动建立组分级显示

适用版本	实用指数
Excel 2007、2010、2013、2016	★★★★☆

使用说明

对于行列数较多、字段类别含多个层次的数据表，可以使用【分级显示】功能创建多个层次的、带有大纲结构的显示样式。

如果在数据表中设置了汇总行或列，并对数据应用了求和或其他汇总方式，那么便可通过【分级显示】功能自动分级显示数据。

解决方法

例如，在"超市盈利情况.xlsx"中，使用公式计算出了各个超市小计、季度小计及总计，如下图所示。

现在要在该表格中自动创建分级显示，具体操作方法如下。

第1步 打开素材文件（位置：素材文件\第13章\超市盈利情况.xlsx），在数据区域中选中任意单元格；❶在【数据】选项卡中单击【分级显示】组中的【组合】下拉按钮；❷在弹出的下拉列表中选择【自动建立分

级显示】按钮，如下图所示。

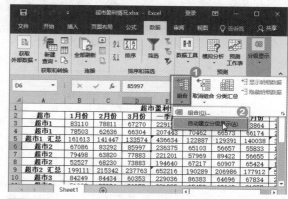

第2步 经过以上操作，Excel 会从汇总公式中自动判断分级的位置，从而自动生成分级显示的样式，如下图所示。

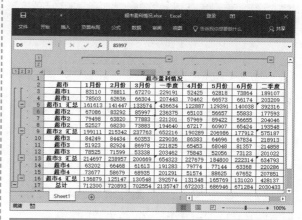

380 隐藏/显示明细数据

适用版本	实用指数
Excel 2010、2013、2016	★★★★☆

使用说明

对表格数据建立分级显示，其的目就是为了方便查看数据，根据操作需要，用户可以对明细数据进行隐藏或显示操作。

解决方法

如果要隐藏或显示明细数据，具体操作方法如下。

第1步 打开素材文件（位置：素材文件\第13章\资产类科目表.xlsx），单击分级显示按钮①，只显示1级数据，隐藏所有明细数据，如下图所示。

第2步 单击分级显示按钮②，只显示2级数据，隐藏2级以下的明细数据，如下图所示。

第3步 单击□按钮，可隐藏当前组中的明细数据，其他组的数据明细没有变化，如下图所示。

第4步 单击⊞按钮，可展开当前组中的明细数据，其他组的数据明细没有变化，如下图所示。

技能拓展

除了上述操作方法之外，还可以通过功能区对明细数据进行隐藏／显示操作。例如在本例的表格中，在3级数据A17:D20区域中选中任意单元格，然后单击【分级显示】组中的【隐藏明细数据】按钮，即可将A17:D20单元格区域中的明细数据隐藏起来；将A17:D20单元格区域中的明细数据隐藏起来后，在它的上级数据A16:D16区域中选中任意单元格，单击【分级显示】组中的【显示明细数据】按钮，即可将A17:D20单元格区域中的明细数据显示出来。

381 将表格中的数据转换为列表

适用版本	实用指数	
Excel 2010、2013、2016	★★★★★	

使用说明

在编辑表格时，可以将表格中指定的数据区域转换为列表，从而方便数据的管理与分析。

解决方法

如果要将数据转换为列表，具体操作方法如下。

第1步 ❶打开素材文件（位置：素材文件\第13章\家电销售情况.xlsx），选中要转换为列表的数据区域（可以是部分数据区域），本例中选择A2:G17；❷单击【插入】选项卡【表格】组中的【表格】按钮，如下图所示。

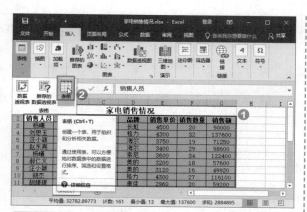

第2步 弹出【创建表】对话框，单击【确定】按钮，如下图所示。

第3步 返回工作表，即可看到将数据区域转换为列表后的效果，如下图所示。

知识拓展

如果要将列表转换为表格区域，可以选择列表中的任意单元格，然后切换到【表格工具 / 设计】选项卡，在【工具】组中单击【转换为区域】按钮，在弹出提示框中单击【是】按钮即可。

---

382 对列表中的数据进行汇总

适用版本	实用指数
Excel 2010、2013、2016	★★★★★

使用说明

在列表中，通过【汇总行】功能，可以非常方便地对列表中的数据进行汇总计算，如求和、求平均值、求最大值、求最小值等。

解决方法

如果要对列表进行汇总，具体操作方法如下。

第1步 ①打开素材文件（位置：素材文件\第 13 章\家电销售情况 2.xlsx），选中列表区域中的任意单元格；②在【表格工具 / 设计】选项卡【表格样式选项】组中勾选【汇总行】复选框，如下图所示。

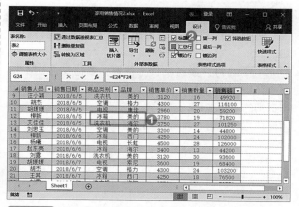

第2步 列表的最底端将自动添加汇总行，并显示汇总结果，如下图所示。

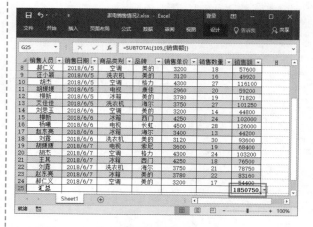

技能拓展

对列表进行汇总后，若要取消汇总，则直接在【表格样式选项】组中取消勾选【汇总行】复选框即可。

383 更改汇总行的计算函数

适用版本	实用指数
Excel 2010、2013、2016	★★★★★

使用说明

对列表中的数据进行汇总时，默认采用的求和汇总方式，根据操作需要，可以更改汇总计算方式。

解决方法

例如，要将汇总方式更改为求最大值，具体操作如下。

第1步 ❶打开素材文件（位置：素材文件\第13章\家电销售情况3.xlsx），选中汇总项单元格，单击右侧的下拉按钮；❷在弹出的下拉列表中选择需要的汇总方式即可，本例中选择【最大值】方式，如右上图所示。

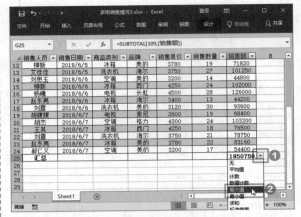

第2步 选择完成后，汇总行即可显示所选数据，如下图所示。

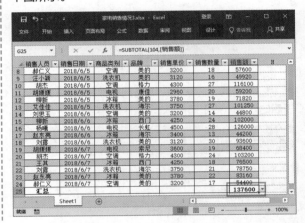

第 14 章
使用图表分析数据的技巧

图表是重要的数据分析工具之一。通过图表，可以非常直观地诠释工作表数据，并能清楚地显示数据间的细微差异及变化情况，从而使用户能更好地分析数据。本章主要针对图表功能，给读者讲解一些操作技巧。

下面先来看看以下一些图表制作中的常见问题，你是否会处理或已掌握。

【√】认真挑选了合适的数据源，创建了一个图表，却发现图表类型不合适，需要删除图表重新创建吗？

【√】制作了一个饼图，想要将一部分饼图突出显示，你知道如何将一部分饼图分离？

【√】工作表中的重要数据被隐藏后，又希望将其以图表的形式展示给他人，能否将隐藏的数据显示在图表中？

【√】图表创建完成后，需要将图表发送给他人查看，又担心他人无意中更改了图表内容，你知道如何将图表保存为 PDF 格式吗？

【√】在图表中分析数据时，你知道怎样添加辅助线吗？

【√】为工作表中的数据创建了迷你图之后，为了能突出重点，你知道怎样将重要数据突出显示吗？

希望通过本章内容的学习，能帮助你解决以上问题，并学会 Excel 图表制作与应用技巧。

14.1 创建正确图表

在 Excel 中，用户可以很轻松地创建各种类型的图表。完成图表的创建后，还可以根据需要进行编辑和修改，以便让图表更直观地表现工作表数据。

384 根据数据创建图表

适用版本	实用指数
Excel 2007、2010、2013、2016	★★★★★

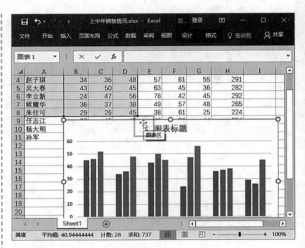

使用说明

创建图表的方法非常简单，只需选择要创建为图表的数据区域，然后选择需要的图表样式即可。在选择数据区域时，根据需要用户可以选择整个数据区域，也可选择部分数据区域。

解决方法

例如，为部分数据源创建一个柱形图，具体操作方法如下。

第1步 ①打开素材文件（位置：素材文件\第14章\上半年销售情况.xlsx），选择要创建为图表的数据区域；②单击【插入】选项卡【图表】组中图表类型对应的按钮，本例中单击【插入柱形图】按钮 ▮▾；③在弹出的下拉列表中选择需要的柱形图样式，如下图所示。

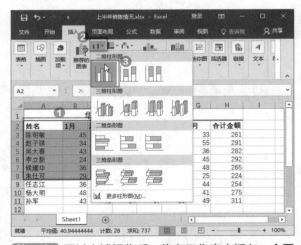

第2步 通过上述操作后，将在工作表中插入一个图表，光标指针指向该图表边缘时，光标指针会呈 ✛ 状，此时按住鼠标左键不放并拖动鼠标，可移动图表的位置，如下图所示。

知识拓展

选择数据区域后，单击【图表】组中的【功能扩展】按钮，在弹出的【插入图表】对话框中也可选择需要的图表样式。

385 更改已创建图表的类型

适用版本	实用指数
Excel 2007、2010、2013、2016	★★★★★

使用说明

创建图表后，若图表的类型不符合用户的需求，则可以更改图表的类型。

解决方法

例如，要将柱形图更改为折线图类型的图表，具体操作方法如下。

第1步 ①打开素材文件（位置：素材文件\第14章\上半年销售情况1.xlsx），选中图表；②单击【设计】选项卡【类型】组中的【更改图表类型】按钮，如下图所示。

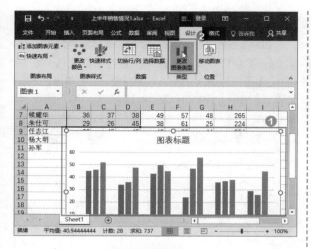

第3步 完成上述操作，所选图表将更改为折线图，如下图所示。

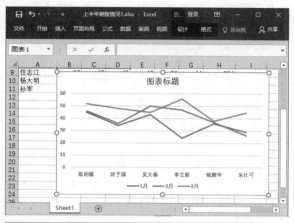

温馨提示

在 Excel 2007、2010 中插入图表后，功能区中会显示【图表工具 / 设计】【图表工具 / 布局】和【图表工具 / 格式】3 个选项卡，而 Excel 2013 和 Excel 2016 中只有【图表工具 / 设计】和【图表工具 / 格式】两个选项卡，在 Excel 2013 和 Excel 2016 的【图表工具 / 设计】选项卡的【图表布局】组中，有一个【添加图表元素】按钮，该按钮几乎囊括了之前版本【图表工具 / 布局】选项卡中的相关功能。因为界面的变化，操作难免会有所差异，希望读者自行变通，后面不再赘述。

第2步 ①弹出【更改图表类型】对话框，在【所有图表】选项卡的左侧列表框中选择【折线图】选项；②在右侧预览栏上方选择需要的折线图样式；③在预览栏中提供了所选样式的呈现方式，根据需要进行选择；④单击【确定】按钮即可，如下图所示。

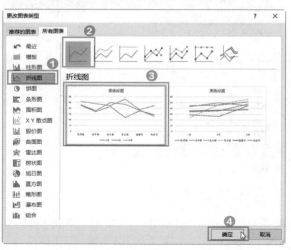

386 在一个图表使用多个图表类型

适用版本	实用指数
Excel 2007、2010、2013、2016	★★☆☆☆

使用说明

若图表中包含多个数据系列，还可以为不同的数据系列设置不同的图表类型。

解决方法

例如，要对某一个数据系列使用折线图类型的图表，具体操作方法如下。

第1步 ①打开素材文件（位置：素材文件\第 14 章\上半年销售情况 1.xlsx），选中需要设置不同图表类型的数据系列，使用鼠标右键单击；②在弹出的快捷菜单中选择【更改系列图表类型】命令，如下图所示。

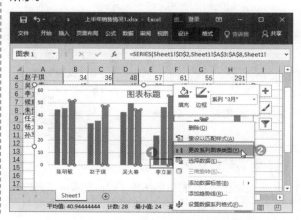

第2步 ❶弹出【更改图表类型】对话框，在【所有图表】选项卡的左侧列表框中选择【组合】选项；❷在右侧窗格中，在需要更改样式的系列右侧的下拉列表中选择该系列数据的图表样式；❸单击【确定】按钮，如下图所示。

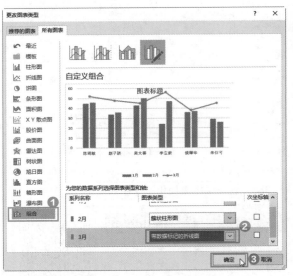

第3步 返回工作表，即可查看设置后的效果，如下图所示。

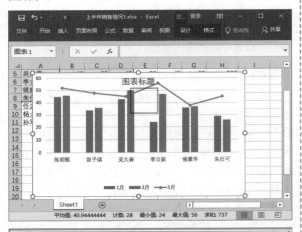

387 在图表中增加数据系列

适用版本	实用指数
Excel 2007、2010、2013、2016	★★★★☆

使用说明

在创建图表时，若只是选择了部分数据进行创建，则在后期操作过程中，还可以在图表中增加数据系列。

解决方法

如果要在图表中增加数据系列，具体操作方法如下。

第1步 ❶打开素材文件（位置：素材文件\第14章\上半年销售情况1.xlsx），选中图表；❷单击【设计】选项卡【数据】组中的【选择数据】按钮，如下图所示。

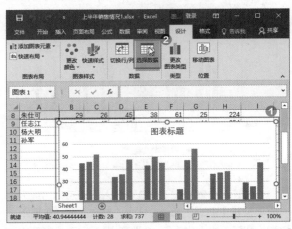

第2步 弹出【选择数据源】对话框，单击【图例项】选项组中的【添加】按钮，如下图所示。

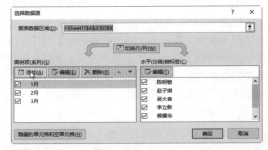

第3步 ❶弹出【编辑数据系列】对话框，分别在【系列名称】和【系列值】参数框中设置对应的数据源；❷单击【确定】按钮，如下图所示。

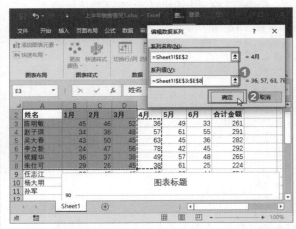

第4步 返回【选择数据源】对话框，单击【确定】按钮，返回工作表，即可看到图表中增加了数据系列，

如下图所示。

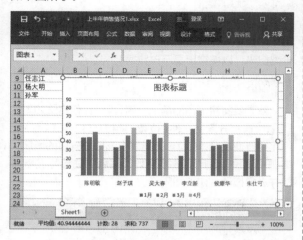

温馨提示

在工作表中，如果对数据进行了修改或删除操作，图表会自动进行相应的更新。如果在工作表中增加了新数据，则图表不会自动进行更新，需要手动增加数据系列。

---

388 精确选择图表中的元素

适用版本	实用指数
Excel 2007、2010、2013、2016	★★★★☆

使用说明

一个图表通常由图表区、图表标题、图例及各个系列数据等元素组成，当要对某个元素对象进行操作时，需要先将其选中。一般来说，通过鼠标单击某个对象，便可将其选中。当图表内容过多时，通过单击鼠标的方式，可能会选择错误。要想精确选择某元素，可通过功能区实现。

解决方法

例如，通过功能区选择水平轴，具体操作方法如下。

第1步 ❶打开素材文件（位置：素材文件\第14章\上半年销售情况 1.xlsx），选中图表；❷单击【格式】选项卡【当前所选内容】组中的【图表元素】下拉按钮；❸在弹出的下拉列表中选择元素选项，如【水平（类别）轴】，如下图所示。

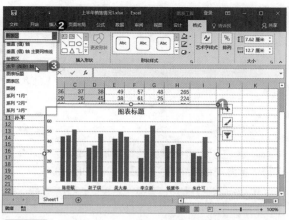

第2步 图表中的水平轴即可呈选中状态，如下图所示。

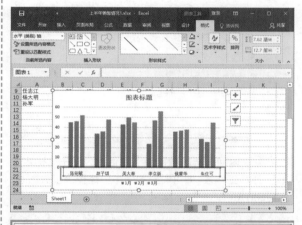

---

389 更改图表的数据源

适用版本	实用指数
Excel 2007、2010、2013、2016	★★★★☆

使用说明

创建图表后，如果发现数据源选择错误，还可根据操作需要，更改图表的数据源。

解决方法

如果要更改图表的数据源，具体操作方法如下。

第1步 打开素材文件（位置：素材文件\第14章\上半年销售情况 1.xlsx），选中图表，打开【选择数据源】对话框，单击【图表数据区域】右侧的 ⬆ 按钮，如下图所示。

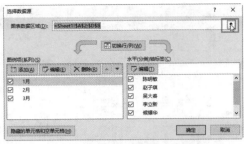

第2步 在工作表中重新选择数据区域，完成后单击选择数据源对话框中的 按钮，如下图所示。

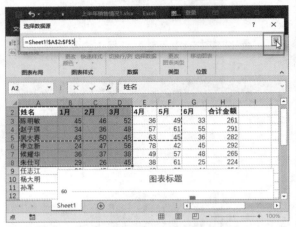

第3步 返回【选择数据源】对话框，单击【确定】按钮，返回工作表，即可看到图表中已经更改了数据源，如下图所示。

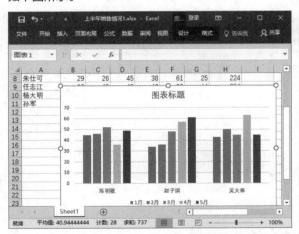

390 分离饼形图扇区

适用版本	实用指数
Excel 2007、2010、2013、2016	★★☆☆☆

在工作表中创建饼形图表后，所有的数据系列都是一个整体。根据操作需要，可以将饼图中的某扇区分离出来，以便突出显示该数据。

解决方法

如果要将饼形图的扇区分离，具体操作方法如下。

第1步 打开素材文件（位置：素材文件\第14章\上半年销售情况2.xlsx），在图表中选择要分离的扇区，本例中选择【5月】数据系列，然后按住鼠标左键不放并进行拖动，如下图所示。

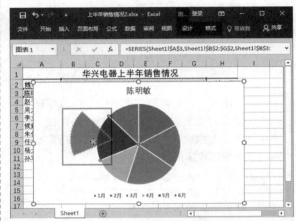

第2步 拖动至目标位置后，释放鼠标左键，即可实现该扇区的分离，如下图所示。

391 将隐藏的数据显示到图表中

适用版本	实用指数
Excel 2007、2010、2013、2016	★★☆☆☆

若在编辑工作表时，将某部分数据隐藏了，则创建的图表也不会显示该数据。此时，可以通过设置让隐藏的工作表数据显示到图表中。

解决方法

如果要将隐藏的数据显示到图表中，具体操作方法如下。

第1步 ❶打开素材文件（位置：素材文件\第 14 章\上半年销售情况 3.xlsx），选中图表；❷单击【设计】选项卡【数据】组中的【选择数据】按钮，如下图所示。

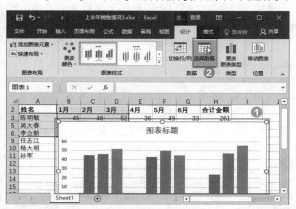

第2步 打开【选择数据源】对话框，单击【隐藏的单元格和空单元格】按钮，如下图所示。

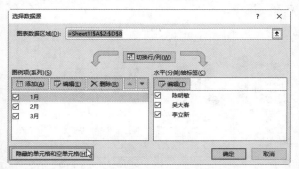

第3步 ❶弹出【隐藏和空单元格设置】对话框，勾选【显示隐藏行列中的数据】复选框，❷单击【确定】按钮，如下图所示。

第4步 返回【选择数据源】对话框，单击【确定】按钮，返回工作表，即可看见图表中显示了隐藏的数据，如下图所示。

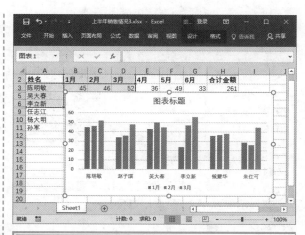

392 快速显示和隐藏图表元素

适用版本	实用指数
Excel 2007、2010、2013、2016	★★★★☆

使用说明

创建图表后，为了便于编辑图表，还可根据需要对图表元素进行显示 / 隐藏操作。

解决方法

例如，要将数据标签显示出来，具体操作方法如下。

❶打开素材文件（位置：素材文件 \ 第 14 章 \ 上半年销售情况 3.xlsx），选中图表，图表右侧会出现【图表元素】按钮 ➕，单击该按钮；❷打开【图表元素】窗格，勾选某个复选框，便可在图表中显示对应的元素；反之，取消勾选某个复选框，则会隐藏对应的元素。本例中勾选【数据标签】复选框，图表的分类系列上即可显示具体的数值，从而方便用户更好地查看图表，如下图所示。

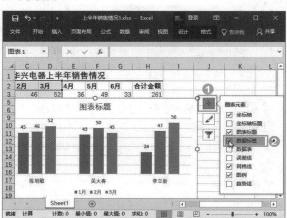

393 更改图表元素的显示位置

适用版本	实用指数
Excel 2007、2010、2013、2016	★★★☆☆

使用说明

将某个图表元素显示到图表后，还可以根据需要调整其显示位置，以便更好地查看图表。

解决方法

例如，要调整数据标签的显示位置，具体操作方法如下。

❶打开素材文件（位置：素材文件\第 14 章\上半年销售情况 4.xlsx），选中图表后打开【图表元素】窗格，将鼠标指针指向【数据标签】选项，右侧会出现一个 ▶ 按钮，单击该按钮；❷在弹出的下拉列表中选择某个位置选项即可，如下图所示。

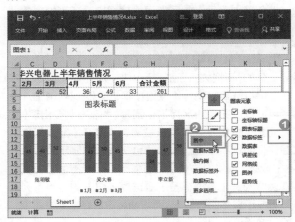

知识拓展

选中图表后，切换到【图表工具/设计】选项卡，在【图表布局】组中单击【添加图表元素】按钮，在弹出的下拉列表中单击某个元素选项，在弹出的下拉列表中选择显示位置，该元素即可显示到图表的指定位置。在 Excel 2007、2010 版本中，通过【图表工具/设计】选项卡，可对图表元素进行相关操作。

394 设置图表标题

适用版本	实用指数
Excel 2007、2010、2013、2016	★★★★☆

使用说明

在工作表中创建图表后，还可根据需要为图表设置坐标轴标题、图表标题。在设置标题前，要先将该元素显示在图中，然后在对应的标题框中输入内容即可。在 Excel 2013 和 Excel 2016 中，默认是将图表标题显示在了图表中，因此可直接输入。

解决方法

如果要为图表添加图表标题，具体操作方法如下。

打开素材文件（位置：素材文件\第 14 章\上半年销售情况 4.xlsx），选中图表，直接在【图表标题】框中输入标题内容"上半年销售情况"即可，如下图所示。

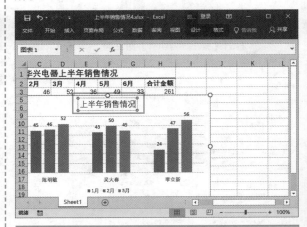

395 设置饼图的标签值类型

适用版本	实用指数
Excel 2007、2010、2013、2016	★★★★☆

使用说明

在饼图类型的图表中，将数据标签显示出来后，默认显示的是具体数值，为了让饼图更加形象直观，我们可以将数值设置成百分比形式。

解决方法

例如，要将数据标签的值设置成百分比形式，具体操作方法如下。

第1步 ❶打开素材文件（位置：素材文件\第14章\文具销售统计.xlsx），选中图表；❷单击【设计】选项卡【图表布局】组中的【添加图表元素】下拉按钮；❸在弹出的下拉列表中选择【数据标签】选项；❹在弹出的扩展菜单中选择数据标签的位置，本例选择【数据标签内】，如下图所示。

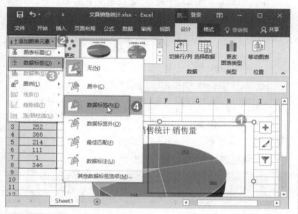

第2步 在添加的数据标签上单击鼠标右键，在弹出的快捷菜单中选择【设置数据标签格式】命令，如下图所示。

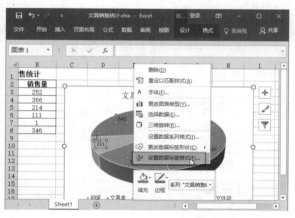

知识拓展

在选择图表后，在图表旁边会出现【图表元素】按钮，单击该按钮，在打开的菜单中将鼠标指针指向【数据标签】选项，单击右侧出现的 ▶ 按钮，在弹出的下拉列表中单击【更多选项】选项也可以打开【设置数据标签格式】窗口。使用相同的方法，也可以打开其他图表元素的设置窗格。

第3步 ❶打开【设置数据标签格式】窗格，默认显示【标签选项】选项卡，在【标签包括】栏中勾选【百分比】复选框，取消勾选【值】复选框；❷单击【关闭】按钮 × 关闭该窗格，如下图所示。

第4步 返回工作表中，即可查看到图表中的数据标签以百分比形式进行显示，如下图所示。

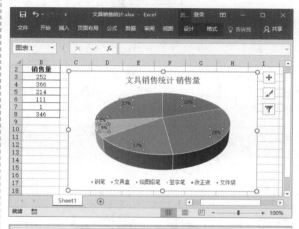

396　在饼状图中让接近 0% 的数据隐藏起来

适用版本	实用指数
Excel 2007、2010、2013、2016	★★★☆☆

使用说明

在制作饼图时，如果其中某个数据本身接近 0 值，那么在饼图中不能显示色块，但会显示一个 0% 的标签。在操作过程中，即使将这个零值标签删除掉，如果再次更改图表中的数据，这个标签又会自动出现，为了使图表更加美观，可通过设置让接近 0% 的数据彻底隐藏起来。

解决方法

如果要在饼状图中让接近 0% 的数据隐藏起来，具体操作方法如下。

第1步 ❶打开素材文件（位置：素材文件 \ 第 14 章 \ 文具销售统计 1.xlsx），选中图表，打开【设置数据标签格式】窗格，在【标签选项】选项卡的【数字】栏中的【类别】下拉列表中选择【自定义】选项；❷在【格式代码】文本框中输入"[< 0.01]"";0%"；❸单击【添加】按钮；❹单击【关闭】按钮 × 关闭该窗格，如下图所示。

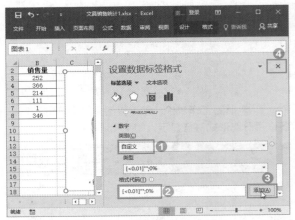

第2步 返回工作表，可看见图表中接近 0% 的数据自动隐藏起来了，如下图所示。

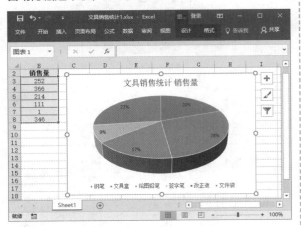

温馨提示

在本例中输入的代码"[< 0.01]"";0%"，表示当数值小于 0.01 时不显示。

397　设置纵坐标的刻度值

适用版本	实用指数	
Excel 2007、2010、2013、2016	★★★☆☆	

使用说明

创建柱形、折线等类型的图表后，在图表左侧显示的是纵坐标轴，并根据数据源中的数值显示刻度。根据操作需要，用户可自定义坐标轴刻度值的大小。

解决方法

如果要设置纵坐标的刻度值，具体操作方法如下。

第1步 ❶打开素材文件（位置：素材文件 \ 第 14 章 \ 上半年销售情况 4.xlsx），选中图表，在纵坐标轴上单击鼠标右键；❷在弹出的快捷菜单中选择【设置坐标轴格式】命令，如下图所示。

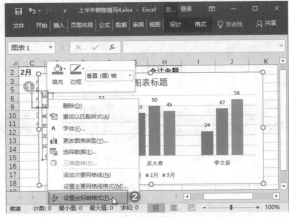

第2步 ❶打开【设置坐标轴格式】窗格，在【坐标轴选项】选项卡中设置刻度值参数；❷单击【关闭】按钮 × 即可，如下图所示。

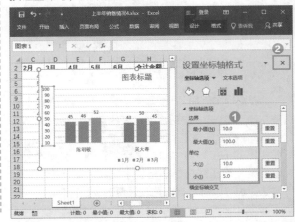

398 将图表移动到其他工作表

适用版本	实用指数
Excel 2007、2010、2013、2016	★★★☆☆

使用说明

默认情况下，创建的图表会显示在数据源所在的工作表内。根据操作需要，还可以将图表移动到其他工作表。

解决方法

例如，要将图表移动到新建的【图表】工作表中，具体操作方法如下。

第1步 ❶打开素材文件（位置：素材文件\第14章\销售统计表.xlsx），选中图表；❷单击【图表工具/设计】选项卡【位置】组中的【移动图表】按钮，如下图所示。

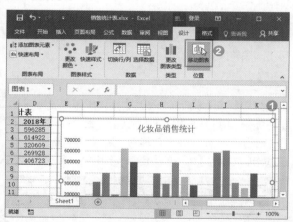

第2步 ❶弹出【移动图表】对话框，选择图表位置，本例选中【新工作表】单选按钮，并在右侧的文本框中输入新工作表的名称；❷单击【确定】按钮，如下图所示。

第3步 通过上述操作后，即可新建一个名为【图表】的工作表，并将图表移动至该工作表中，如下图所示。

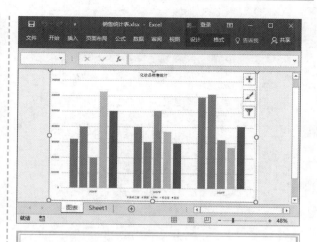

399 隐藏图表

适用版本	实用指数
Excel 2007、2010、2013、2016	★★★☆☆

使用说明

创建图表后，有时可能会遮挡工作表的数据内容，为了方便操作，可以将图表隐藏起来。

解决方法

如果要将工作表中的图表隐藏起来，具体操作方法如下。

第1步 ❶打开素材文件（位置：素材文件\第14章\销售统计表.xlsx），选中图表；❷单击【图表工具/格式】选项卡【排列】组中的【选择窗格】按钮，如下图所示。

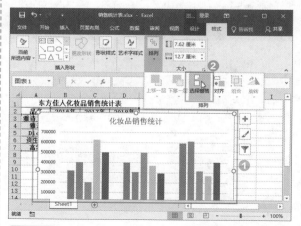

第2步 打开【选择】窗格，单击要隐藏的图表名称右侧的按钮 👁，即可隐藏该图表，如下图所示。

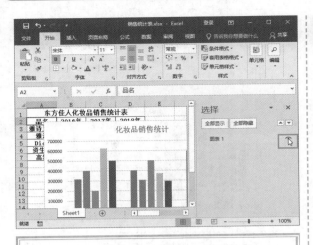

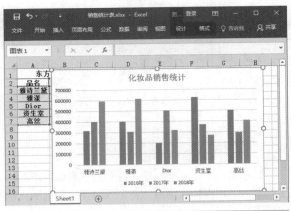

400 切换图表的行列显示方式

适用版本	实用指数
Excel 2007、2010、2013、2016	★★★☆☆

使用说明

创建图表后，还可以对图表统计的行列方式进行随意切换，以便用户更好地查看和比较数据。

解决方法

如果要切换图表的行列显示方式，具体操作方法如下。

第1步 ❶打开素材文件（位置：素材文件\第14章\销售统计表.xlsx），选中图表；❷单击【图表工具/设计】选项卡【数据】组中的【切换行/列】按钮，如下图所示。

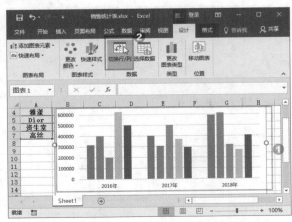

第2步 通过上述操作后，即可切换图表行列显示方式，如右上图所示。

401 将图表转换为图片

适用版本	实用指数
Excel 2007、2010、2013、2016	★★☆☆☆

使用说明

创建图表后，如果对数据源中的数据进行了修改，图表也会自动更新。如果不想让图表再做任何更改，可将图表转换为图片。

解决方法

如果要将图表转换为图片，具体操作方法如下。

第1步 ❶打开素材文件（位置：素材文件\第14章\销售统计表.xlsx），选中图表；❷单击【开始】选项卡【剪贴板】组中的【复制】按钮，如下图所示。

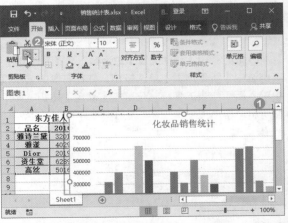

第2步 ❶新建一张名为"图片"的工作表，并切换到该工作表；❷单击【开始】选项卡【剪贴板】组中的【粘贴】下拉按钮；❸在弹出的下拉列表中单击【图片】按钮即可，如下图所示。

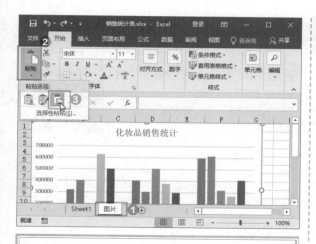

402 设置图表背景

适用版本	实用指数
Excel 2007、2010、2013、2016	★★★☆☆

使用说明

创建图表后，还可对其设置背景，以便让图表更加美观。

解决方法

例如，要为图表设置图片背景，具体操作方法如下。

第1步 打开素材文件（位置：素材文件\第 14 章\销售统计表 .xlsx），使用鼠标右键单击图表，在弹出的快捷菜单中单击【设置图表区格式】命令，如下图所示。

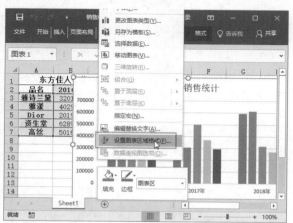

第2步 ❶打开【设置图表区格式】窗格，在【图表选项】选项卡中展开【填充】栏；❷选择背景填充方式，本例中选中【图片或纹理填充】单选按钮；❸单击【文件】按钮，如下图所示。

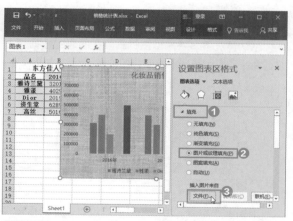

第3步 ❶弹出【插入图片】对话框，选择需要作为背景的图片；❷单击【插入】按钮，如下图所示。

第4步 操作完成后，即可为图表添加图片背景，如下图所示。

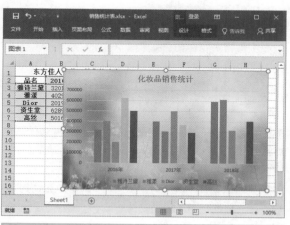

403 让鼠标悬停时不显示数据点的值

适用版本	实用指数
Excel 2007、2010、2013、2016	★★☆☆☆

使用说明

默认情况下，将鼠标指针悬停在图表的数据点上时，会自动显示数据点的值，如下图所示。

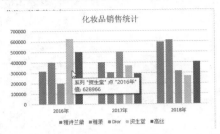

根据操作需要，用户可以通过设置，让光标悬停时不显示数据点的值。

解决方法

如果要设置光标悬停时不显示数据点的值，具体操作方法如下。

第1步 ❶打开素材文件（位置：素材文件\第14章\销售统计表 .xlsx），打开【Excel 选项】对话框，在【高级】选项卡的【图表】选项组中取消勾选【悬停时显示数据点的值】复选框；❷单击【确定】按钮，如下图所示。

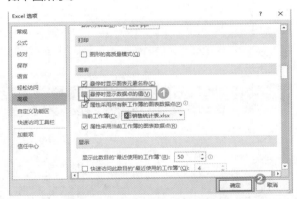

第2步 返回工作表，将鼠标指针悬停在图表的数据点上时，仅仅显示图表元素名称，不再显示数据点的值，如下图所示。

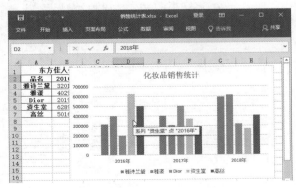

---

404 将图表保存为 PDF 文件

适用版本	实用指数
Excel 2007、2010、2013、2016	★★★☆☆

使用说明

在工作表中插入图表后，还可将其单独保存为 PDF 文件，以便管理与查看图表。

解决方法

如果要将图表保存为 PDF 文件，具体操作方法如下。

第1步 ❶打开素材文件（位置：素材文件\第14章\销售统计表 .xlsx），选中图表，打开【另存为】对话框，设置保存路径和文件名，然后在【保存类型】下拉列表中选择 PDF(*.pdf) 选项；❷单击【保存】按钮，如下图所示。

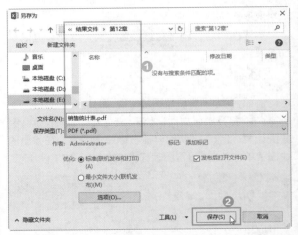

第2步 通过上述操作后，打开保存的 PDF 文件，可以看见其中只有图表内容，如下图所示。

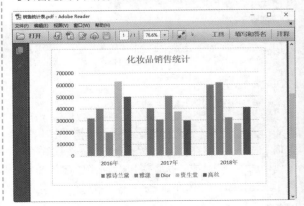

温馨提示

默认情况下，【另存为】对话框中的【发布后打开文件】复选框为勾选状态，因此成功将图表保存为 PDF 文件后，系统会自动打开该 PDF 文件。

405　制作可以选择的动态数据图表

适用版本	实用指数
Excel 2007、2010、2013、2016	★★★☆☆

使用说明

在编辑工作表时，先为单元格定义名称，再通过名称为图表设置数据源，可制作动态的数据图表。

解决方法

如果要制作可以选择的动态数据图表，具体操作方法如下。

第1步 ❶打开素材文件（位置：素材文件\第 14 章\笔记本销量 .xlsx），选中 A1 单元格；❷单击【公式】选项卡【定义的名称】组中【名称管理器】按钮，如下图所示。

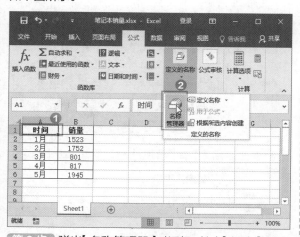

第2步 弹出【名称管理器】对话框，单击【新建】按钮，如下图所示。

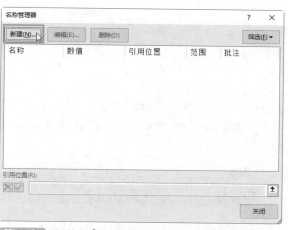

第3步 ❶弹出【新建名称】对话框，在【名称】文本框中输入"时间"；❷在【范围】下拉列表中选择 Sheet1 选项；❸在【引用位置】参数框中将参数设置为"=Sheet1!$A$2:$A$13"；❹单击【确定】按钮，如下图所示。

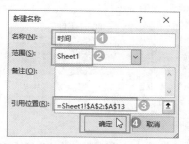

第4步 返回【名称管理器】对话框，单击【新建】按钮，如下图所示。

第5步 ❶弹出【新建名称】对话框，在【名称】文本框中输入"销量"；❷在【范围】下拉列表中选择 Sheet1 选项；❸在【引用位置】参数框中将参数设置为"=OFFSET(Sheet1!$B$1,1,0,COUNT(Sheet1!$B:$B))"；❹单击【确定】按钮，如下图所示。

第6步 返回【名称管理器】对话框，在列表框中可看见新建的所有名称，单击【关闭】按钮，如下图所示。

第7步 ①返回工作表，选中数据区域中的任意单元格，单击【插入】选项卡【图表】组中的【插入柱形图和条形图】下拉按钮 ；②在弹出的下拉列表中选择需要的柱形图样式，如下图所示。

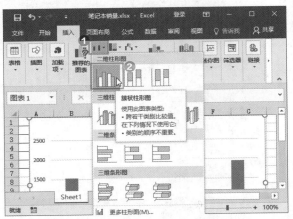

第8步 ①选中图表；②单击【图表工具/设计】选项卡【数据】组中的【选择数据】按钮，如下图所示。

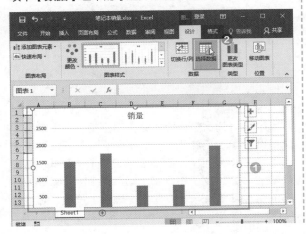

第9步 弹出【选择数据源】对话框，在【图例项（系列）】栏中单击【编辑】按钮，如下图所示。

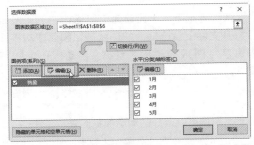

第10步 ①弹出【编辑数据系列】对话框，在【系列值】参数框中设置为"=Sheet1! 销量"；②单击【确定】按钮，如下图所示。

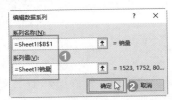

第11步 返回【选择数据源】对话框，在【水平（分类）轴标签】栏中单击【编辑】按钮，如下图所示。

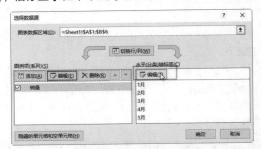

第12步 ①弹出【轴标签】对话框，将【轴标签区域】设置为"=Sheet1! 时间"；②单击【确定】按钮，如下图所示。

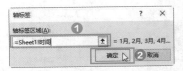

第13步 返回【选择数据源】对话框，单击【确定】按钮，如下图所示。

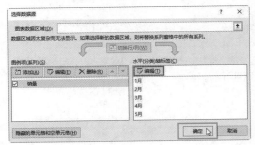

第14步 返回工作表，分别在 A7、B7 单元格中输入内容，图表将自动添加相应的内容，如下图所示。

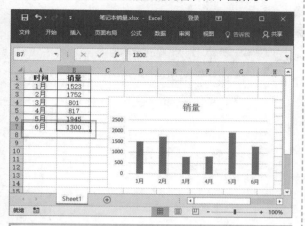

406　设置条件变色的数据标签

适用版本	实用指数
Excel 2007、2010、2013、2016	★★☆☆☆

使用说明

条件变色的数据标签，就是根据一定的条件，将各个数据标签的文字显示为不同的颜色，以便区分和查看图表中的数据。

解决方法

例如，要将数据标签设置为：小于 1000 的数字显示为带括号的蓝色文字，大于 1500 的数字显示为红色数字，在 1000~1500 的数字则显示为默认的黑色，具体操作方法如下。

第1步 ❶打开素材文件（位置：素材文件 \ 第 14 章 \ 笔记本销量 1.xlsx），打开【设置数据标签格式】窗格，在【标签选项】选项卡的【数字】栏中，在【类别】下拉列表中选择【自定义】选项；❷在【格式代码】文本框中输入"[蓝色][<1000](0);[红色][>1500]0;0"；❸单击【添加】按钮；❹单击【关闭】按钮 × 关闭该窗格，如下图所示。

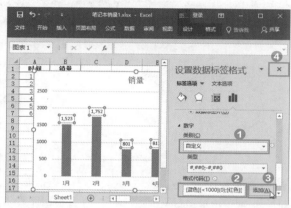

第2步 返回工作表，可看见图表中的数据标签将根据设定的条件自动显示为不同的颜色，如下图所示。

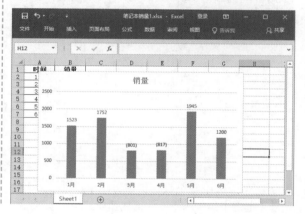

14.2　添加辅助线分析数据

为了帮助用户分析图表中显示的数据，我们可以利用 Excel 的分析功能，在二维堆积图、柱形图、折线图等类型的图表中添加分析线，如趋势线、误差线、折线等。接下来就讲解这些辅助线的操作方法。

407　突出显示折线图表中的最大值和最小值

适用版本	实用指数
Excel 2007、2010、2013、2016	★★★☆☆

使用说明

为了让图表数据更加清楚明了，可以通过设置在图表中突出显示最大值和最小值。

解决方法

如果要在折线类型的图表中突出显示大值和最小值，具体操作方法如下。

第1步 打开素材文件（位置：素材文件\第14章\员工培训成绩表.xlsx），在工作表中创建两个辅助列，并将标题命名为【最高分】和【最低分】。选择要存放结果的单元格C3，输入公式"=IF(B3=MAX($B$3:$B$11),B3,NA())"，按Enter键得出计算结果，利用填充功能向下复制公式，如下图所示。

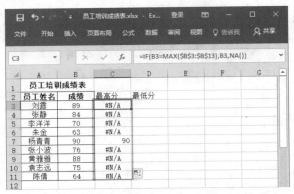

第2步 选中单元格D3，输入公式"=IF(B3=MIN($B$3:$B$11),B3,NA())"，按Enter键得出计算结果，利用填充功能向下复制公式，如下图所示。

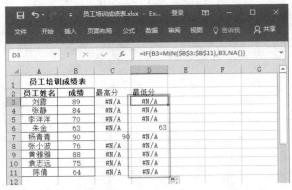

第3步 ❶选中整个数据区域；❷单击【插入】选项卡【插图】组中的【插入折线图或面积图】下拉按钮 ∭ ﹀；❸在弹出的下拉列表中选择【带数据标记的折线图】选项，如下图所示。

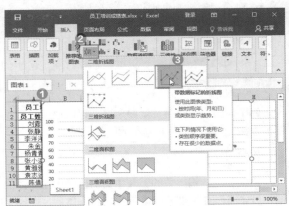

第4步 ❶在图表中选中最高数值点；❷单击【图表元素】按钮 ➕；❸在弹出的【图表元素】窗格中勾选【数据标签】复选框，单击右侧的 ▶ 按钮；❹在弹出的扩展菜单中选择【更多选项】命令，如下图所示。

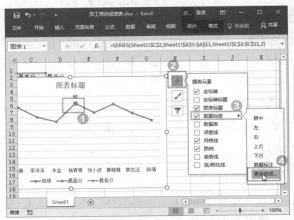

第5步 ❶打开【设置数据标签格式】窗格，在【标签选项】选项卡的【标签包括】栏中，勾选【系列名称】复选框；❷单击【关闭】按钮 ✕，如下图所示。

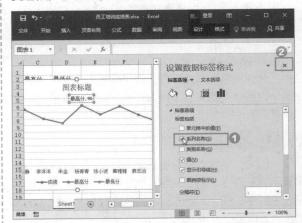

第6步 参照上述操作方法，将最低数值点的数据标签在下方显示出来，并显示出系列名称，如下图所示。

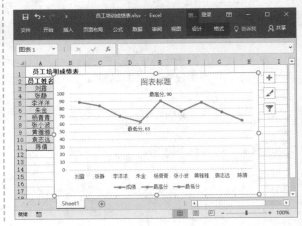

408 在图表中添加趋势线

适用版本	实用指数	
Excel 2007、2010、2013、2016	★★★★★	

使用说明

创建图表后，为了能更加直观地对系列中的数据变化趋势进行分析与预测，我们可以为数据系列添加趋势线。

解决方法

如果要为数据系列添加趋势线，具体操作方法如下。

【第1步】 ❶打开素材文件（位置：素材文件\第14章\销售统计表.xlsx），选中图表；❷单击【图表工具/设计】选项卡【图表布局】组中的【添加图表元素】下拉按钮；❸在弹出的下拉列表中选择【趋势线】选项；❹在弹出的扩展菜单中选择趋势线类型，本例选择【线性】，如下图所示。

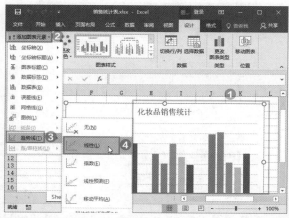

【第2步】 ❶弹出【添加趋势线】对话框，在列表中选择要添加趋势线的系列，本例中选择【雅漾】；❷单击【确定】按钮，如下图所示。

【第3步】 返回工作表即可查看到趋势线已经添加，如下图所示。

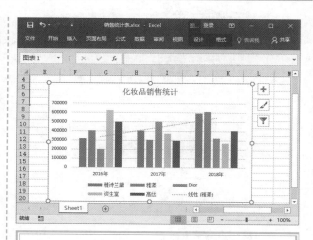

409 更改趋势线类型

适用版本	实用指数	
Excel 2007、2010、2013、2016	★★★★☆	

使用说明

添加趋势线后，还可根据操作需要，更改趋势线的类型。

解决方法

如果要更改趋势线的类型，具体操作方法如下。

【第1步】 ❶打开素材文件（位置：素材文件\第14章\销售统计表1.xlsx），选中要更改的趋势线；❷单击【图表元素】按钮；❸在弹出的【图表元素】窗格中单击【趋势线】右侧的▶按钮；❹在弹出的扩展菜单中选择需要更改的趋势线类型，本例选择【线性预测】，如下图所示。

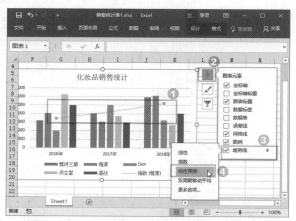

【第2步】 返回工作表即可查看设置后的效果，如下图所示。

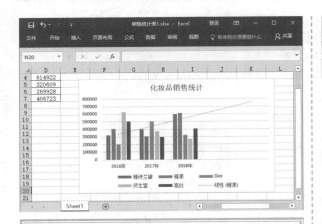

410 给图表添加误差线

适用版本	实用指数
Excel 2007、2010、2013、2016	★★★★☆

使用说明

误差线通常用于统计或科学计数法数据中，以显示相对序列中的每个数据标记的潜在误差或不确定度。

解决方法

如果要为数据系列添加误差线，具体操作方法如下。

❶打开素材文件（位置：素材文件\第 14 章\销售统计表 .xlsx），选中要添加误差线的数据系列；❷打开【图表元素】窗格，勾选【误差线】复选框即可，如下图所示。

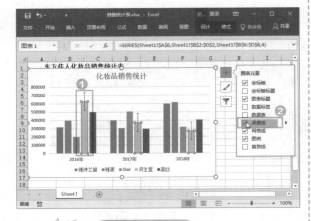

温馨提示

如果要为所有数据系列添加误差线，则直接选择图表，再执行添加误差线的操作即可。

411 更改误差线类型

适用版本	实用指数
Excel 2007、2010、2013、2016	★★★☆☆

使用说明

添加误差线后，还可根据操作需要，更改误差线的类型。

解决方法

如果要将数据系列的误差线的类型更改为【负偏差】，具体操作方法如下。

第1步 打开素材文件（位置：素材文件\第 14 章\销售统计表 1.xlsx），选中误差线，打开【设置误差线格式】窗格。

第2步 ❶在【误差线选项】选项卡中选择需要的误差线类型，本例中选择【负偏差】；❷单击【关闭】按钮，如下图所示。

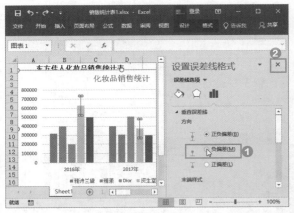

第3步 返回工作表，即可查看设置后的效果，如下图所示。

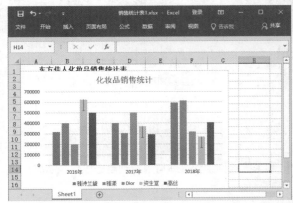

412　为图表添加折线

适用版本	实用指数
Excel 2007、2010、2013、2016	★★★☆☆

使用说明

为了辅助用户更加清晰地分析图表数据，可以为图表添加折线，折线包括系列线、垂直线和高低点连续 3 种，不同的图表类型可以添加不同的折线。

- 系列线：连接不同数据系列之间的折线，一般用于二维堆积条形图、二维堆积柱形图、复合饼图、复合条饼图等。
- 垂直线：连接水平轴与数据系列之间的折线，一般用于面积图、折线图等。
- 高低点连线：连接不同数据系列的对应数据点之间的折线，一般在包含两个或两个以上的数据系列的二维折线图中显示。

解决方法

下面，先在工作表中创建一个堆积柱形图，再添加系列线，具体操作方法如下。

第1步 打开素材文件（位置：素材文件\第 14 章\销售业绩 .xlsx），选中数据区域 A2:D10，插入堆积柱形图，插入图表后的效果如下图所示。

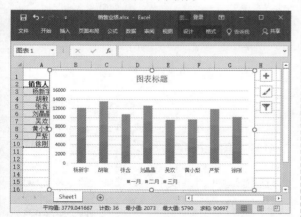

第2步 ❶选中图表；❷在【图表工具 / 设计】选项卡【图表布局】组中单击【添加图表元素】下拉按钮；❸在弹出的下拉列表中选择【线条】选项；❹在弹出的扩展列表中选择【系列线】选项即可，如下图所示。

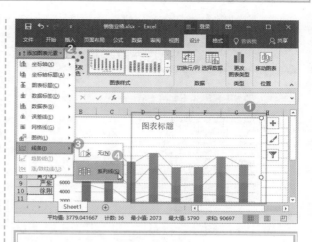

413　在图表中添加涨 / 跌柱线

适用版本	实用指数
Excel 2007、2010、2013、2016	★★★☆☆

使用说明

对于双变量变化趋势线，可以看出彼此独立的变化趋势，想要得到两个变量之间的相关性，就需要使用到涨 / 跌柱线。

解决方法

如果在图表中添加涨跌柱线，具体操作方法如下。

第1步 ❶打开素材文件（位置：素材文件 \ 第 14 章 \ 销售统计表 2.xlsx），选中图表；❷在【图表工具 / 设计】选项卡【图表布局】组中单击【添加图表元素】下拉按钮；❸在弹出的下拉列表中选择【涨 / 跌柱线】选项；❹在弹出的扩展列表中选择【涨 / 跌柱线】选项即可，如下图所示。

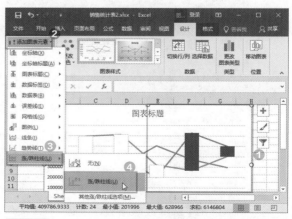

第2步 图表中即可添加涨 / 跌柱线，白柱线表示涨

柱，黑柱表示跌柱，如下图所示。

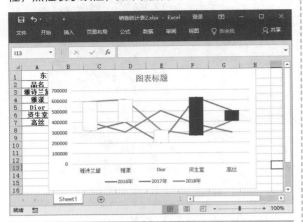

414 改变涨柱和跌柱的位置

适用版本	实用指数
Excel 2007、2010、2013、2016	★★☆☆☆

使用说明

在图表中添加涨/跌柱线后，通过调整涨/跌柱线的参照数据系列的次序，可以改变涨柱和跌柱的位置。

解决方法

如果要为添加的涨/跌柱线调整涨柱和跌柱的位置，具体操作方法如下。

第1步 ❶打开素材文件（位置：素材文件\第14章\销售统计表3.xlsx），选中图表；❷在【图表工具/设计】选项卡的【数据】组中单击【选择数据】按钮，如下图所示。

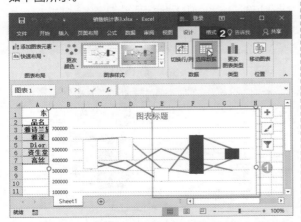

第2步 ❶弹出【选择数据源】对话框，在【图例项（系列）】栏中的列表框中选择某个数据系列，如

2017；❷单击【上移】▲或【下移】按钮▼调整顺序，如下图所示。

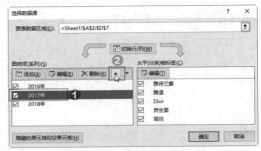

第3步 数据系列 2017 即可向上调整一个位置，单击【确定】按钮，如下图所示。

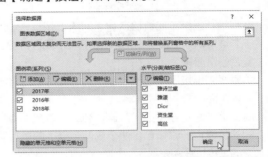

第4步 返回工作表，可发现涨柱和跌柱的位置发生了改变，如下图所示。

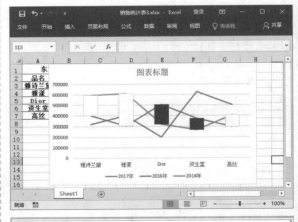

415 在图表中筛选数据

适用版本	实用指数
Excel 2007、2010、2013、2016	★★★★☆

使用说明

创建图表后，我们还可以通过图表筛选器功能对图表数据进行筛选，将需要查看的数据筛选出来，从

而帮助用户更好地查看与分析数据。

解决方法

如果要在图表中筛选数据，具体操作方法如下。

第1步 ❶打开素材文件（位置：素材文件 \ 第 14 章 \ 销售统计表 .xlsx），选中图表；❷单击右侧的【图表筛选器】按钮 ▼，如下图所示。

第2步 ❶打开筛选窗格，在【数值】选项卡的【系列】选项组中勾选要显示的数据系列；❷在【类别】选项组中勾选要显示的数据类别；❸单击【应用】按钮，如右上图所示。

第3步 返回工作表即可查看到筛选后的数据，如下图所示。

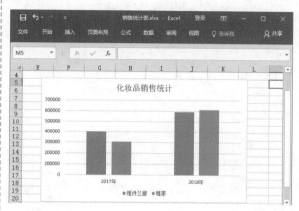

14.3 迷你图的创建与编辑技巧

迷你图是显示于单元格中的一个微型图表，可以直观地反应数据系列中的变化趋势，接下来就为读者介绍相关的操作技巧。

416 创建迷你图		
适用版本	**实用指数**	
Excel 2007、2010、2013、2016	★★★★★	

使用说明

Excel 提供了折线、柱形和盈亏 3 种类型的迷你图，用户可根据操作需要进行选择。

解决方法

例如，要在单元格中插入折线类型的迷你图，具体操作方法如下。

第1步 ❶打开素材文件（位置：素材文件 \ 第 14 章 \ 销售业绩 .xlsx），选中要显示迷你图的单元格；❷在【插入】选项卡的【迷你图】组中选择要插入的迷你图类型，本例选择【折线】，如下图所示。

第2步 ①弹出【创建迷你图】对话框，在【数据范围】参数框中设置迷你图的数据源；②单击【确定】按钮，如下图所示。

第3步 返回工作表，即可看见当前单元格创建了迷你图，如下图所示。

第4步 使用相同的方法创建其他迷你图即可，如下图所示。

417　一次性创建多个迷你图

适用版本	实用指数
Excel 2007、2010、2013、2016	★★★★★

使用说明

在创建迷你图时会发现，若逐个创建，会显得非常繁琐，为了提高工作效率，我们可以一次性创建多个迷你图。

解决方法

例如，要一次性创建多个柱形类型的迷你图，具体操作方法如下。

第1步 ①打开素材文件（位置：素材文件\第14章\销售业绩.xlsx），选中要显示迷你图的多个单元格；②在【插入】选项卡的【迷你图】组中单击【柱形图】按钮，如下图所示。

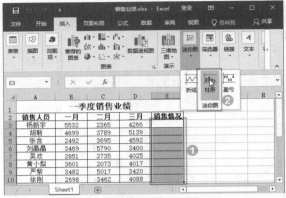

第2步 ①弹出【创建迷你图】对话框，在【数据范围】参数框中设置迷你图的数据源；②单击【确定】按钮，如下图所示。

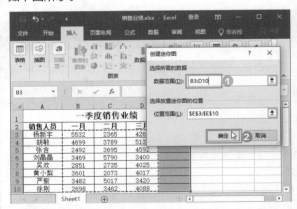

第3步 返回工作表，即可看见所选单元格中创建了迷你图，如下图所示。

418 更改迷你图的数据源

适用版本	实用指数	
Excel 2007、2010、2013、2016	★★★☆☆	

使用说明

创建迷你图后，还可根据操作需要更改数据源。

解决方法

如果要更改迷你图中的数据源，具体操作方法如下。

第1步 ❶打开素材文件（位置：素材文件\第14章\销售业绩1.xlsx），选择要更改数据源的迷你图；❷在【迷你图工具/设计】选项卡【迷你图】组中单击【编辑数据】下拉按钮；❸在弹出的下拉列表中选择【编辑单个迷你图的数据】选项，如下图所示。

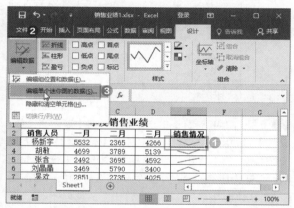

第2步 ❶弹出【编辑迷你图数据】对话框，在【选择迷你图的源数据区域】参数框中设置数据源；❷单击【确定】按钮即可，如下图所示。

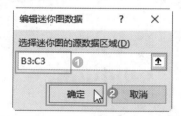

419 更改迷你图类型

适用版本	实用指数	
Excel 2007、2010、2013、2016	★★★★☆	

知识拓展

选择多个迷你图，在【迷你图工具/设计】选项卡的【分组】组中，单击【组合】按钮，可将其组合成一组迷你图。此后，选中组中的任意一个迷你图，便可同时对这个组中所有的迷你图进行编辑操作，如更改数据、更改迷你图类型等。此外，一次性创建的多个迷你图默认为一组迷你图，选中组中的任意一个迷你图，单击【取消组合】按钮，可拆分成单个的迷你图。

使用说明

为了使图表更好地表现指定的数据，可以根据需要更改迷你图的类型。

解决方法

例如，要将折线图类型更改为柱形类型的迷你图，具体操作方法如下。

第1步 ❶打开素材文件（位置：素材文件\第14章\销售业绩1.xlsx），选择要更改类型的迷你图（可以是一个，也可以是多个）；❷在【迷你图工具/设计】选项卡【类型】组中单击【柱形】按钮，如下图所示。

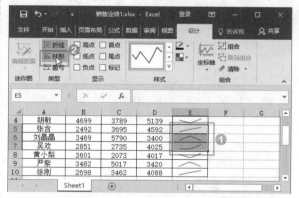

第2步 所选对象即可更改为柱形类型的迷你图，如下图所示。

420 突出显示迷你图中的重要数据节点

适用版本	实用指数	
Excel 2007、2010、2013、2016	★★★☆☆	

使用说明

迷你图提供了显示【高点】【低点】【首点】等数据节点的功能，通过该功能，可在迷你图上标示出需要强调的数据值。

解决方法

例如，要将迷你图的【高点】和【低点】值突出显示出来，具体操作方法如下。

❶打开素材文件（位置：素材文件\第 14 章\销售业绩 1.xlsx），选中需要编辑的迷你图；❷在【迷你图工具 / 设计】选项卡【显示】组中勾选某个复选框便可显示相应的数据节点，本例中勾选【高点】【低点】复选框，迷你图中即可以不同颜色突出显示最高、低值的数据节点，如下图所示。

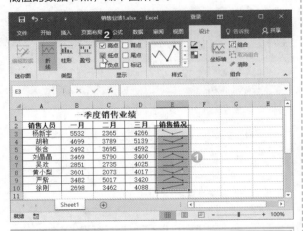

421 对迷你图设置标记颜色

适用版本	实用指数	
Excel 2007、2010、2013、2016	★★☆☆☆	

使用说明

为了使迷你图更加直观，还可以通过迷你图标记

颜色功能，分别对高点、低点、首点等数据节点设置不同的颜色。

解决方法

例如，要分别对高点、低点设置不同的颜色，具体操作方法如下。

第1步 ❶打开素材文件（位置：素材文件\第 14 章\销售业绩 2.xlsx），选中需要编辑的迷你图；❷在【迷你图工具 / 设计】选项卡【样式】组中单击【标记颜色】下拉按钮；❸在弹出的下拉列表中选择【高点】选项；❹在弹出的扩展列表中为高点选择颜色，如下图所示。

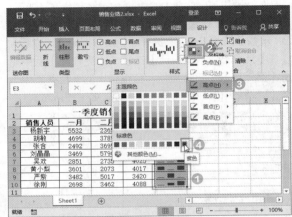

第2步 ❶保持迷你图的选中状态，在【迷你图工具 / 设计】选项卡【样式】组中单击【标记颜色】下拉按钮；❷在弹出的下拉列表中选择【低点】选项；❸在弹出的扩展列表中为低点选择颜色，如下图所示。

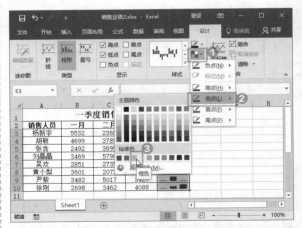

第3步 此时，迷你图中的高点和低点分别以不同的颜色进行显示，如下图所示。

知识拓展

　　在【样式】组中，单击【迷你图颜色】按钮右侧的下拉按钮，在弹出的下拉列表中可以为迷你图设置颜色；若单击列表框中的按钮，可在弹出的下拉列表中使用迷你图样式，从而快速为迷你图进行美化操作，包括迷你图颜色、数据节点颜色。

第15章
数据透视表与数据透视图的应用技巧

在 Excel 中，数据透视表和数据透视图是具有强大分析功能的工具。当表格中有大量数据时，利用透视表和透视图可以更加直观地查看数据，并且能够方便地对数据进行对比和分析。本章将对针对数据透视表和数据透视图，给读者介绍一些实用操作技巧。

下面先来看看以下一些数据透视表和透视图的使用技巧，你是否会处理或已掌握。

【√】每次创建了数据透视表之后都需要再添加内容和格式，能否创建一个带有内容和格式的数据透视表呢？

【√】创建了数据透视表之后，能否在透视表中筛选数据？

【√】如果数据源中的数据发生了改变，数据透视表中的数据能否随之更改？

【√】使用切片器筛选数据方便又简单，如何将切片器插入数据透视表中？

【√】为了更直观地查看数据，能否使用数据透视表中的数据创建数据透视图？

【√】创建了数据透视图后，能否在数据透视图中筛选数据？

希望通过本章内容的学习，能帮助你解决以上问题，并学会 Excel 数据透视表和透视图的操作技巧。

15.1 数据透视表的应用技巧

数据透视表可以从数据库中产生一个动态汇总表格，从而可以快速对工作表中大量数据进行分类汇总分析。下面就为读者介绍数据透视表的相关操作技巧。

422 快速创建数据透视表

适用版本	实用指数
Excel 2007、2010、2013、2016	★★★★★

使用说明

数据透视表具有强大的交互性，通过简单的布局改变，可以全方位、多角度、动态地统计和分析数据，并从大量数据中提取有用信息。

数据透视表的创建是一项非常简单的操作，只需连接到一个数据源，并输入报表的位置即可。

解决方法

如果要在工作表中创建数据透视表，具体方法如下。

第1步 ❶打开素材文件（位置：素材文件\第15章\销售业绩表.xlsx），选中要作为数据透视表数据源的单元格区域；❷单击【插入】选项卡【表格】组中的【数据透视表】按钮，如下图所示。

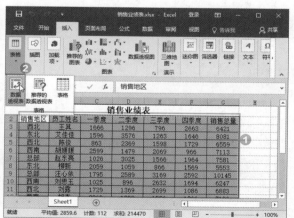

第2步 ❶弹出【创建数据透视表】对话框，此时在【请选择要分析的数据】选项组中自动选中【选择一个表或区域】单选按钮，且在【表/区域】参数框中自动设置了数据源；❷在【选择放置数据透视表的位置】选项组中选中【现有工作表】单选按钮，在【位置】参数框中设置放置数据透视表的起始单元格；❸单击【确定】按钮，如右上图所示。

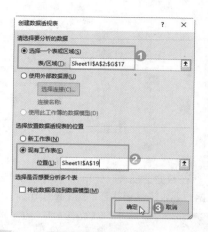

知识拓展

在 Excel 2007、2010 中创建数据透视表略有不同，选择数据区域后，切换到【插入】选项卡，在【表格】组中单击【数据透视表】下拉按钮，在弹出的下拉列表中单击【数据透视表】命令，在弹出的【创建数据透视表】对话框中进行设置即可。

第3步 目标位置将自动创建一个空白数据透视表，并自动打开【数据透视表字段】窗格，如下图所示。

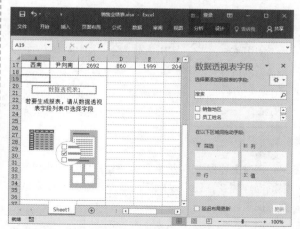

第4步 在【数据透视表字段】窗格的【选择要添加到报表的字段】列表框中勾选某字段名称的复选框，所选字段名称会自动添加到【在以下区域间拖动字段】

栏中相应的位置，同时数据透视表中也会添加相应的字段名称和内容，如下图所示。

第5步 在数据透视表以外单击任意空白单元格，可退出数据透视表的编辑状态，如下图所示。

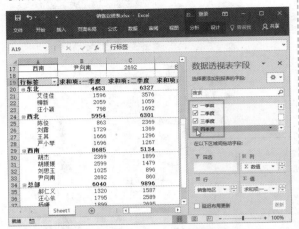

---

423 创建带内容、格式的数据透视表

适用版本	实用指数
Excel 2007、2010、2013、2016	★★★★★

使用说明

通过上述操作方法，只能创建空白的数据透视表。根据操作需要，还可以直接创建带内容并含格式的数据透视表。

解决方法

如果要创建带内容、格式的数据透视表，具体方法如下。

第1步 ❶打开素材文件（位置：素材文件\第15章\销售业绩表.xlsx），选中要作为数据透视表数据源的单元格区域；❷单击【插入】选项卡【表格】组中的【推荐的数据透视表】按钮，如下图所示。

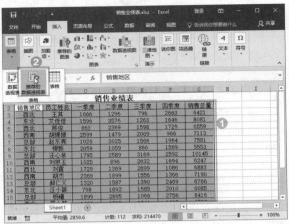

第2步 ❶弹出【推荐的数据透视表】对话框，在左侧窗格中选择某个透视表样式后，在右侧窗格中可以预览透视表效果；❷单击【确定】按钮，如下图所示。

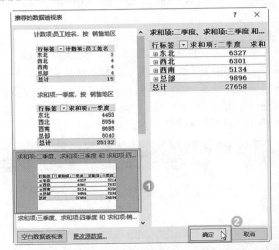

第3步 操作完成后，即可新建一个工作表并在该工作表中创建数据透视表，如下图所示。

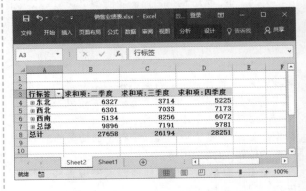

424　重命名数据透视表

适用版本	实用指数
Excel 2007、2010、2013、2016	★★★★★

使用说明

默认情况下，数据透视表以"数据透视表1""数据透视表2"……的形式自动命名，根据操作需要，用户可对其进行重命名操作。

解决方法

如果要对数据透视表进行重命名操作，具体方法如下。

❶选中数据透视表中的任意单元格；❷在【数据透视表工具 / 分析】选项卡【数据透视表】组的【数据透视表名称】文本框中直接输入新名称即可，如下图所示。

425　更改数据透视表的数据源

适用版本	实用指数
Excel 2007、2010、2013、2016	★★★★★

使用说明

创建数据透视表后，还可根据需要更改数据透视表中的数据源。

解决方法

如果要对数据透视表的数据源进行更改，具体方

法如下。

第1步 ❶打开素材文件（位置：素材文件 \ 第 15 章 \ 销售业绩表 1.xlsx），选中数据透视表中的任意单元格；❷单击【数据透视工具 / 分析】选项卡【数据】组中的【更改数据源】下拉按钮；❸在弹出的下拉列表中选择【更改数据源】选项，如下图所示。

第2步 ❶弹出【更改数据透视表数据源】对话框，在【表 / 区域】参数框中设置新的数据源；❷单击【确定】按钮即可，如下图所示。

温馨提示

如果通过拖动表格来选择数据区域，【更改数据透视表数据源】对话框将更改为【移动数据透视表】对话框，操作方法与之相同。

426　添加或删除数据透视表字段

适用版本	实用指数
Excel 2007、2010、2013、2016	★★★★★

使用说明

创建数据透视表后，还可以根据需要添加和删除

数据透视表字段。

如果要添加和删除数据透视表字段，具体方法如下。

❶打开素材文件（位置：素材文件\第 15 章\销售业绩表 1.xlsx），选中数据透视表中的任意单元格；❷在【数据透视表字段】窗格的【选择要添加到报表的字段】列表框中，勾选需要添加的字段复选框即可添加字段，取消勾选需要删除的字段复选框即可删除字段，如下图所示。

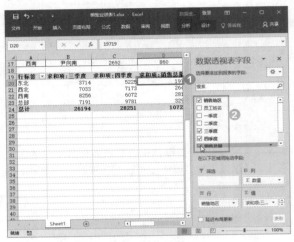

知识拓展

创建数据透视表后，若没有自动打开【数据透视表字段】窗格，或者无意将该窗格关闭掉了，可选中数据透视表中的任意单元格，切换到【数据透视表工具 / 分析】选项卡，然后单击【显示】组中的【字段列表】按钮，即可将其显示出来。

---

427 查看数据透视表中的明细数据

适用版本	实用指数
Excel 2007、2010、2013、2016	★★★★☆

使用说明

创建数据透视表后，数据透视表将直接对数据进行汇总，在查看数据时，若希望查看某一项的明细数据，可按下面的操作实现。

如果要查看数据透视表中的明细数据，具体方法如下。

第1步 ❶打开素材文件（位置：素材文件\第 15章\销售业绩表 1.xlsx），选择要查看明细数据的项目，使用鼠标右键单击；❷在弹出的快捷菜单中单击【显示详细信息】命令，如下图所示。

第2步 自动新建一张新工作表，并在其中显示选择项目的全部详细信息，如下图所示。

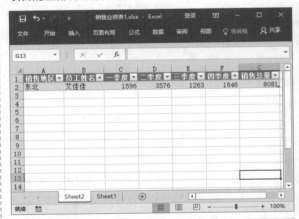

---

428 更改数据透视表字段位置

适用版本	实用指数
Excel 2007、2010、2013、2016	★★★★☆

使用说明

创建数据透视表后，当添加需要显示的字段时，系统会自动指定它们的归属（即放置到行或列）。

根据操作需要，我们可以调整字段的放置位置，如指定放置到行、列或报表筛选器。需要解释的是，报表筛选器就是一种大的分类依据和筛选条件，将一些字段放置到报表筛选器，可以更加方便地查看数据。

解决方法

创建数据透视表后如果要调整字段位置，具体方法如下。

第1步 打开素材文件（位置：素材文件\第15章\家电销售情况 .xlsx），选中数据区域后，创建数据透视表，并显示字段【销售人员】【商品类别】【品牌】【销售额】，如下图所示。

第2步 ❶创建好透视表后，我们会发现表格数据非常凌乱，此时就需要调整字段位置了。在【数据透视表字段】窗格的【选择要添加到报表的字段】列表框中，使用鼠标右键单击【商品类别】字段选项；❷在弹出的快捷菜单中选择【添加到列标签】命令，如下图所示。

第3步 ❶使用鼠标右键单击【品牌】字段选项；❷在弹出的快捷菜单中选择【添加到报表筛选】命令，如下图所示。

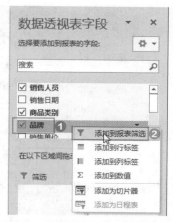

第4步 通过上述操作后，数据透视表中的数据变得清晰明了，如下图所示。

429　在数据透视表中筛选数据

适用版本	实用指数
Excel 2007、2010、2013、2016	★★★★★

使用说明

创建好数据透视表后，还可以通过筛选功能，筛选出需要查看的数据。

解决方法

如果要在数据透视表中筛选数据，具体方法如下。

第1步 ❶打开素材文件（位置：素材文件\第15章\家电销售情况 1.xlsx），单击【品牌】右侧的下拉按钮；❷在弹出的下拉列表中选择要筛选的品牌，如【海尔】；❸单击【确定】按钮，如下图所示。

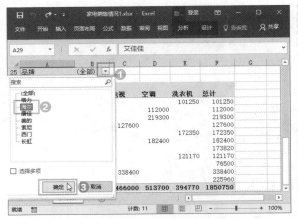

第2步 此时，数据透视表中将仅显示品牌为【海尔】的销售情况，如下图所示。

温馨提示

在下拉列表中先勾选【选择多项】复选框，下拉列表中的选项会变成复选选项，此时用户可以勾选多个条件。

---

430 更改数据透视表的汇总方式

适用版本	实用指数
Excel 2007、2010、2013、2016	★★★★★

使用说明

默认情况下，数据透视表中的数值是按照求和方式进行汇总的。根据操作需要，我们可以指定数值的汇总方式，如计算平均值、最大值、最小值等。

解决方法

例如，在数据透视表中，希望对数值以求平均值

方式进行汇总，具体方法如下。

第1步 ❶打开素材文件（位置：素材文件\第15章\家电销售情况 1.xlsx），在数据透视表中，选择要更改汇总方式列的任意单元格；❷单击【数据透视表工具 / 分析】选项卡【活动字段】组中的【字段设置】按钮，如下图所示。

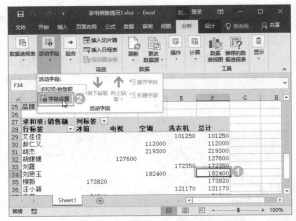

第2步 ❶弹出【值字段设置】对话框，在【选择用于汇总所选字段数据的计算类型】列表框中选择汇总方式，本例中选择【平均值】；❷单击【确定】按钮，如下图所示。

第3步 返回工作表，该字段的数值即可以求平均值方式进行汇总，如下图所示。

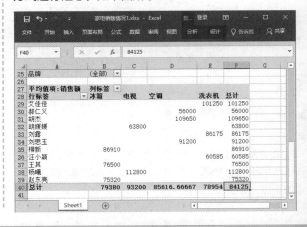

431　利用多个数据源创建数据透视表

适用版本	实用指数
Excel 2007、2010、2013、2016	★★★★★

使用说明

通常情况下，用于创建数据透视表的数据源是一张数据列表，但在实际工作中，有时需要利用多张数据列表作为数据源来创建数据透视表，这时便可通过【多重合并计算数据区域】的方法创建数据透视表。

解决方法

例如，在"员工工资汇总表 .xlsx"中包含了"4月""5月"和"6月"3张工作表，并记录了工资支出情况，如下图所示。

	A	B	C	D	E	F	G
1	员工姓名	部门	岗位工资	绩效工资	生活补助	医保扣款	实发工资
2	孙志峻	行政部	3500	1269	800	650	4919
3	姜怜映	研发部	5000	1383	800	650	6533
4	田鹏	财务部	3800	1157	800	650	5107
5	夏逸	行政部	3500	1109	800	650	4759
6	周绍绍	研发部	3800	1251	800	650	5201
7	吕瑾轩	行政部	5000	1015	800	650	6165
8	胡鹏	研发部	3500	1395	800	650	5045
9	楮薏紫	财务部	4500	1134	800	650	5784
10	孔瑶	行政部	3800	1231	800	650	5181
11	楮睿涛	研发部	4500	1022	800	650	5672

4月　5月　6月

	A	B	C	D	E	F	G
1	员工姓名	部门	岗位工资	绩效工资	生活补助	医保扣款	实发工资
2	孙志峻	行政部	3500	949	800	650	4599
3	姜怜映	研发部	5000	844	800	650	5994
4	田鹏	财务部	3800	964	800	650	4914
5	夏逸	行政部	3500	1198	800	650	4848
6	周绍绍	研发部	3800	978	800	650	4928
7	吕瑾轩	行政部	5000	949	800	650	6099
8	胡鹏	研发部	3500	914	800	650	4564
9	楮薏紫	财务部	4500	871	800	650	5521
10	孔瑶	行政部	3800	1239	800	650	5189
11	楮睿涛	研发部	4500	1135	800	650	5785

4月　5月　6月

	A	B	C	D	E	F	G
1	员工姓名	部门	岗位工资	绩效工资	生活补助	医保扣款	实发工资
2	孙志峻	行政部	3500	2181	800	650	5831
3	姜怜映	研发部	5000	1814	800	650	6964
4	田鹏	财务部	3800	1528	800	650	5478
5	夏逸	行政部	3500	2122	800	650	5772
6	周绍绍	研发部	3800	1956	800	650	5906
7	吕瑾轩	行政部	5000	1799	800	650	6949
8	胡鹏	研发部	3500	1805	800	650	5455
9	楮薏紫	财务部	4500	1523	800	650	6173
10	孔瑶	行政部	3800	2174	800	650	6124
11	楮睿涛	研发部	4500	1663	800	650	6313

4月　5月　6月

现在要根据这 3 张工作表中的数据，创建一个数据透视表，具体操作方法如下。

第1步 ❶打开素材文件（位置：素材文件＼第 15 章＼员工工资汇总表 .xlsx），在任意一张工作表中（如 4 月）依次按 Alt+D+P 组合键，弹出【数据透视表和数据透视图向导 -- 步骤 1（共 3 步）】对话框，选中

【多重合并计算数据区域】和【数据透视表】单选按钮；❷单击【下一步】按钮，如下图所示。

知识拓展

若需经常使用【数据透视表和数据透视图向导】对话框来创建数据透视表，可以将相应的按钮添加到快速访问工具栏，方法为：打开【Excel 选项】对话框，切换到【快速访问工具栏】选项卡，【在从下列位置选择命令】下拉列表中选择【不在功能区中的命令】选项，在列表框中找到【数据透视表和数据透视图向导】命令进行添加即可。

第2步 ❶弹出【数据透视表和数据透视图向导 -- 步骤 2a（共 3 步）】对话框，选中【创建单页字段】单选按钮；❷单击【下一步】按钮，如下图所示。

第3步 ❶弹出【数据透视表和数据透视图向导 -- 第 2b 步，共 3 步）】对话框，在【选定区域】参数框中，选择"4月"工作表中的数据区域作为数据源；❷单击【添加】按钮，如下图所示。

第4步 所选数据区域添加到了【所有区域】列表框中，如下图所示。

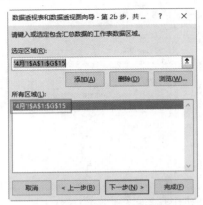

第5步 ❶使用相同的方法，将"5月"和"6月"工作表中的数据列表区域添加到【所有区域】列表框中；❷单击【下一步】按钮，如下图所示。

第6步 ❶弹出【数据透视表和数据透视图向导 -- 步骤3（共3步）】对话框，选中【新工作表】单选按钮；❷单击【完成】按钮，如下图所示。

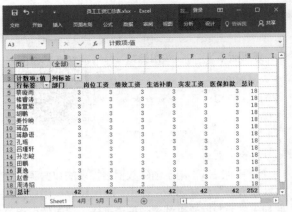

第7步 系统将自动新建一张名为Sheet1的工作表，并根据"4月""5月"和"6月"工作表中的数据列表创建数据透视表，此时值字段以计数方式进行汇总，如下图所示。

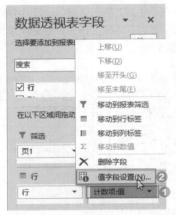

第8步 ❶在【数据透视表字段】窗格中的【值】区域中单击【计数项：值】字段；❷在弹出的下拉列表中选择【值字段设置】选项，如下图所示。

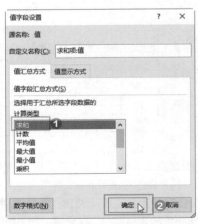

第9步 ❶弹出【值字段设置】对话框，在【值汇总方式】选项卡的【选择用于汇总所选字段数据的计算类型】列表框中选择【求和】选项；❷单击【确定】按钮，如下图所示。

第10步 ❶单击【列标签】右侧的下拉按钮；❷在弹出的下拉列表中设置要进行汇总的项目；❸单击【确定】按钮，如下图所示。

第11步 通过上述操作后，最终效果如下图所示。

432　更新数据透视表中的数据

适用版本	实用指数
Excel 2007、2010、2013、2016	★★★★☆

使用说明

默认情况下，创建数据透视表后，若对数据源中的数据进行了修改，数据透视表中的数据不会自动更新，此时就需要手动更新。

解决方法

例如，在工作表中对数据源中的数据进行修改，然后更新数据透视表中的数据，具体方法如下。

第1步 ❶打开素材文件（位置：素材文件\第15

章\销售业绩表 1.xlsx），对一季度的销售量进行修改，然后选中数据透视表中的任意单元格；❷在【数据透视表工具/分析】选项卡的【数据】组中单击【刷新】下拉按钮；❸在弹出的下拉列表中选择【全部刷新】选项，如下图所示。

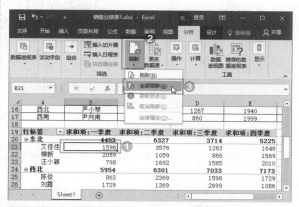

第2步 数据透视表中的数据即可实现更新，如下图所示。

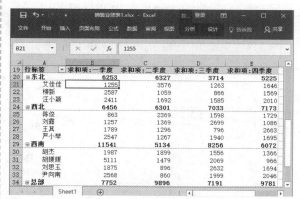

知识拓展

在数据透视表中，使用鼠标右键单击任意一个单元格，在弹出的快捷菜单中单击【刷新】命令，也可实现更新操作。

温馨提示

对数据透视表进行刷新操作时，在【数据】组中单击【刷新】下拉按钮后，在弹出的下拉列表中有【刷新】和【全部刷新】两个选项，其中【刷新】选项只是对当前数据透视表的数据进行更新，【全部刷新】选项则是对工作簿中所有透视表的数据进行更新。

| 433 | 对数据透视表中的数据进行排序 |

适用版本	实用指数
Excel 2007、2010、2013、2016	★★★★★

使用说明

创建数据透视表后，还可对相关数据进行排序，从而帮助用户更加清晰地分析和查看数据。

解决方法

如果要对数据透视表中的数据进行排序，具体方法如下。

第1步 ❶打开素材文件（位置：素材文件\第15章\销售业绩表1.xlsx），选中要排序列中的任意单元格，本例选择【一季度】列中的任意单元格，单击鼠标右键；❷在弹出的快捷菜单中选择【排序】命令；❸在弹出的子菜单中选择【降序】命令，如下图所示。

第2步 此时，表格数据将以【一季度】为关键字，进行降序排列，如下图所示。

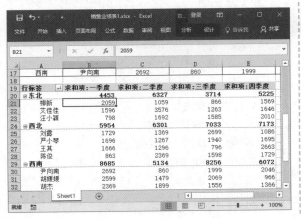

| 434 | 在数据透视表中显示各数占总和的百分比 |

适用版本	实用指数
Excel 2007、2010、2013、2016	★★★★★

使用说明

在数据透视表中，如果希望显示各数据占总和的百分比，则需要更改变数据透视表的值显示方式。

解决方法

如果要在数据透视表中进行排序，具体方法如下。

第1步 打开素材文件（位置：素材文件\第15章\销售业绩表2.xlsx），选中【销售总量】列中的任意单元格，打开【值字段设置】对话框。

第2步 ❶在【值显示方式】选项卡的【值显示方式】下拉列表中选择需要的百分比方式，如【总计的百分比】；❷单击【确定】按钮，如下图所示。

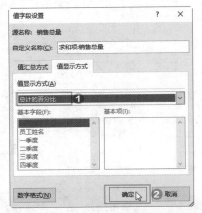

第3步 返回数据透视表，即可看到该列中各数占总和百分比的结果，如下图所示。

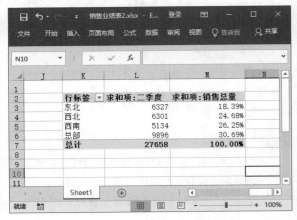

435　让数据透视表中的空白单元格显示为 0

适用版本	实用指数	
Excel 2007、2010、2013、2016	★★★★☆	

使用说明

默认情况下，当数据透视表单元格中没有值时显示为空白，如果希望空白单元格中显示为 0，则需要进行设置。

解决方法

如果要让数据透视表中的空白单元格显示为 0，具体方法如下。

第 1 步　❶打开素材文件（位置：素材文件\第 15 章\家电销售情况 1.xlsx），在数据透视表中的任意单元格中单击鼠标右键；❷在弹出的快捷菜单中选择【数据透视表选项】命令，如下图所示。

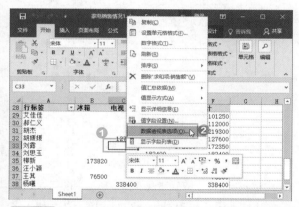

第 2 步　❶打开【数据透视表选项】对话框，在【布局和格式】选项卡的【格式】选项组中勾选【对于空单元格，显示】复选框，在文本框中输入 0；❷单击【确定】按钮，如下图所示。

第 3 步　返回数据透视表，即可看到空白单元格中显示为 0，如下图所示。

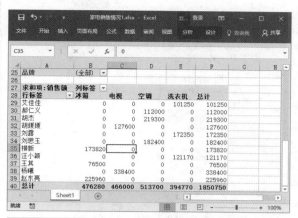

436　隐藏数据透视表中的计算错误

适用版本	实用指数	
Excel 2007、2010、2013、2016	★★★★☆	

使用说明

创建数据透视表时，如果数据源中有计算错误的值，那么数据透视表中也会显示错误值，如下图所示。

	F	G	H	I
1	行标签	求和项:加工数量	求和项:加工费	求和项:加工单价
2	ANJ008	3378	264675	78.35
3	MUINU8225	2248	140428	62.47
4	NMI6222		167111	#DIV/0!
5	OKLDM5632	2487	197868	79.56
6	QIN9552	2463	207932	84.42
7	YEN56	1374	176711	128.61
8	YNMO7168	3319	181903	54.81
9	总计	15269	1336628	#DIV/0!

为了不影响数据透视表美观，我们可以通过设置隐藏错误值。

解决方法

如果要将错误值隐藏起来，具体方法如下。

第 1 步　打开素材文件（位置：素材文件\第 15 章\货物加工费用 .xlsx），选中数据透视表中的任意单元格，打开【数据透视表选项】对话框。

第 2 步　❶在【布局和格式】选项卡的【格式】选项组中勾选【对于错误值，显示】复选框，在右侧输入需要显示的字符，如"/"；❷单击【确定】按钮，如下图所示。

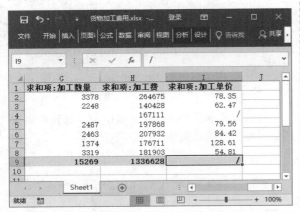

第3步 返回数据透视表,可看到错误值显示为"/",如下图所示。

437 将二维表格转换为数据列表

适用版本	实用指数
Excel 2007、2010、2013、2016	★★★☆☆

使用说明

在 Excel 的应用中,通过【数据透视表和数据透视图向导】对话框,还可以将二维表格转换为数据列表(一维表),以便更好地查看、分析数据。

解决方法

例如,"奶粉销量统计表.xlsx"是某母婴店的奶粉销售情况,如下图所示。

			奶粉销量统计表			
月份	喜宝	爱他美	美素	牛栏	美赞臣	雅培
一月	998	977	543	852	834	542
二月	604	811	949	545	593	508
三月	968	868	623	765	795	916
四月	860	990	999	728	647	930
五月	835	767	634	506	808	790
六月	511	661	917	666	637	943
七月	507	616	668	748	826	972
八月	948	536	782	744	927	563
九月	788	673	590	906	928	747
十月	827	765	806	897	740	832
十一月	508	854	619	701	524	940
十二月	861	751	744	692	526	809

现在要通过【数据透视表和数据透视图向导】对话框,将表格转换成数据列表,具体操作方法如下。

第1步 ❶打开素材文件(位置:素材文件\第15章\奶粉销量统计表.xlsx),按 Alt+D+P 组合键,弹出【数据透视表和数据透视图向导--步骤1(共3步)】对话框,选中【多重合并计算数据区域】和【数据透视表】单选按钮;❷单击【下一步】按钮,如下图所示。

第2步 ❶弹出【数据透视表和数据透视图向导--步骤2a(共3步)】对话框,选中【自定义页字段】单选按钮;❷单击【下一步】按钮,如下图所示。

第3步 ❶弹出【数据透视表和数据透视图向导--第2b步】对话框,将数据源中的数据区域添加到【所有区域】列表框中;❷选中 0 单选按钮,表示指定要建立的页字段数目为 0;❸单击【下一步】按钮,如下图所示。

第4步 ❶弹出【数据透视表和数据透视图向导 -- 步骤3（共3步）】对话框，选中【新工作表】单选按钮；❷单击【完成】按钮，如下图所示。

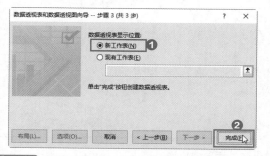

第5步 返回工作表，即可看到新建的 Sheet2 工作表中创建了一个不含页字段的数据透视表，如下图所示。

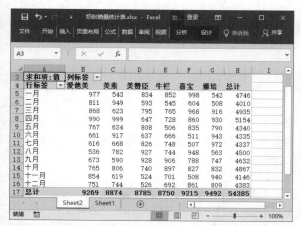

第6步 在数据透视表中双击行、列总计的交叉单元格，本例为 H17 单元格，Excel 将新建一个 Sheet4 工作表，并在其中显示明细数据，至此，完成了表格的转换，如下图所示。

438 显示报表筛选页

适用版本	实用指数
Excel 2007、2010、2013、2016	★★★☆☆

使用说明

在创建透视表时，如果在报表筛选器中设置有字段，则可以通过报表筛选页功能显示各数据子集的详细信息，以方便用户对数据的管理与分析。

解决方法

如果要显示报表的筛选页，具体方法如下。

第1步 ❶打开素材文件（位置：素材文件\第15章\家电销售情况 1.xlsx），选中数据透视表中的任意单元格；❷在【数据透视表工具/分析】选项卡的【数据透视表】组中单击【选项】下拉按钮；❸在弹出的下拉列表中选择【显示报表筛选页】选项，如下图所示。

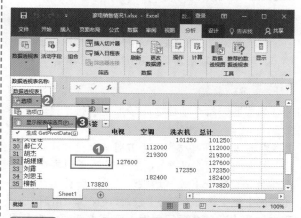

第2步 ❶弹出【显示报表筛选页】对话框，在【选定要显示的报表筛选页字段】列表框中选择筛选字段

选项，本例选择【品牌】选项；❷单击【确定】按钮，如下图所示。

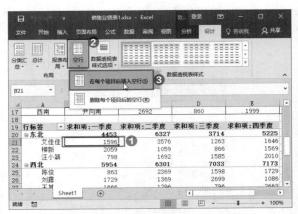

第3步 返回工作表，将自动以各品牌为名称新建工作表，并显示相应的销售明细，如切换到【美的】工作表，可查看美的的销售情况，如下图所示。

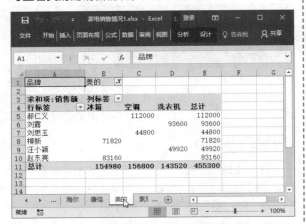

第2步 操作完成后，每个项目后都将插入一行空行，如下图所示。

439　在每个项目之间添加空白行

适用版本	实用指数
Excel 2007、2010、2013、2016	★★★★☆

使用说明

创建数据透视表之后，有时为了使层次更加清晰明了，可在各个项目之间使用空行进行分隔。

解决方法

如果要在每个项目之间添加空白行，具体方法如下。

第1步 ❶打开素材文件（位置：素材文件\第15章\销售业绩表1.xlsx），选中数据透视表中的任意单元格；❷在【数据透视表工具/设计】选项卡【布局】组中单击【空行】按钮；❸在弹出的下拉列表中选择【在每个项目后插入空行】选项，如下图所示。

440　插入切片器

适用版本	实用指数
Excel 2007、2010、2013、2016	★★★★★

使用说明

切片器是一款筛选组件，用于在数据透视表中辅助筛选数据。切片器的使用既简单，又方便，还可以帮助用户快速在数据透视表中筛选数据。

解决方法

如果要插入切片器，具体方法如下。

第1步 ❶打开素材文件（位置：素材文件\第15章\家电销售情况1.xlsx），选中数据透视表中的任意单元格；❷在【数据透视表工具/分析】选项卡【筛选】组中单击【插入切片器】按钮，如下图所示。

第 2 步 ❶弹出【插入切片器】对话框，在列表框中选择需要的关键字，本例中勾选【销售日期】和【品牌】复选框；❷单击【确定】按钮，如下图所示。

第 3 步 返回工作表中即可查看到切片器已经插入，如下图所示。

441　使用切片器筛选数据

适用版本	实用指数	
Excel 2007、2010、2013、2016	★★★★★	

使用说明

插入切片器后，就可以通过它来筛选数据透视表中的数据了。

解决方法

如果要使用切片器筛选数据，具体方法如下。

第 1 步 ❶打开素材文件（位置：素材文件\第 15 章\家电销售情况 2.xlsx），在【销售日期】切片器中单击选中需要查看的字段选项，本例选择 2018/6/4、2018/6/5 即可（先选择 2018/6/4 选项，再按住 Ctrl 不放，单击 2018/6/5），如下图所示。

第 2 步 在【品牌】切片器中单击选中需要查看的字段选项，本例选择【海尔】，选择完成后即可筛选出 2018/6/4 和 2018/6/5 海尔电器销售情况，如下图所示。

知识拓展

在切片器中设置筛选条件后，右上角的【清除筛选器】按钮 ▼ 便会显示可用状态，对其单击，可清除当前切片器中设置的筛选条件。

442　在多个数据透视表中共享切片器

适用版本	实用指数	
Excel 2007、2010、2013、2016	★★★☆☆	

使用说明

在 Excel 中，如果根据同一数据源创建了多个数据透视表，我们可以共享切片器。共享切片器后，在切片器中进行筛选时，多个数据透视表将同时刷新数据，实现多数据透视表联动，以便进行多角度的数据分析。

解决方法

例如，在"奶粉销售情况 .xlsx"中，根据同一数据源创建了 3 个数据透视表，显示了销售额的不同分析角度，效果如下图所示。

现在要为这几个数据透视表创建一个共享的【分区】切片器，具体操作方法如下。

第1步 ❶打开素材文件（位置：素材文件 \ 第 15 章 \ 奶粉销售情况 .xlsx），在任意数据透视表中选中任意单元格；❷在【数据透视表工具 / 分析】选项卡【筛选】组中单击【插入切片器】按钮，如下图所示。

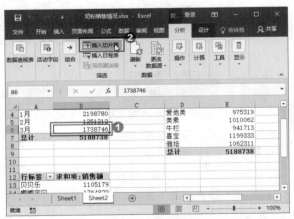

第2步 ❶弹出【插入切片器】对话框，勾选要创建切片器的字段名复选框，本例勾选【分区】复选框；❷单击【确定】按钮，如下图所示。

第3步 ❶返回工作表，选中插入的切片器；❷单击【切片器工具 / 选项】选项卡【切片器样式】组中的【报表连接】按钮，如下图所示。

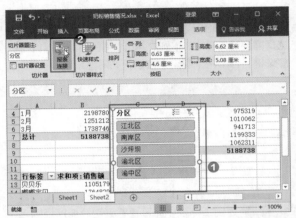

第4步 ❶弹出【数据透视表连接（分区）】对话框，勾选要共享切片器的多个数据透视表选项前的复选框；❷单击【确定】按钮，如下图所示。

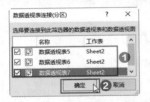

第5步 共享切片器后，在共享切片器中筛选字段时，被连接起来的多个数据透视表就会同时刷新。例如，在切片器中单击【南岸区】字段，该工作表中共享切片器的 3 个数据透视表都同步刷新了，如下图所示。

15.2　数据透视图的应用技巧

数据透视图是数据透视表更深层次的应用，它以图表的形式将数据表达出来，从而可以非常直观地查看和分析数据。下面将为读者介绍数据透视图的相关使用技巧。

443　创建数据透视图

适用版本	实用指数
Excel 2013、2016	★★★★★

使用说明

要使用数据透视图分析数据，首先要先创建一个数据透视图。

解决方法

如果要在工作表中创建数据透视图，具体方法如下。

第1步 ❶打开素材文件（位置：素材文件\第 15 章\销售业绩表.xlsx），选中数据区域；❷在【插入】选项卡的【图表】组中单击【数据透视图】下拉按钮；❸在弹出的下拉列表中选择【数据透视图】选项，如下图所示。

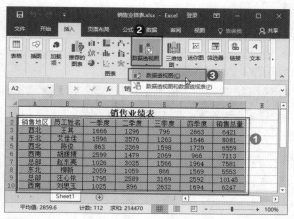

第2步 ❶弹出【创建数据透视图】对话框，此时选中的单元格区域将自动引用到【表/区域】参数框。在【选择放置数据透视图的位置】栏中设置数据透视图的放置位置，本例中选中【现有工作表】单选按钮，然后在【位置】参数框中设置放置数据透视图的起始单元格；❷单击【确定】按钮，如下图所示。

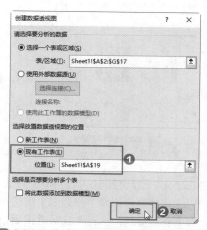

第3步 返回工作表，可以看到工作表中创建了一个空白数据透视表和数据透视图，如下图所示。

知识拓展

在 Excel 2007、2010 中创建数据透视图略有不同，选择数据区域后，切换到【插入】，在【表格】组中单击【数据透视表】下拉按钮，在弹出的下拉列表中单击【数据透视图】选项，在接下来弹出的【创建数据透视表及数据透视图】对话框中进行设置即可。

第4步 在【数据透视图字段】列表中勾选想要显示的字段即可，如下图所示。

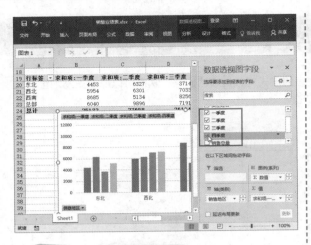

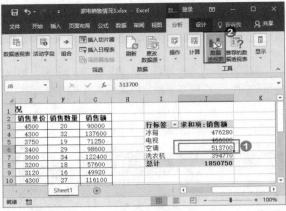

知识拓展

在 Excel 2007、2010 中创建数据透视图后，均可在【数据透视图字段列表】窗格中设置字段。在 Excel 2013 中创建数据透视后，会自动打开【数据透视图字段】窗格，在【数据透视图字段】或【数据透视表字段】窗格中设置字段后，数据透视图与数据透视表中的数据均会自动更新。

第2步 ❶弹出【插入图表】对话框，选择需要的图表样式；❷单击【确定】按钮，如下图所示。

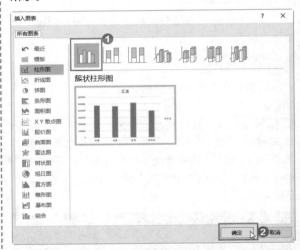

444 利用现有透视表创建透视图

适用版本	实用指数
Excel 2013、2016	★★★★★

第3步 返回工作表，即可看到创建了一个含数据的数据透视图，如下图所示。

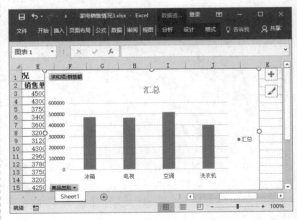

使用说明

创建数据透视图时，还可以利用现有的数据透视表进行创建。

解决方法

如果要在数据透视表基础上创建数据透视图，具体操作方法如下。

第1步 ❶打开素材文件（位置：素材文件\第15章\家电销售情况3.xlsx），选中数据透视表中的任意单元格；❷单击【数据透视表工具/分析】选项卡【工具】组中的【数据透视图】按钮，如下图所示。

在 Excel 2007、2010 版本中，插入图表后，功能区中会显示【数据透视图工具 / 设计】【数据透视图工具 / 布局】【数据透视图工具 / 格式】和【数据透视图工具 / 分析】4 个选项卡，而 Excel 2013 和 2016 中只有【数据透视图工具 / 分析】【数据透视图工具 / 设计】和【数据透视图工具 / 格式】3 个选项卡。因为界面的变化，有的操作难免会有所差异，希望读者自行变通。

---

445 更改数据透视图的图表类型

适用版本	实用指数
Excel 2007、2010、2013、2016	★★★★★

使用说明

创建数据透视图后，还可根据需要更改图表类型。

解决方法

如果要更改数据透视图的图表类型，具体操作方法如下。

第1步 ❶打开素材文件（位置：素材文件\第 15 章\家电销售情况 4.xlsx），选中数据透视图；❷单击【数据透视图工具 / 设计】选项卡【类型】组中的【更改图表类型】按钮，如下图所示。

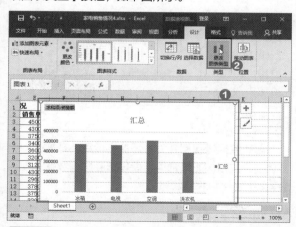

第2步 ❶弹出【更改图表类型】对话框，选择需要的图表类型及样式；❷单击【确定】按钮即可，如下图所示。

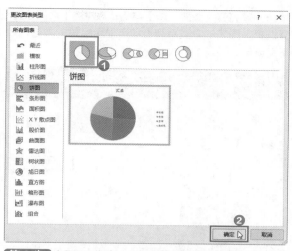

第3步 返回工作表，即可看到数据透视图类型已经更改，如下图所示。

---

446 将数据标签显示出来

适用版本	实用指数
Excel 2007、2010、2013、2016	★★★★☆

使用说明

创建数据透视图后，可以像编辑普通图表一样对其进行设置标题、显示 / 隐藏图表元素、设置纵坐标的刻度值等相关编辑操作。

解决方法

例如，要将图表元素数据标签显示出来，具体操作方法如下。

❶打开素材文件（位置：素材文件\第 15 章\家电销售情况 5.xlsx），选中数据透视图，单击【图表元素】

按钮 ➕，打开【图表元素】窗格；❷勾选【数据标签】复选框，图表的分类系列上即可显示具体的数值，如下图所示。

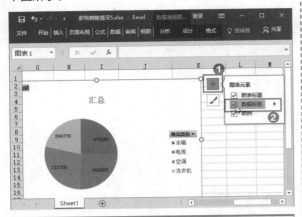

447 在数据透视图中筛选数据

适用版本	实用指数
Excel 2007、2010、2013、2016	★★★★★

使用说明

创建好数据透视图后，可以通过筛选功能，筛选出需要查看的数据。

解决方法

如果要在数据透视图中通过筛选功能筛选需要查看的数据，具体操作方法如下。

第1步 ❶打开素材文件（位置：素材文件\第15章\家电销售情况 4.xlsx），在数据透视图中单击字段按钮，本例中单击【商品类别】；❷在弹出的下拉列表中设置筛选条件，如在列表框中只勾选【冰箱】和【电视】复选框；❸单击【确定】按钮，如下图所示。

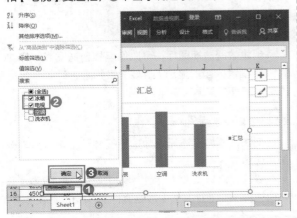

知识拓展

在字段按钮上单击鼠标右键，在弹出的快捷菜单中单击【隐藏图表上的所有字段按钮】命令可以隐藏字段。

第2步 返回数据透视图，即可看到设置筛选后的效果，如下图所示。

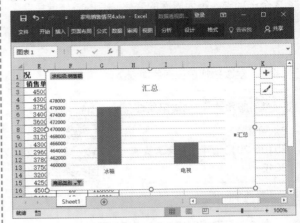

温馨提示

在 Excel 2007 中创建数据透视图后，会打开一个【数据透视图筛选窗格】窗格，通过该窗格，可以对数据透视图中的数据进行筛选。

448 在数据透视图中隐藏字段按钮

适用版本	实用指数
Excel 2007、2010、2013、2016	★★★★★

使用说明

创建数据透视图并为其添加字段后，透视图中会显示字段按钮。如果觉得字段按钮会影响数据透视图的美观，则可以将其隐藏。

解决方法

如果要隐藏数据透视图中的字段按钮，具体操作方法如下。

❶打开素材文件（位置：素材文件\第 15 章\家

电销售情况 6.xlsx），在数据透视图中，使用鼠标右键单击任意一个字段按钮；❷在弹出的快捷菜单中选择【隐藏图表上的所有字段按钮】命令即可，如下图所示。

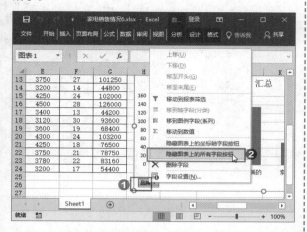

选中数据透视图，切换到【数据透视图工具/分析】选项卡，在【显示/隐藏】组中单击【字段按钮】下拉按钮，在弹出的下拉列表中单击【全部隐藏】命令，也可以隐藏数据透视图中的字段按钮。隐藏字段后，再次单击【字段按钮】下拉按钮，在弹出的下拉列表中单击【全部隐藏】选项（即取消【全部隐藏】选项的勾选状态），可将字段按钮全部显示出来。

449　将数据透视图转为静态图表

适用版本	实用指数
Excel 2007、2010、2013、2016	★★★★★

使用说明

数据透视图是一种基于数据透视表创建的动态图表，与其相关联的数据透视表发生改变时，数据

透视图将同步发生变化。如果用户需要获得一张静态的、不受数据透视表变动影响的数据透视图，则可以将数据透视图转为静态图表，断开与数据透视表的连接。

解决方法

如果要将数据透视图转换为静态图表，具体操作方法如下。

第1步　打开素材文件（位置：素材文件\第 15 章\家电销售情况 5.xlsx），选中数据透视图，按 Ctrl+C 组合键进行复制。

第2步　❶新建 Sheet2 工作表，并切换到该工作表；❷在【开始】选项卡的【剪贴板】组中单击【粘贴】下拉按钮；❸在弹出的下拉列表中单击【选择性粘贴】按钮即可，如下图所示。

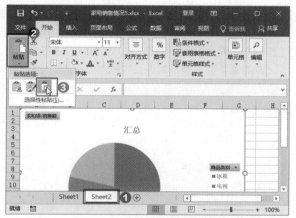

如果希望数据透视图不受关联数据透视表的影响，还有一个非常直接的方法，即直接选中整个数据透视表，然后按 Delete 键将其删除，此时数据透视图仍然存在，但数据透视图中的系列数据将转为常量数组形式，从而形成静态的图表。

此方法虽然简单直接，但是删除了与其相关联的数据透视表后，数据透视图的数据完整性遭到了破坏，所以一般不建议用户使用该方法。

第 16 章
宏与 VBA 的应用技巧

VBA 是微软开发的一种可以在应用程序中共享的自动化语言，能够实现 Office 的自动化，从而极大地提高工作效率，通过 VBA 编程语言，使重复的任务自动化。本章将简单介绍宏与 VBA 的使用技巧。

来看看下面一些日常办公中的常见问题，你是否会处理或已掌握。

【√】在录入数据时，有许多重复的操作，你知道怎样将这些重复的操作录制成宏，自动操作吗？

【√】录制了宏之后，如果想要快速运行宏，你知道怎样为宏指定按钮或图片吗？

【√】当工作表制作完成后，已经不再需要录制的宏，你知道怎样删除宏吗？

【√】想要为公司的产品制作条形码，你知道怎样在 Excel 中制作吗？

【√】创建数据透视表的方法有很多种，你知道怎样使用 VBA 创建数据透视表吗？

【√】隐藏的工作表，其他人很容易就能通过显示工作表的操作将其显示出来，你知道怎样使用 VBA 隐藏工作表吗？

希望通过本章内容的学习，能帮助你解决以上问题，并学会 Excel 宏与 VBA 的更多使用技巧。

16.1　宏的应用技巧

所谓宏，就是将一些命令组织在一起，作为一个单独命令完成一个特定任务，使用宏可以快速处理工作表中的数据。本节将介绍宏的使用技巧。

450　录制宏

适用版本	实用指数
Excel 2010、2013、2016	★★★★★

使用说明

如果需要在工作表中重复执行一组操作，录制宏无疑是最快的方法。

解决方法

要在工作表中录制宏，具体操作方法如下。

【第1步】 ❶打开素材文件（位置：素材文件\第 16 章\员工工资表 .xlsx），打开【Excel 选项】对话框，切换到【自定义功能区】选项卡；❷在【自定义功能区】下拉列表中选择【主选项卡】选项；❸在下方的列表框中勾选【开发工具】复选框；❹单击【确定】按钮即可，如下图所示。

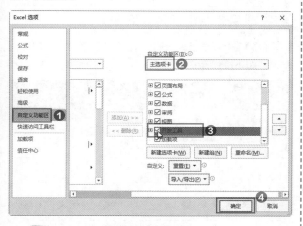

知识拓展

在 Excel 2007 版本中，显示【开发工具】选项卡的操作方法为：打开【Excel 选项】对话框，在【常用】选项卡的【使用 Excel 时采用的首选项】中勾选【在功能区显示"开发工具"选项卡】复选框，然后单击【确定】按钮即可。

【第2步】 ❶选择 A1 单元格；❷在【开发工具】选项卡的【代码】组中单击【录制宏】按钮，如下图所示。

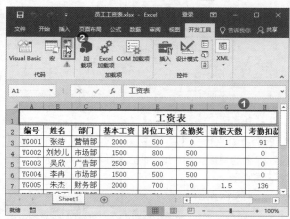

【第3步】 ❶打开【录制宏】对话框，在【宏名】文本框中输入宏名称；❷单击【确定】按钮，如下图所示。

温馨提示

录制新宏时，默认情况下录制的宏保存在当前工作簿，用户可以根据需要选择录制新宏的保存位置。在【录制宏】对话框的【保存在】下拉列表中，各命令的含义为：

- 当前工作簿：宏对当前的工作簿有效。
- 个人宏工作簿：宏对所有工作簿都有效。
- 新建工作簿：录制的宏保存在新建工作簿中，对该工作簿有效。

【第4步】 ❶在【开发工具】选项卡的【代码】组中单

击【相对引用】按钮 图；❷选中 A1:I2 单元格区域，并使用右键单击选中区域；❸在弹出的快捷菜单中选择【复制】命令，如下图所示。

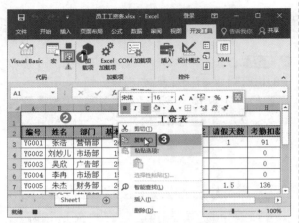

第5步 ❶选中员工工资表第 4 行并单击鼠标右键；❷在弹出的快捷菜单中选择【插入复制的单元格】命令，如下图所示。

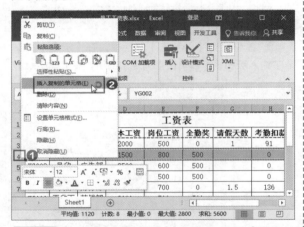

第6步 ❶打开【插入粘贴】对话框，选择【活动单元格下移】单选按钮；❷单击【确定】按钮，如下图所示。

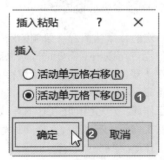

第7步 ❶选中员工工资表第 4 行并单击鼠标右键；❷在弹出的快捷菜单中选择【插入】命令，如下图所示。

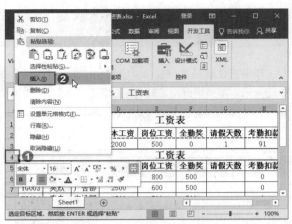

第8步 ❶选择 A5 单元格；❷在【开发工具】选项卡的【代码】组中单击【停止录制】按钮 ■，如下图所示。

第9步 在【开发工具】选项卡的【代码】组中单击【宏】按钮，如下图所示。

第10步 ❶打开【宏】对话框，选择要执行的宏名；❷单击【执行】按钮，如下图所示。

第11步 在工作表中将执行录制的相关操作，结果如下图所示。

	A	B	C	D	E	F	G	H	I
1					工资表				
2	编号	姓名	部门	基本工资	岗位工资	全勤奖	请假天数	考勤扣款	实发工资
3	YG001	张浩	营销部	2000	500	0	1	91	2409
4									
5					工资表				
6	编号	姓名	部门	基本工资	岗位工资	全勤奖	请假天数	考勤扣款	实发工资
7	YG002	刘妙儿	市场部	1500	800	500		0	2800
8									
9					工资表				
10	编号	姓名	部门	基本工资	岗位工资	全勤奖	请假天数	考勤扣款	实发工资
11	YG003	吴欣	广告部	2500	600	500		0	3600
12									
13					工资表				
14	编号	姓名	部门	基本工资	岗位工资	全勤奖	请假天数	考勤扣款	实发工资
15	YG004	李冉	市场部	1500	500	500		0	2500
16									
17					工资表				
18	编号	姓名	部门	基本工资	岗位工资	全勤奖	请假天数	考勤扣款	实发工资
19	YG005	朱杰	财务部	2000	700	0	1.5	136	2564

451　插入控件按钮并指定宏

适用版本	实用指数
Excel 2007、2010、2013、2016	★★★★★

◆ 使用说明

录制宏后，可以为宏指定控件按钮，指定按钮后，单击按钮即可执行宏。

◆ 解决方法

如果想要插入表单控件指定宏，具体方法如下。

第1步 ❶打开素材文件（位置：素材文件\第16章\员工工资表1.xlsx），单击【开发工具】选项卡【控件】组中的【插入】下拉按钮；❷在弹出的下拉列表中单击控件口按钮，如下图所示。

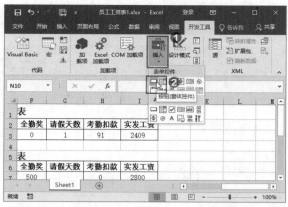

第2步 按住鼠标左键不放，在想要绘制按钮的位置拖动鼠标左键调整按钮到合适的大小，如下图所示。

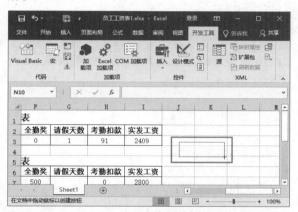

第3步 ❶在按钮上单击鼠标右键，在弹出的快捷菜单中选择【指定宏】命令，打开【指定宏】对话框，在【宏名】列表框中选择要指定的宏；❷单击【确定】按钮，如下图所示。

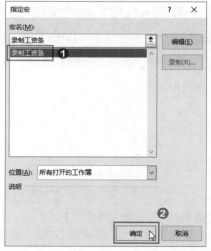

第4步 ❶返回工作表，在按钮上单击鼠标右键；

❷在弹出的快捷菜单中选择【编辑文字】命令，如下图所示。

第5步 按钮中的文字呈编辑状态，直接输入文本，如下图所示。

第6步 ❶再次在按钮上单击鼠标右键；❷在弹出的快捷菜单中选择【设置控件格式】命令，如下图所示。

第7步 ❶打开【设置控件格式】对话框，在【字体】选项卡中设置字体样式；❷单击【确定】按钮，如下图所示。

第8步 ❶返回工作表中，选中要运行宏的单元格；❷单击【工资表】按钮即可制作工资条，如下图所示。

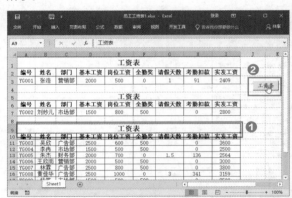

452 为宏指定图片

适用版本	实用指数
Excel 2007、2010、2013、2016	★★★★★

💡 **使用说明**

录制宏后，可以为宏指定图片，指定图片后，单击图片即可执行宏。

💡 **解决方法**

如果想为宏指定图片，具体方法如下。

第1步 打开素材文件（位置：素材文件\第16章\员工工资表 1.xlsx），单击【插入】选项卡【插图】组中的【联机图片】按钮，如下图所示。

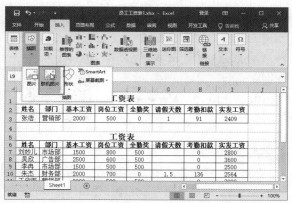

第 2 步　❶打开【插入图片】对话框，在【必应图像搜索】文本框中输入"按钮"；❷单击【搜索】按钮，如下图所示。

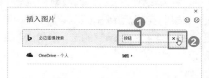

第 3 步　❶在【搜索结果】中选择想要的图片；❷单击【插入】按钮，如下图所示。

第 4 步　❶返回工作表，调整图片的大小，然后在图片上单击鼠标右键；❷在弹出的快捷菜单中选择【指定宏】命令，如下图所示。

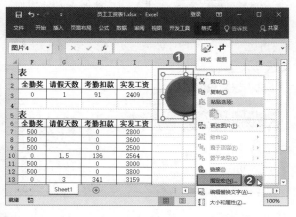

第 5 步　❶打开【指定宏】对话框，在【宏名】列表框中选择要指定的宏；❷单击【确定】按钮，如下图所示。

第 6 步　❶返回工作表，选中要运行宏的单元格；❷单击图片即可制作工资条，如下图所示。

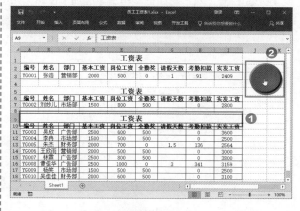

温馨提示

使用相同的方法，还可以为宏指定形状。

453　为宏指定快捷键

适用版本	实用指数
Excel 2007、2010、2013、2016	★★★★☆

使用说明

　　在录制宏后，如果想要快速运行宏，可以为宏指定快捷键。

🔸 解决方法

如果想为宏指定快捷键，具体方法如下。

第1步 打开素材文件（位置：素材文件\第16章\员工工资表 1.xlsx），单击【开发工具】选项卡【代码】组中的【宏】按钮，如下图所示。

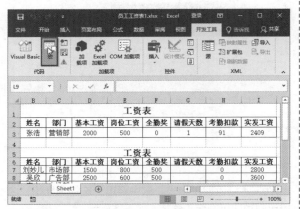

第2步 打开【宏】对话框，单击【选项】按钮，如下图所示。

第3步 ❶打开【宏选项】对话框，在"快捷键"下方的文本框中输入合适的字母；❷单击【确定】按钮即可，如下图所示。

第4步 返回工作表后，选定插入宏的单元格，然后按下设定的快捷键，即可执行宏。

---

454 保存录制宏的工作簿

适用版本	实用指数	
Excel 2007、2010、2013、2016	★★★★★	

🔸 使用说明

在没有启用宏的工作簿中录制宏之后，不能直接保存工作簿，而是需要将工作簿另存为启动宏的工作簿文件格式。

🔸 解决方法

如果要保存录制宏的工作簿，具体方法如下。

第1步 宏录制完成后单击【保存】按钮，会弹出提示对话框，如果需要保存录制的宏，则单击【否】按钮，如下图所示。

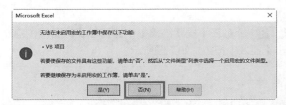

第2步 ❶打开【另存为】对话框，设置文件名和保存路径；❷在"保存类型"下拉列表中选择【Excel启用宏的工作簿（*.xlsm）】选项；❸单击【保存】按钮即可，如下图所示。

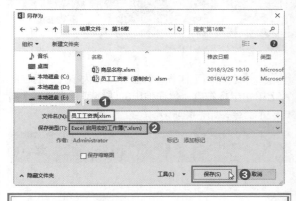

---

455 设置宏的安全性

适用版本	实用指数	
Excel 2010、2013、2016	★★★★☆	

使用说明

宏在运行中存在潜在的安全风险，合理地进行宏安全设置，可以帮助用户降低使用宏的安全风险。

解决方法

如果要设置宏的安全性，具体方法如下。

第1步 单击【开发工具】选择卡【代码】组中的【宏安全性】按钮 ▲，如下图所示。

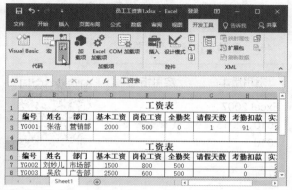

第2步 打开【信任中心】对话框，在【宏设置】选项卡的【宏设置】选项组中选择【禁用所有宏，并发出通知】选项，如下图所示。

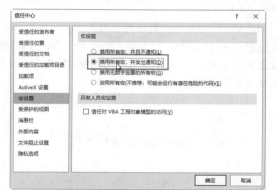

第3步 ❶切换到【受信任的文档】选项卡；❷勾选【禁用受信任的文档】复选框；❸单击【确定】按钮，如下图所示。

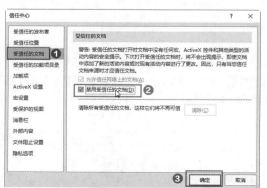

第4步 设置完成后，每次打开包含代码的工作簿时，在 Excel 功能区下方将显示安全警告信息栏，告知工作簿中的宏已经被禁用，如果要启动宏，单击【启用内容】按钮即可，如下图所示。

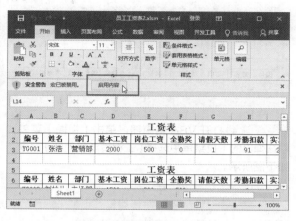

温馨提示

【受信任的文档】是 Excel 2010 及以后的版本的功能，Excel 2007 不支持该功能。

456 将宏模块复制到另一工作簿

适用版本	实用指数
Excel 2007、2010、2013、2016	★★★☆☆

使用说明

在工作表中录制了宏之后，可以将宏模块复制到其他工作簿中使用。

解决方法

如果要复制宏模块，具体方法如下。

第1步 打开素材文件（位置：素材文件\第16章\员工工资表.xlsx和员工工资表2.xlsx），单击【开发工具】选择卡【代码】组中的 Visual Basic 按钮，如下图所示。

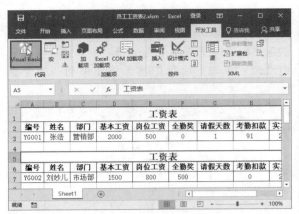

第2步 ❶打开 VBA 编辑器，单击【视图】菜单；❷在弹出的下拉菜单中选择【工程资源管理器】命令，如下图所示。

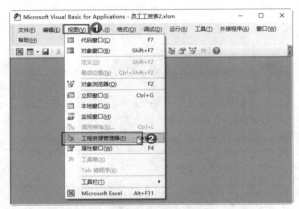

第3步 在【工程】窗格中展开【员工工资表2】工作簿，选择【模块】下的【模块1】，按住鼠标左键不放，将【模块1】拖动到【员工工资表】工作簿下方，如下图所示。

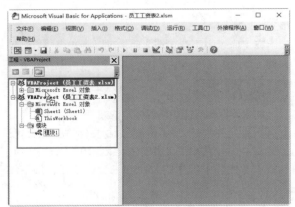

第4步 ❶拖动完成后即可查看到【员工工资表】工作簿下方复制的【模块1】；❷单击【保存】按钮 💾 即可，如下图所示。

457 删除工作簿中不需要的宏

适用版本	实用指数
Excel 2007、2010、2013、2016	★★★★☆

使用说明

如果录制的宏不需要再使用，可以将不需要的宏删除。

解决方法

删除不需要的宏，具体方法如下。

第1步 打开素材文件（位置：素材文件\第16章\员工工资表 2.xlsx），打开【宏】对话框，单击【删除】按钮，如下图所示。

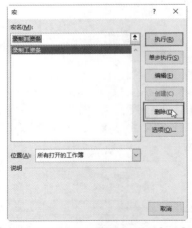

第2步 在弹出的提示对话框中单击【是】按钮即可删除宏，如下图所示。

16.2 VBA 的应用技巧

VBA 的全称是 Visual Basic For Application, 是微软开发的一种可以在应用程序中共享的自动化语言。在 Excel 中, 可以通过 VBA 代码实现程序的自动化, 能够极大地提高工作效率。本节将介绍使用 VBA 的应用技巧。

458 快速打开 VBA 窗口		
适用版本	实用指数	
Excel 2007、2010、2013、2016	★★★★★	

使用说明

要使用 VBA, 第一件事情就是要打开 VBA 窗口。

解决方法

如果要打开 VBA 编辑器窗口, 具体方法如下。
方法 1: 按 Alt+F11 组合键。
方法 2: 单击【开发工具】选择卡【代码】组中的 Visual Basic 按钮, 如下图所示。

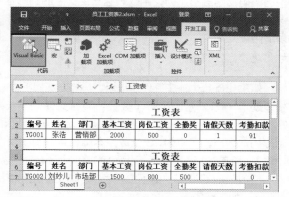

方法 3: 在工作表标签上单击鼠标右键, 在弹出的快捷菜单中选择【查看代码】命令, 如下图所示。

459 在 Excel 中添加视频控件		
适用版本	实用指数	
Excel 2007、2010、2013、2016	★★★★☆	

使用说明

在 Excel 中, 利用系统提供的 Windows Media Player 控件, 可以在工作表中链接并播放视频文件。

解决方法

如果想要在 Excel 中添加视频控件, 具体方法如下。
第 1 步 ❶打开素材文件(位置: 素材文件\第 16 章\在 Excel 中添加视频控件 .xlsx), 单击【开发工具】选项卡【控件】组中的【插入】下拉按钮; ❷在弹出的下拉列表中单击【其他控件】按钮, 如下图所示。

第 2 步 ❶打开【其他控件】对话框, 在列表框中选择 Windows Media Player 选项; ❷单击【确定】按钮, 如下图所示。

第3步 按住鼠标左键不放，在想要绘制播放窗口的位置拖动鼠标左键调整视频控件到合适的大小，如下图所示。

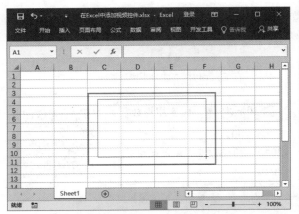

第4步 释放鼠标左键，即可插入播放视频控件，使用鼠标右键单击播放视频控件，在弹出的快捷菜单中选择【属性】命令，如下图所示。

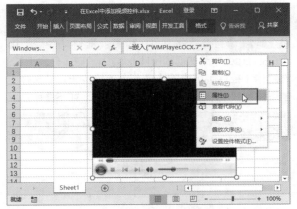

第5步 ❶打开【属性】对话框，在 URL 右侧的文本框中填写完整的视频路径；❷单击【关闭】按钮 ✕，如下图所示。

第6步 单击【开发工具】选项卡【控件】组中的【设计模式】按钮，退出编辑模式，即可插入链接中的视频，如下图所示。

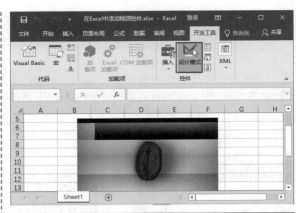

460　在 Excel 中制作条形码

适用版本	实用指数
Excel 2007、2010、2013、2016	★★★★☆

使用说明

条形码是将宽度不等的多个黑条和空白，按照一定的编码规则进行排列，用以表达一组信息的图形标识符。使用 BarCode 控件，可以方便地设计与制作条形码。

解决方法

如果要在 Excel 中制作条形码，具体方法如下。

第1步 ❶打开素材文件（位置：素材文件\第 16 章\条形码 .xlsx），在工作表的任意单元格输入制作条形码的数据，通常为 13 位数，本例在 A22 单元格中输入；❷单击【开发工具】选项卡【控件】组中的【插入】下拉按钮；❸在弹出的下拉列表中单击【其他控件】按钮 ，如下图所示。

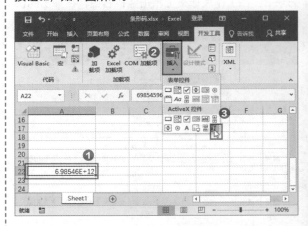

第2步 ❶打开【其他控件】对话框，在列表框中选择 Microsoft BarCode Control 16.0 选项；❷单击【确定】按钮，如下图所示。

第3步 按住鼠标左键，在工作表中绘制一个条形码控件。选中条形码控件，单击鼠标右键，在弹出的快捷菜单中单击【属性】命令，如下图所示。

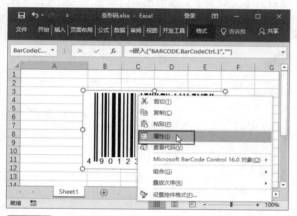

第4步 ❶打开【属性】对话框，设置 LinkedCell 属性为 A22；❷单击【关闭】按钮 ✕，如下图所示。

第5步 ❶返回工作表，再用鼠标右键单击条形码控件，在弹出的快捷菜单中选择【Microsoft BarCode Control 16.0 对象】命令；❷在弹出的扩展菜单中选择【属性】命令，如右上图所示。

第6步 ❶ 打 开【Microsoft BarCode Control 16.0 属性】对话框，在【常规】选项卡中设置【样式】为 2-EAN-13；❷单击【确定】按钮，如下图所示。

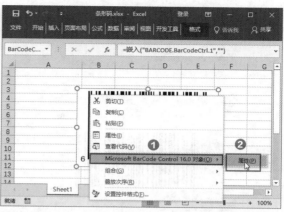

第7步 返回工作表中，单击【开发工具】选项卡【控件】组中的【设计模式】按钮，退出编辑模式，如下图所示。

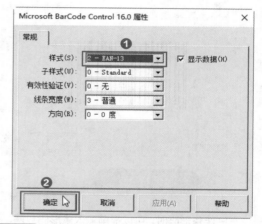

第8步 在【视图】选项卡的【显示】组中取消勾选【网格线】复选框，如下图所示。

第9步 制作完成后，最终效果如下图所示。

温馨提示

在制作条形码时，可以提前输入条形码数据，也可以在【属性】对话框中设置了 LinkedCell 属性之后，再在设置的单元格中输入数据。

461　插入用户窗体

适用版本	实用指数
Excel 2007、2010、2013、2016	★★★★☆

使用说明

用户窗体是 Excel 中的 UserForm 对象，用户可以在工作表中插入用户窗体并添加 ActiveX 控件。

解决方法

如果要插入用户窗体，具体方法如下。

第1步 ❶打开素材文件（位置：素材文件\第16章\插入用户窗体 .xlsx），打开 VBA 编辑器，单击【插入】菜单；❷在弹出的下拉菜单中选择【用户窗体】命令，如下图所示。

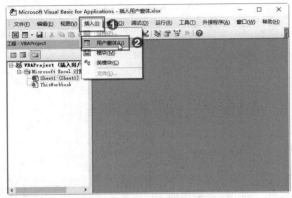

第2步 自动创建名为 UserForm1 的窗体，同时自动打开【工具箱】，选中窗体，单击【属性窗口】按钮，如下图所示。

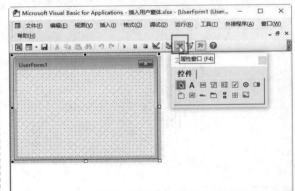

第3步 打开【属性】对话框，设置 Caption 属性为【成绩查询】，如下图所示。

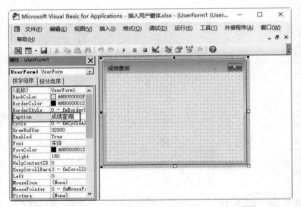

第4步 在【工具箱】中单击【标签】按钮 A，如下图所示。

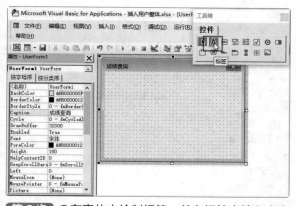

第5步 ❶在窗体中绘制标签，并在标签中输入文本内容；❷单击【属性】对话框中 Font 右侧的展开按钮 ... ，如下图所示。

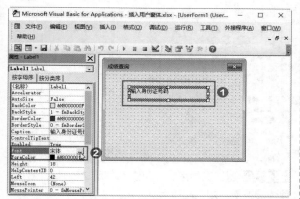

第6步 ❶打开【字体】对话框，设置字体样式；❷单击【确定】按钮，如下图所示。

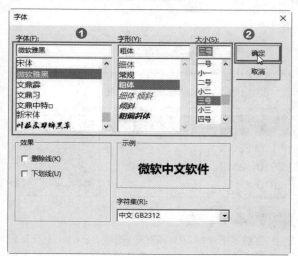

第7步 ❶在【工具箱】中单击【文本框】按钮 ；❷在窗体中绘制文本框，如下图所示。

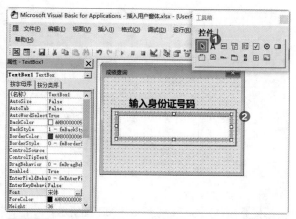

第8步 在【工具箱】中单击【命令按钮】按钮 ，如下图所示。

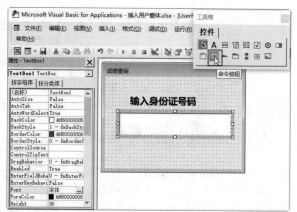

第9步 ❶在窗体中绘制命令按钮；❷在【属性】对话框中更改 Caption 属性为【取消】，如下图所示。

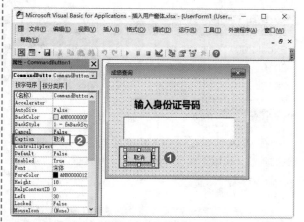

第10步 使用相同的方法再次制作一个文字为【确定】的命令按钮，如下图所示。

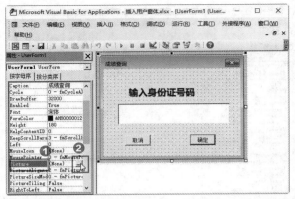

第 11 步 制作完成后，最终效果如下图所示。

温馨提示

为用户窗体添加的控件，如果没有添加相关的事件代码，单击控件按钮将没有任何反应。

462 为窗体更改背景

适用版本	实用指数
Excel 2007、2010、2013、2016	★★★★☆

使用说明

在 VBA 编辑区中插入新的窗体后，为了使窗体更加美观，可以更改窗体的背景。

解决方法

如果要更改窗体背景，具体方法如下。

第 1 步 ❶打开素材文件（位置：素材文件\第 16 章\插入用户窗体 1.xlsx），选中窗体，打开【属性】对话框，选择 Picture 属性；❷在右侧单击展开按钮 ⋯，如下图所示。

第 2 步 ❶打开【加载图片】对话框，选择要加载的图片（位置：素材文件\第 16 章\背景 .JPG）；❷单击【打开】按钮，如下图所示。

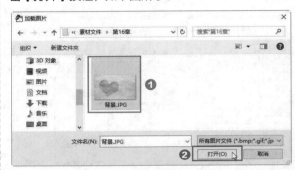

第 3 步 返回窗体后，即可查看到所选图片已经作为窗体的背景，如下图所示。

463 使用 VBA 创建数据透视表

适用版本	实用指数
Excel 2007、2010、2013、2016	★★★☆☆

使用说明

了解了 Excel VBA 的基本语法、Excel 中及其数据透视表中常用的 VBA 对象之后，就可以将 VBA 应用到数据透视表中，实现数据透视表的自动化管理。

解决方法

如果要使用 VBA 创建数据透视表，具体方法如下。

第1步 打开素材文件（位置：素材文件\第 16 章\销售统计 .xlsm），单击【开发工具】选项卡【代码】组中的 Visual Basic 按钮，如下图所示。

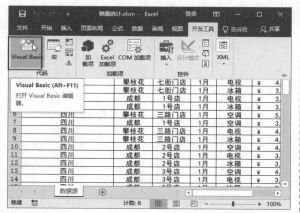

第2步 ❶打开 VBA 编辑器窗口，单击【插入】菜单；❷在弹出的下拉菜单中选择【模块】命令，如下图所示。

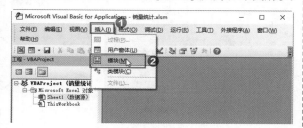

温馨提示

在 Excel 中要使用 VBA 代码创建或管理数据透视表，首先要将数据源保存在一个启用宏的工作薄中，因为 Excel 严格区分普通工作簿和启用宏的工作薄。

第3步 ❶在打开的【模块】窗口中输入如下代码；❷单击【关闭】按钮关闭 VBA 编辑器，操作如右上图所示。
代码为：

```
Sub 创建基本数据透视表（）
Dim pvc As PivotCache
Dim pvt As PivotTable
Dim wks As Worksheet
Dim oldrng As Range, newrng As Range
Set oldrng = Worksheets(" 数据源 ").Range("A1").CurrentRegion
Set wks = Worksheets.Add
Set newrng = wks.Range（ "A1" ）
Set pvc = ActiveWorkbook.PivotCaches.
Create(xlDatabase,oldrng)
Set pvt = pvc.CreatePivotTable(newrng)
End Sub
```

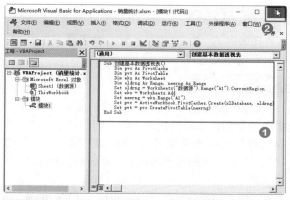

第4步 ❶返回工作表，打开【宏】对话框，选中宏命令；❷单击【执行】按钮，如下图所示。

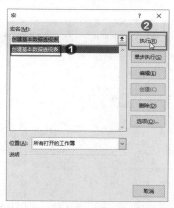

第5步 返回工作表，即可得到空白的数据透视表，如下图所示。

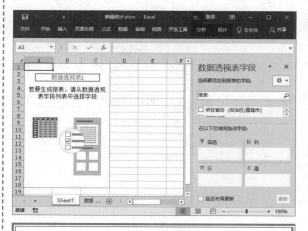

464 对数据透视表进行字段布局

适用版本	实用指数
Excel 2007、2010、2013、2016	★★★☆☆

在创建了一个空白的 Excel 数据透视表之后，用户需要对字段进行布局。

例如，需要将"所在省份（自治区 / 直辖市）"字段放置到报表筛选区域，将"所在城市"和"产品名称"字段放置到行字段区域，将"数量"和"销售额"字段放置到值字段区域，具体方法如下。

第1步 打开素材文件（位置：素材文件\第16章\销量统计 1.xlsm），单击【启用内容】按钮，如下图所示。

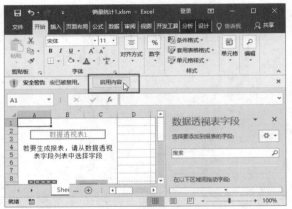

第2步 ❶按 Alt+F11 组合键，打开 VBA 编辑器窗口，单击【插入】菜单; ❷在弹出的下拉菜单中选择【模块】命令，如下图所示。

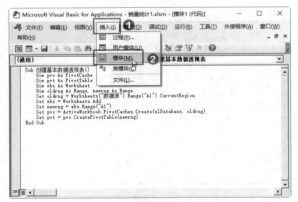

第3步 ❶在打开的【模块】窗口中输入如下代码; ❷单击【关闭】按钮关闭 VBA 编辑器，操作如右上图所示。

代码为:

```
Sub 对字段进行布局 ()
Dim pvt As PivotTable
```

```
Set pvt = Worksheets( "Sheet1" ).PivotTables(1)
With pvt
With .PivotFields(" 所在省份（自治区 / 直辖市）")
.Orientation = xlPageField
End With
With .PivotFields(" 所在城市 ")
.Orientation = xlRowField
.Position = 1
End With
With .PivotFields(" 产品名称 ")
.Orientation = xlRowField
.Position = 2
End With
.AddDataField .PivotFields(" 数量 ")
.AddDataField .PivotFields(" 销售额 ")
End With
End
sub
```

第4步 ❶返回工作表，打开【宏】对话框，选中宏命令; ❷单击【执行】按钮，如下图所示。

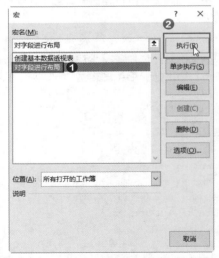

第5步 返回工作表，得到数据透视表字段分布后的最终效果，如下图所示。

465 合并单元格时保留所有数据

适用版本	实用指数
Excel 2010、2013、2016	★★★☆☆

使用说明

合并多个单元格时，若每个单元格中都包含了数据，则执行合并操作时，会弹出提示框提示只能保留左上角单元格的值，如下图所示。

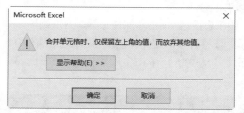

在提示框中单击【确定】按钮，便可完成合并，单元格中将只保留左上角的数据，而其他的数据全部丢失。

如果希望将多个单元格中的数据合并到一个单元格内，可以通过 VBA 代码实现。

解决方法

例如，要在工作表中合并多个单元格，并保留所有数据，具体操作方法如下。

第1步 ❶打开素材文件（位置：素材文件\第16章\商品名称.xlsx），切换到【开发工具】选项卡；❷在【代码】组中单击 Visual Basic 按钮，如下图所示。

第2步 ❶打开 VBA 编辑器，【插入】菜单项；❷在弹出的下拉菜单中选择【模块】命令，如下图所示。

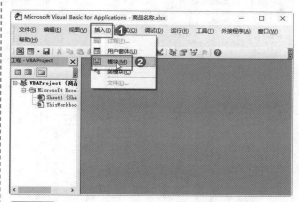

第3步 ❶在打开的【模块】窗口中输入如下代码；❷单击【关闭】按钮关闭 VBA 编辑器，操作如下图所示。

代码为：

```
Sub 合并单元格内容 ()
Dim c As Range
Dim MyStr As String
On Error Resume Next ' 关闭错误开关
For Each c In Selection ' 循环选定的单元格区域
MyStr = MyStr & c.Value ' 连接文本
Next
With Selection
.Value = Empty ' 内容置空
.Merge ' 合并单元格
.Value = MyStr ' 赋值
End With
End Sub
```

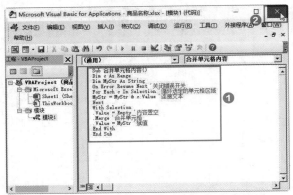

第4步 ❶返回工作表，选择需要合并的连续单元格区域，如 B3:D3；❷单击【代码】组中的【宏】按钮，如下图所示。

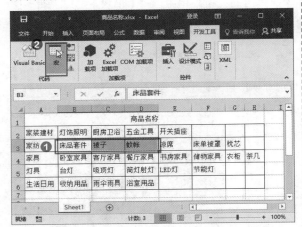

第5步 ❶弹出【宏】对话框，在列表框中选择需要执行的宏，本例中选择【合并单元格内容】；❷单击【执行】按钮，如下图所示。

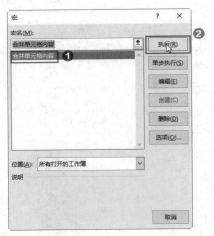

第6步 返回工作表，即可查看合并后的效果，如右上图所示。

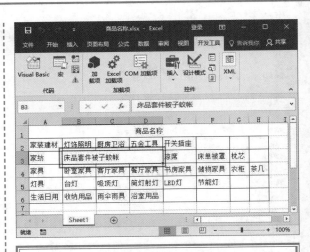

466 通过设置 Visible 属性隐藏工作表

适用版本	实用指数	
Excel 2007、2010、2013、2016	★★★★☆	

使用说明

在 VBA 窗口中，设置 Visible 属性可以隐藏工作表。

解决方法

如果想设置 Visible 属性，具体方法如下。

第1步 打开素材文件（位置：素材文件\第 16 章\销量统计 2.xlsm），单击【启用内容】按钮，如下图所示。

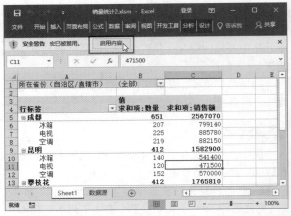

第2步 ❶按 Alt+F11 组合键，打开 VBA 编辑器窗口，在【工程】窗口中选择【数据源】工作表；❷单击【属性窗口】按钮，打开【属性】窗口，如下图所示。

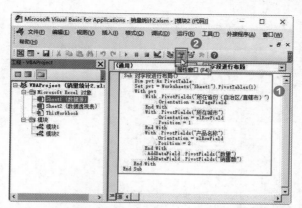

第3步 ❶单击 Visible 下拉按钮,设置属性值为 2-xlSheetVeryHidden;❷单击【关闭】按钮⊠,如下图所示。

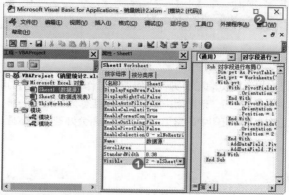

第4步 返回工作表,即可看到【数据源】工作表已经被隐藏,如下图所示。

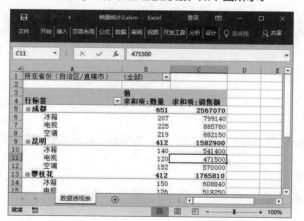

第 17 章
Excel 页面设置与打印技巧

工作表制作完成后，可以为其添加页眉和页脚，如果要将工作表打印出来，可以通过打印设置满足用户的需要。本章将介绍页面设置与打印的技巧，帮助用户更好地完成工作表的最后一步。

下面先来看看以下一些页面设置与打印中的常见问题，你是否会处理或已掌握。

【√】工作表制作完成后，为了让工作表的内容更加饱满，可以添加页眉和页脚，你知道如何添加吗？

【√】在工作中，一个项目往往需要使用相同的页面设置，你知道怎样将已经完成的页面设置复制到其他工作表吗？

【√】工作簿中有多个工作表时，如果想要打印多个工作表，应该如何操作？

【√】工作表中有错误值时，你知道怎样设置不打印错误值吗？

【√】如果只希望打印工作表中的某一部分单元格区域，应该如何操作？

希望通过本章内容的学习，能帮助你解决以上问题，并学会 Excel 更多页面设置与打印的技巧。

17.1 工作表的页面设置

工作表编辑完成后，为了使打印效果更加出彩，可以为工作表设置页面格式。

467 编辑页眉和页脚信息

适用版本	实用指数
Excel 2007、2010、2013、2016	★★★★★

使用说明

在 Excel 电子表格中也可以添加页眉和页脚，页眉的作用在于显示每一页顶部的信息，通常包括表格名称等内容，而页脚则用来显示每一页底部的信息，通常包括页数、打印日期和时间等。

解决方法

例如，要在页眉位置添加公司名称，在页脚位置添加制表日期信息，具体操作方法如下。

第1步 打开素材文件（位置：素材文件\第 17 章\销售清单 .xlsx），单击【插入】选项卡【文本】组中的【页眉和页脚】按钮，如下图所示。

第2步 ❶进入页眉和页脚编辑状态，同时功能区中会出现【页眉和页脚工具 / 设计】选项卡，在页眉框中输入页眉内容；❷单击【导航】组中的【转至页脚】按钮，如下图所示。

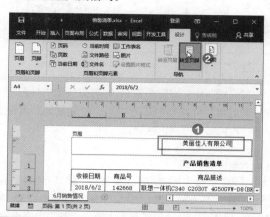

第3步 ❶切换到页脚编辑区，单击【页眉和页脚工具 / 设计】选项卡【页眉和页脚组】中的【页脚】下拉按钮；❷在弹出的下拉列表中选择一种页脚样式，如下图所示。

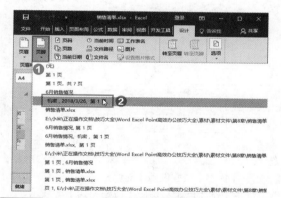

第4步 完成页眉页脚的信息编辑后，单击工作表中的任意单元格，退出页眉页脚编辑状态。切换到【视图】选项卡，单击【工作簿视图】组中的【页面布局】按钮即可查看添加的页眉和页脚信息，如下图所示。

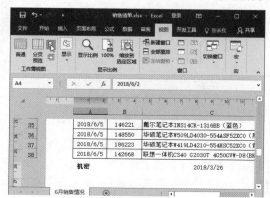

468　在页眉页脚中添加文件路径

适用版本	实用指数
Excel 2007、2010、2013、2016	★★★★☆

使用说明

　　在编辑页眉和页脚内容时，还可以添加文件路径，在打印时将文件路径打印出来，可以清楚地知道该文件的存放位置，方便以后查找文件。

解决方法

　　例如，要在页眉中添加文件路径，具体方法如下。

第1步 打开素材文件（位置：素材文件\第17章\销售清单.xlsx），在【页面布局】选项卡的【页面设置】组中单击对话框启动器 □，如下图所示。

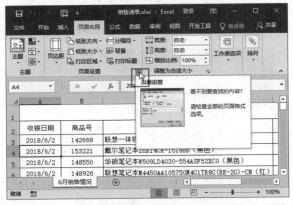

第2步 弹出【页面设置】对话框，在【页眉/页脚】选项卡中单击【自定义页眉】按钮，如下图所示。

第3步 ❶弹出【页眉】对话框，将光标插入点定位到需要添加文件路径的文本框中，如【左】文本框；

❷单击【插入文件路径】按钮，如下图所示。

第4步 【左】文本框中将出现文件路径参数，单击【确定】按钮，如下图所示。

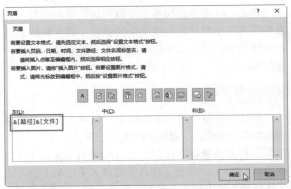

第5步 返回到【页面设置】对话框，【页眉】框中将显示具体的文件路径信息，单击【确定】按钮确认，如下图所示。

第6步 返回工作表，切换到【页面布局】视图模式，可查看插入文件路径后的效果，如下图所示。

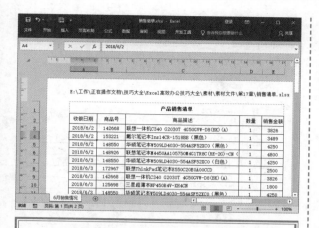

469　为奇偶页设置不同的页眉、页脚

适用版本	实用指数
Excel 2007、2010、2013、2016	★★★★☆

使用说明

在设置页眉、页脚信息时，还可分别为奇偶页设置不同的页眉、页脚。

解决方法

例如，要对奇偶页设置不同的页眉、页脚信息，具体操作方法如下。

【第1步】 打开素材文件（位置：素材文件\第17章\销售清单 .xlsx），单击【页面布局】选项卡【页面设置】组中的对话框启动器 ，如下图所示。

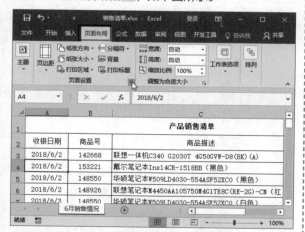

【第2步】 ❶打开【页面设置】对话框，切换到【页眉/页脚】选项卡；❷勾选【奇偶页不同】复选框；❸单击【自定义页眉】按钮，如下图所示。

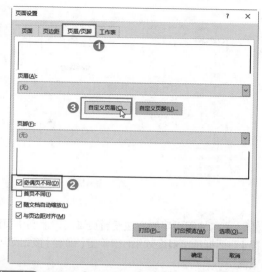

【第3步】 ❶弹出【页眉】对话框，在【奇数页页眉】选项卡中设置奇数页的页眉信息，如在【左】文本框中输入公司名称；❷切换到【偶数页页眉】选项卡，如下图所示。

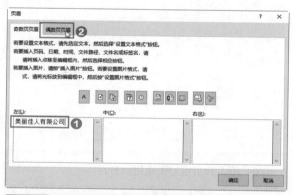

【第4步】 ❶设置偶数页的页眉信息，例如单击【插入文件路径】按钮 ；❷完成设置后，单击【确定】按钮，如下图所示。

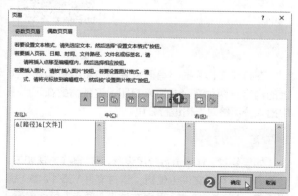

【第5步】 返回【页面设置】对话框，单击【自定义页脚】按钮，如下图所示。

第6步 ❶使用相同的方法设置页脚后，返回【页面设置】对话框预览最终效果；❷单击【确定】按钮即可，如下图所示。

---

470 插入分页符对表格进行分页

适用版本	实用指数
Excel 2007、2010、2013、2016	★★★☆☆

使用说明

在打印工作表时，有时需要将本可以打印在一页上的内容分两页甚至多页来打印，这就需要在工作表中插入分页符对表格进行分页。

解决方法

如果要对工作表进行分页设置，具体操作方法如下。

❶打开素材文件（位置：素材文件\第17章\销售清单.xlsx），单击【页面布局】选项卡【页面设置】组中的【分隔符】按钮；❷在打开的下拉列表中选择【插入分页符】选项即可，如下图所示。

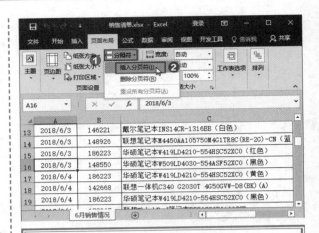

---

471 设置打印页边距

适用版本	实用指数
Excel 2007、2010、2013、2016	★★★☆☆

使用说明

页边距是指打印在纸张上的内容距离纸张上、下、左、右边界的距离。打印工作表时，应该根据要打印表格的行、列数，以及纸张大小来设置页边距。

解决方法

如果要为工作表设置页边距，操作方法如下。

❶打开【页面设置】对话框，切换到【页边距】选项卡；❷通过【上】【下】【左】【右】微调框设置各页边距的值；❸单击【确定】按钮即可，如下图所示。

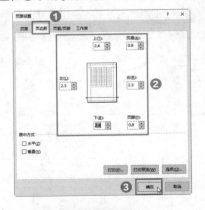

温馨提示

如果对工作表设置了页眉、页脚，则还可通过【页眉】【页脚】微调框设置页眉、页脚的边距。

472 把页面设置复制到其他工作表

适用版本	实用指数
Excel 2007、2010、2013、2016	★★★☆☆

使用说明

某工作簿中含有多张工作表，而只对其中一张设置了页眉页脚，当需要对其他工作表设置相同的页眉页脚时，若逐一设置会非常繁琐。此时可通过工作组复制页面设置，从而提高工作效率。

解决方法

例如，在"员工工资汇总表 .xlsx"中只对其中的"4月"工作表设置了页眉、页脚，如下图所示。

现在要将"4月"工作表的页面设置复制应用到其他工作表，具体操作方法如下。

第1步 打开素材文件（位置：素材文件\第17章\员工工资汇总表 .xlsx），使用鼠标右键单击"4月"工作表标签，在弹出的快捷菜单中单击【选定全部工作表】命令，如下图所示。

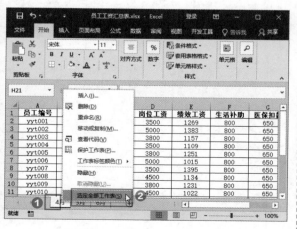

第2步 此时将选中工作簿中的所有工作表，在【页面布局】选项卡的【页面设置】组中单击的对话框启动器 ，如下图所示。

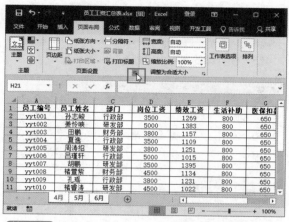

第3步 弹出【页面设置】对话框，不做任何操作，直接单击【确定】按钮，如下图所示。

第4步 通过上述操作后，工作簿中其余工作表将应用相同的页面设置，如下图为"5月"工作表的打印预览效果。

17.2 正确打印工作表

表格制作完成后，可通过打印设置将工作表内容打印出来。

473 使打印的纸张中出现行号和列标

适用版本	实用指数
Excel 2007、2010、2013、2016	★★★★★

使用说明

默认情况下，Excel 打印工作表时不会打印行号和列标。如果需要打印行号和列标，就需要在打印工作表前进行简单的设置。

解决方法

如果要打印工作表中行号和列号，具体操作方法如下。

❶打开【页面设置】对话框，在【工作表】选项卡的【打印】栏中勾选【行号列标】复选框；❷单击【确定】按钮即可，如下图所示。

474 实现缩放打印

适用版本	实用指数
Excel 2007、2010、2013、2016	★★★★☆

使用说明

有时候制作的 Excel 表格在最末一页只有几行内容，如果直接打印出来既不美观又浪费纸张。此时，用户可通过设置缩放比例的方法，让最后一页的内容显示到前一页中。

解决方法

如果要设置缩放比例，有以下两种方法。

方法 1：打开工作簿，在【页面布局】选项卡的【调整为合适大小】组中，设置【缩放比例】的大小即可，如下图所示。

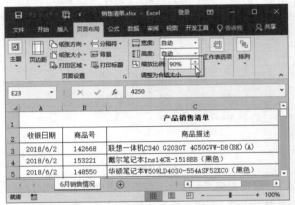

方法 2：❶打开【页面设置】对话框，在【页面】选项卡的【缩放】选项组中，通过【缩放比例】微调框设置缩放比例；❷单击【确定】按钮即可，如下图所示。

475　一次性打印多个工作表

适用版本	实用指数
Excel 2007、2010、2013、2016	★★★★★

使用说明

当工作簿中含有多个工作表时，若依次打印会非常浪费时间，为了提高工作效率，可以一次性打印多个工作表。

解决方法

一次性打印多个工作表的操作方法如下。

❶在工作簿中选择要打印的多个工作表，单击【文件】菜单项，在弹出的下拉菜单中选择【打印】命令；❷在中间窗格中单击【打印】按钮即可，如下图所示。

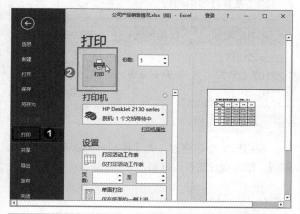

476　居中打印表格数据

适用版本	实用指数
Excel 2007、2010、2013、2016	★★★☆☆

使用说明

当工作表的内容较少，则打印时无法占满一页，为了不影响打印美观，可以通过设置居中方式，将表格打印在纸张的正中间。

解决方法

如果要居中打印表格数据，具体操作方法如下。

❶打开【页面设置】对话框，在【页边距】选项

卡的【居中方式】选项组中勾选【水平】和【垂直】复选框；❷单击【确定】按钮即可，如下图所示。

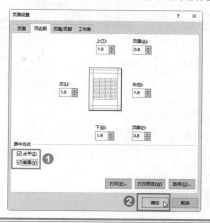

477　避免打印工作表中的错误值

适用版本	实用指数
Excel 2007、2010、2013、2016	★★★★☆

使用说明

在工作表中使用公式时，可能会因为数据空缺或数据不全等原因而导致返回错误值。在打印工作表时，为了不影响美观，可以通过设置避免打印错误值。

解决方法

如果要避免打印工作表中的错误值，操作方法如下。

❶打开工作簿，打开【页面设置】对话框，选择【工作表】选项卡，在【打印】选项组的【错误单元格打印为】下拉列表中选择【空白】选项；❷单击【确定】按钮，如下图所示。

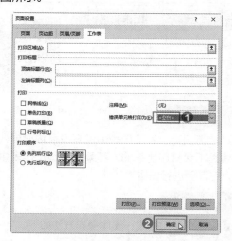

478 不打印单元格的底纹颜色

适用版本	实用指数
Excel 2007、2010、2013、2016	★★★☆☆

使用说明

在编辑工作表时，如果为单元格设置了底纹颜色，而在打印时不需要打印底纹颜色，则可以通过设置单色打印实现。

解决方法

如果要设置不打印单元格底纹颜色，具体操作方法如下。

❶打开【页面设置】对话框，切换到【工作表】选项卡；❷在【打印】组中勾选【单色打印】复选框；❸单击【确定】按钮即可，如下图所示。

479 打印工作表中的网格线

适用版本	实用指数
Excel 2007、2010、2013、2016	★★★☆☆

使用说明

默认情况下，若工作表中没有设置边框样式，其网格线是不会打印出来的。若果要打印工作表中的网格线，就需要进行设置。

解决方法

如果要打印网格线，具体操作方法如下。

❶打开【页面设置】对话框，切换到【工作表】选项卡；❷在【打印】选项组中勾选【网格线】复选框；❸单击【确定】按钮即可，如下图所示。

480 重复打印标题行

适用版本	实用指数
Excel 2007、2010、2013、2016	★★★★★

使用说明

在打印大型表格时，为了使每一页都有表格的标题行，就需要设置打印标题。

解决方法

如果要设置重复打印标题，操作方法如下。

第1步 打开素材文件（位置：素材文件\第17章\销售清单.xlsx），单击【页面布局】选项卡【页面设置】组中的【打印标题】按钮，如下图所示。

第2步 ❶弹出【页面设置】对话框，将光标插入点定位到【顶端标题行】文本框内，在工作表中单击标题行的行号，【顶端标题行】文本框中将自动显示标题行的信息；❷单击【确定】按钮，如下图所示。

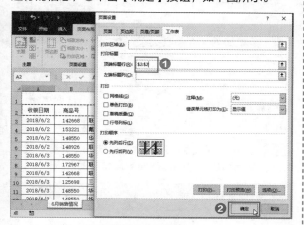

知识拓展

对于设置了列标题的大型表格，还需要设置标题列，方法是：将光标插入点定位到【左端标题列】文本框内，然后在工作表中单击标题列的列标即可。

481	打印员工的工资条

适用版本	实用指数
Excel 2007、2010、2013、2016	★★★★☆

使用说明

每个月都需要为员工打印工资条，打印普通的工资表比较简单，如果要将其打印成工资条就需要在每一张工资条中显示标题，此时可参考下面的案例进行实现。

解决方法

如果要打印工资条，具体操作方法如下。

第1步 ❶打开素材文件（位置：素材文件\第17章\6月工资表 .xlsx），参照前文的方法设置重复打印标题行，然后选中需要打印的员工工资数据；❷单击【页面布局】选项卡【页面设置】组中的【打印区域】下拉按钮；❸在弹出的下拉列表中选择【设置打印区域】选项，将其设置为打印区域，如下图所示。

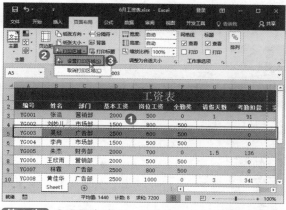

第2步 ❶设置完成后，单击【文件】菜单项，在弹出的下拉菜单中选择【打印】命令；❷在右侧窗格可预览该工资条的打印效果，❸单击中间窗格中的【打印】按钮即可打印该员工的工资条，如下图所示。

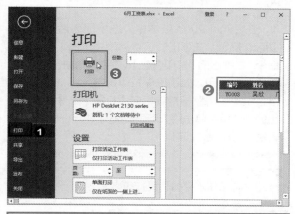

482	只打印工作表中的图表

适用版本	实用指数
Excel 2007、2010、2013、2016	★★★☆☆

使用说明

如果一张工作表中即有数据信息，又有图表，而打印时又只需要打印图表，操作方法也很简单。

解决方法

如果要打印工作表中的图表，操作方法如下。

❶打开素材文件（位置：素材文件\第17章\手机销售情况 .xlsx），在工作表中选中需要打印的图表，单击【文件】菜单项，在弹出的下拉菜单中选择【打印】命令，在中间窗格【设置】选项组顶部的下拉列表中，

默认选择【打印选定图表】选项，无需再进行选择；❷直接单击【打印】按钮，如下图所示。

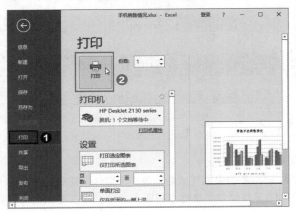

在 Excel 2007 版本中，选中图表后，单击 Office 按钮，在弹出的下拉列表中单击【打印】命令，在弹出的【打印内容】对话框中单击【确定】按钮即可打印。为了确保打印内容无误，也可在下拉菜单中将鼠标指针指向【打印】命令，在弹出的子菜单中单击【打印预览】命令进行打印预览，再执行打印操作即可。

483 将工作表中的公式打印出来

适用版本	实用指数
Excel 2007、2010、2013、2016	★★★☆☆

使用说明

打印工作表时，默认将只显示表格中的数据，如果需要将工作表中的公式打印出来，就需要设置在单元格中显示公式。

解决方法

如果要将工作表中的公式打印出来，具体操作方法如下。

第1步 ❶打开素材文件（位置：素材文件\第17章\6月工资表.xlsx），在工作表中选择任意单元格；❷单击【公式】选项卡【公式审核】组中的【显示公式】按钮，如下图所示。

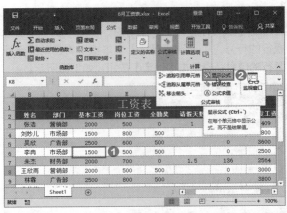

第2步 操作完成后，所有含有公式的单元格将显示公式，然后再执行打印操作即可，如下图所示。

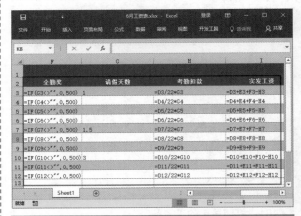

484 只打印工作表中的部分数据

适用版本	实用指数
Excel 2007、2010、2013、2016	★★★★★

使用说明

对工作表进行打印时，如果不需要全部打印，则可以选择需要的数据进行打印。

解决方法

打印工作表中部分数据的操作方法如下。

❶在工作表中选择需要打印的数据区域（可以是一个区域，可以是多个区域），单击【文件】菜单项，在弹出的下拉菜单中选择【打印】命令；❷在中间窗格【设置】选项组下拉列表中，选择【打印选定区域】选项；❸单击【打印】按钮即可，如下图所示。

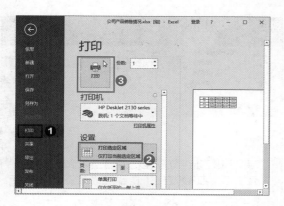

温馨提示

在【页面布局】选项卡的【调整为合适大小】组中的【缩放比例】微调框中也可以调整缩放比例。

485　打印指定的页数范围

适用版本	实用指数
Excel 2007、2010、2013、2016	★★★☆☆

使用说明

对于有很多页的工作表，在打印时，如果只需要打印其中的几页数据，则可以设置打印指定的页数。

解决方法

如果要设置打印指定页数，具体操作方法如下。

❶在要打印的工作表中，单击【文件】选项菜单项，在弹出的下拉菜单中选择【打印】命令；❷在中间窗格的【设置】选项组中，在【页数】微调框中设置打印的起始页和结尾页；❸单击【打印】按钮进行打印，如下图所示。

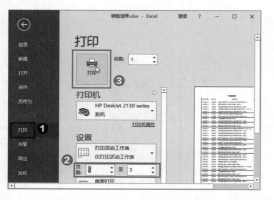

486　打印批注

适用版本	实用指数
Excel 2007、2010、2013、2016	★★★☆☆

使用说明

在编辑工作表时，若插入了批注，默认情况下批注并不会被打印，如果要打印，则需要进行设置。

解决方法

如果要打印批注，具体操作方法如下。

第1步　❶打开【Excel 选项】对话框，在【高级】选项卡的【对于带批注的单元格，显示】选项组中选择【批注和标识符】单选按钮；❷单击【确定】按钮，如下图所示。

第2步　❶返回工作表，打开【页面设置】对话框，在【工作表】选项卡【打印】选项组的【注释】下拉列表中选择【如同工作表中的显示】选项；❷单击【确定】按钮即可，如下图所示。

在设置带有批注的工作表中，打开【Excel
选项】对话框，切换到【高级】选项卡，在【显示】
栏中选择【批注和标识符】单选按钮，然后单击【确
定】按钮，也可将批注全部显示出来。

487　强制在某个单元格处开始分页打印

适用版本	实用指数
Excel 2007、2010、2013、2016	★★★☆☆

使用说明

在打印工作表时，通过插入分页符的方式，还可
以强制在某个单元格处重新开始分页，以便打印出需
要的效果。

解决方法

例如，某用户制作了4个人的简历表，如下图所示。

在打印时，4个人的简历表都挤在了同一个页面
上，现在希望将每个人的简历分开打印，每人各占一页，
具体操作方法如下。

第1步　❶打开素材文件（位置：素材文件\第17
章\简历表.xlsx），选中要分页的单元格位置，本例
中选择E5；❷在【页面布局】选项卡的【页面设置】
组中单击【分隔符】按钮；❸在弹出的下拉列表中选
择【插入分页符】选项，如右上图所示。

第2步　插入分页符后，工作表将以E5单元格的左
边框和上边框为分隔线，将数据区域分隔为4个区域，
并用分隔符显示，如下图所示。

第3步　在打印预览中，可以查看到每个人的简历各
占一页显示，其中的一页如下图所示。

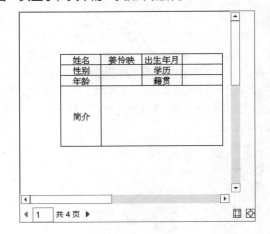

主题一：入门，学会正确管理电脑中的文件

电脑中的信息都是以文件的形式保存起来的，使用电脑时，要将各种文件分门别类地存放在不同的文件夹中，以方便查找。因此，学会正确管理电脑中的文件资源是电脑入门必须掌握的技能。

NO. 1 什么是文件

文件是 Windows 中信息组成的基本单位，是各种程序与信息的集合。它可以是文本文档、图片、程序等。打开电脑，就可看到许多类型不同的文件。每个文件都有各自的文件名，不同类型数据所保存的文件类型也不相同。

文件名

在 Windows 操作系统中，文件由文件图标和文件名构成。不同类型文件的文件图标不同。完整的文件名由文件名称和扩展名组成，文件名称用于识别该文件，可以自行设置；扩展名则用于标识该文件的类型，由产生该文件的应用程序自动生成。另外，扩展名前还有一个小圆点（分隔符）。下图所示就是几个不同类型的文件名。

WiseFolde rHider.exe　电子书-苏轼传.pdf　个人简历.docx　视频.mp4　微会.apk　吟唱版-I Ve Never Been to Me.mp3

② 文件类型

电脑中的文件种类繁多，必须了解常见的文件类型，才能通过文件扩展名判断文件的类型以及打开文件需运用的程序。下所示为常见的文件扩展名及其含义。

文件扩展名	含义	文件扩展名	含义
.avi/.wmv/.mkv	视频文件	.dll	动态链接库文
.ini	系统配置文件	.tmp	临时文件
.jpg/.bmp/.png/.tif	图像文件	.gif	动态图像文件
.bak	备份文件	.txt	文本文件
.com	MS-DOS 应用程序	.exe	应用程序文件
.pdf	Adobe Acrobat 文档	.wav/.mp3/.aac/.mid	声音文件
.dat	数据文件	.hlp	帮助文件
.pm	Page maker 文档	.wri	写字板文件
.dbf	数据库文件	.htm	Web 网页文件
.ppt	PowerPoint 演示文件	.xls	Excel 表格文
.doc	Word 文档	.ico	图标文件
.rtf	文本格式文档	.zip/.rar	压缩文件
.mdb	ACCESS 数据库文件	.ttf/.ttc/.ttf	字体文件

> 高手点拨——文件图标与文件关系
>
> 电脑中每个文件都对应一个图标和一个文件名。如果文件的图标外观样式相同，就表示这些文件是同种类型的；不同外观样式的文件图标，则表示不同类型的文件。

　　电脑中存储了数量庞大且种类繁多的文件，Windows 7 将这些文件按照一定规则分类存放在不同的文件夹中，便于有效管理。使用电脑的过程中，用户也可以将自己的文件按使用习惯存放不同的文件夹中，使文件查找更加方便。

　　在 Windows 7 中，文件夹的图标显示为一个形象的黄色文件夹式，存放不同文件的文件夹在显示效果上稍有差异，如下图所示。

空文件　　我的程序　　我的视频　　我的图片　　我的文稿　　我的音乐

　　Windows 中无论文件还是文件夹都存储在各个磁盘分区中，文件夹下又可以再存储文件夹，子文件夹下也可以继续存储下级的文件夹。通过文件夹的嵌套，可以对电脑中的文件进行更细化的分类。就像是我们的文件柜一样，井井有条地存放各类息，管理起来非常方便。

- - - - - - - - - - - - - - - -

高手点拨——避免在桌面上存放重要文件

　　在电脑中存储文件时，可以将其存放在磁盘分区下的某个文件夹中，也可以直接存放在磁盘分区的根目录下。桌面上存放的文件其实是被存放在系统所在磁盘分区下的用户文件夹中。为了保障文件安全，最好不要把重要文件存放在桌面上。

　　在对文件或文件夹进行管理操作之前，先要选中操作对象。

选择时可选择单个对象，也可以选择多个连续或不连续的对象
要选择的范围不同，操作方法也有所不同。

① 选择单个文件或文件夹

用鼠标左键单击要
选择的文件或文件夹，
即可将该文件或文件夹
选中，如右图所示。或
按下键盘中的上、下、左、
右键进行选择。

② 选取连续文件或文件夹

按住鼠标左键拖动，
拖动范围中的文件和文件
夹即被全部选中。或单击
选中第一个文件或文件
夹，然后按住【Shift】键，
单击最后一个文件或文件
夹，即可选择之间的所有
对象，如右图所示。

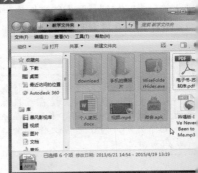

③ 选取不连续文件或文件夹

选中一个文件或文件夹后，按住【Ctrl】键，再单击其他文件

单击的文件将被全部选中。如右图所示。

注意：在选择不连续的多个文件或文件夹时，须先按住【Ctrl】键，然后逐个单击需要选择的文件或文件夹。如果按住【Ctrl】键拖动文件或文件夹，则会复制文件或文件夹。

4 选择全部文件或文件夹

单击工具栏中的"组织"按钮，在弹出菜单中单击"全选"命令，即可选中当前窗口中的全部文件或文件夹。或者按下快捷键【Ctrl+A】也可快速选择该窗口中的全部文件或文件夹，如右图所示。

NO. 4 如何新建文件夹

在管理电脑中的文件时，可以根据需要创建新的文件夹，存放自己指定的文件。新建文件夹的具体方法如下。

Step01：单击窗口工具栏中的"新建文件夹"按钮，如左下图所示

Step02：此时，当前窗口中便建立了一个新文件夹，且文件夹名
        称处于可编辑状态，输入名称后，单击窗口任意位置即
        可，如右下图所示。

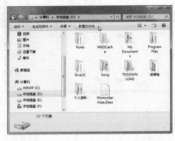 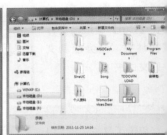

NO.5 如何对文件或文件夹进行重命名

对电脑中的文件或文件夹进行管理时，可以对已有文件或文
件夹进行重命名。重命名文件或文件夹，就是将现有文件或文件
夹的名称改为其他名称，具体操作方法如下。

Step01：选择需要重新命名的文件或文件夹，单击窗口工具栏
        的"组织"按钮，单击弹出菜单中的"重命名"命令，
        如左下图所示。

Step02：此时，所选文件或文件夹的名称变为可编辑状态，在名
        称框中输入想要的文件名，然后单击窗口任意处即可完
        成重命名，如右下图所示。

NO. 6 如何对文件或文件夹存放位置进行移动

移动文件或文件夹是指将文件或文件夹从一个位置移动到另一个位置，多用于文件的转移，如从当前目录移动到其他目录，或者从当前磁盘移动到其他磁盘。

例如，将 D 盘中的"我的的文件"文件夹移动到 E 盘中的"文件汇总"文件夹，操作方法如下。

Step01：选择需要移动的文件夹，单击窗口工具栏中的"组织"按钮，单击弹出菜单中的"剪切"命令，如左下图所示。

Step02：打开目标磁盘或文件夹窗口，单击"组织"按钮，单击弹出菜单中的"粘贴"命令，如右下图所示。

Step03：此时，资源管理器将开始移动所选文件夹，若文件夹大则会弹出移动进度对话框，显示移动进度，如下所示。

高手点拨——使用快捷键移动文件（夹）

选中需要移动的对象，按【Ctrl+X】快捷键将文件（夹）剪切，打开存放位置之后，按【Ctrl+V】快捷键将文件（夹）粘贴到目标位置。这是常用的移动文件（夹）的方法。

NO. 7　如何复制重要的文件或文件夹

复制文件或文件夹是指将文件或文件夹复制一份到其他置，多用于文件或文件夹的备份。复制文件或文件夹时，可在同一磁盘中复制，也可以在不同磁盘间复制。具体操作方如下。

Step01：选择需要复制的文件夹，单击窗口工具栏中的"组织按钮，单击弹出菜单中的"复制"命令，如左下图所

ep02：打开目标磁盘或文件夹窗口，单击"组织"按钮，单击弹出菜单中的"粘贴"命令，如右下图所示。

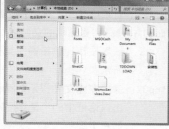

ep03：接着，资源管理器将开始复制所选文件或文件夹，如果文件较大，会弹出复制进度对话框，显示文件或文件夹复制进度，如下图所示。复制完成之后，就会看到窗口中有了被复制文件，而原目录下的文件或文件夹没有受到影响。

高手点拨——使用快捷键复制文件或文件夹

和移动操作一样，复制文件或文件夹也可以通过快捷键来完成，"复制"命令的快捷键是【Ctrl+C】。

对于电脑中一些无用文件或文件夹，有必要对其进行删除作，以节省磁盘空间，具体操作方法如下。

Step01：选择需要删除的文件或文件夹，单击窗口工具栏中的"织"按钮，单击弹出菜单中的"删除"命令，如左下所示。

Step02：弹出删除文件提示对话框（此处为删除多个文件），击对话框中的"是"按钮，即可将文件删除到回收站如右下图所示。

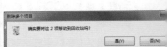

一般来说，从电脑的本地磁盘中删除某个文件或文件夹，实并没有真正将其从电脑中彻底删除，而是将其删除到了回收中。通过系统的回收站，可以找回误删的文件或文件夹，也可将不需要的文件或文件夹从电脑中彻底删除，释放出它占用的盘空间。

1）还原误删的文件或文件夹

大家可能都遇到过误删某个文件或文件夹的情况。一般来只要未清理回收站，就可以从回收站中恢复这个文件或文件夹。

tep01：双击桌面上的回收站图标，打开回收站窗口，如左下图
所示。

tep02：找到并选中误删的文件，单击"还原此项目"按钮，如
右下图所示。

② 彻底删除文件

对于一些确定不需要的文件或文件夹，可以将其彻底删除，
节省磁盘空间。

打开"回收站"窗口后，选中不需要的文件或文件夹，单击"组
"按钮，单击"删除"命令，此时将弹出提示对话框，单击"是"
钮，这些文件或文件夹就被彻底删除了，如下图所示。

一般来说，从回收站中彻底删除的文件或文件夹就不能再找回了，因此删除某个文件或文件夹之前必须确定其确实不需要了。除了从回收站中彻底删除文件或文件夹，还可以通过按【Shift+Delete】快捷键，直接将不需要的文件或文件夹从磁盘中彻底删除。

如果确定整个回收站中的文件都不再需要，可以直接单击"清空回收站"按钮或在回收站图标上单击鼠标右键，在弹出菜单中选择"清空回收站"命令，将所有文件一次性删除。

3 设置回收站

回收站所能容纳被暂时删除文件的空间并不是无限的，通过对回收站的属性进行设置，可以调节回收站的容量空间。另外，还可以设置被删除的文件不放入回收站而直接彻底删除。设置的具体方法如下。

Step01：用鼠标右键单击桌面上的"回收站"图标，单击"属性"命令，打开"回收站属性"对话框。如右图所示。

tep02: 在顶部的列表框中，单击选择回收站的磁盘位置；选中"自定义大小"单选按钮，在"最大值"数值框中输入回收站空间的最大值；选中"不将文件移到回收站中"单选按钮，就可以让删除的文件直接彻底删除；单击"确定"按钮，保存设置，如下图所示。

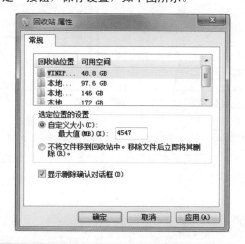

文件与文件夹的"属性"操作包括查看文件或文件夹信息、更改文件或文件夹属性等。查看文件或文件夹的信息的具体操作方法如下。

tep01: 选择要查看信息的文件或文件夹，单击"组织"按钮，在弹出的下拉菜单中单击"属性"命令，如左下图所示。

Step02：打开属性对话框，即可查看相应信息，如右下图所示。

　　文件或文件夹的属性主要包括：只读，是指该文件或文件夹只能被打开，阅读其中的内容，但不能对其进行修改，如果进行修改，则不能在当前位置保存；隐藏，是指该文件或文件夹被隐藏，一般情况下，打开其所在窗口时将无法查看到该文件或文件夹；存档，是指不仅可以打开文件进行阅读，还能修改其内容并进行保存。

NO.11 如何隐藏重要的文件或文件夹

　　修改文件或文件夹属性的方法非常简单，只需要勾选相应的属性复选框并进行保存即可。例如，将文件属性设置为"隐藏"，具体的操作方法如下。

Step01：打开文件或文件夹的属性对话框之后，勾选"隐藏"复选框，单击"确定"按钮；弹出"确认属性更改"对话框，单击"确定"按钮；将该属性设置应用到此文件夹及此文件夹下的所有子文件夹和文件，如左下图所示。

ep02：此时就会看到被设置为"隐藏"的文件或文件夹已经无法在原来的窗口中显示了，如右下图所示。

如果电脑中的某个文件或文件夹被"隐藏"，在文件窗口中法看到这个文件或文件夹。这当然能够对这个文件或文件夹起一定的保护作用，然而自己也无法对文件进行操作，也就无法其属性修改回来了。如何才能将被隐藏的文件或文件夹显示出呢？具体操作方法如下。

ep01：按下【Alt】键，打开 Windows 7 菜单栏。单击"工具"菜单项，在弹出的级联菜单中单击"文件夹选项"命令，打开"文件夹选项"对话框，如左下图所示。

ep02：切换到"查看"选项卡；将"高级设置"列表框中右侧的滚动条拖至下方；选中"显示隐藏的文件、文件夹和驱动器"单选按钮；单击"确定"按钮。隐藏的文件或文件夹就显示出来了，如右下图所示。

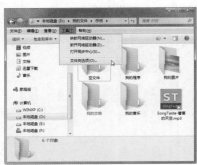

如何创建文件或文件夹的快捷方式

如果文件或文件夹存放的文件层次较深，访问路径较长，每次打开该文件或文件夹会比较麻烦：需要先打开"计算机"口，再找到相应的磁盘，然后不断地打开文件夹等，才能找到

为了方便快捷地使用文件或文件夹，可以为该文件或文件创建快捷方式，存放在桌面上，这样双击快捷方式就可以快速开该文件或文件夹了，具体操作方法如下。

Step01：在需要创建快捷方式的文件或文件夹上单击鼠标右键
        在弹出的快捷菜单中指向"发送到"命令，单击级联
        单中的"桌面快捷方式"命令，如左下图所示。

Step02：这样就在桌面上创建了一个该文件夹的快捷方式，如
        下图所示。

高手点拨——删除快捷方式并不会删除文件本身

快捷方式只是指向某个文件位置的一种链接，并不是文件的真实位置，因此删除桌面上的快捷方式并不会将文件或文件夹本身删除。通过快捷方式使用文件或文件夹可以提高源文档的安全性。

NO. 14 如何快速搜索出需要的文件或文件夹

电脑使用时间越长，其中的文件或文件夹就越多，要查看指定的某个文件时，若忘记了文件保存的位置，找起来会比较麻烦。此时，若通过 Windows 7 中的搜索功能来查找文件或文件夹就能大大节省找寻的时间。在 Windows 7 资源管理器窗口右上角有用于搜索的搜索框，在搜索框中输入关键字进行搜索，系统中与关键字相匹配的结果就会全部罗列在窗口中并且对关键字部分加填高亮显示，让用户更加容易地找到需要的结果，如左下图所示。若要进行更加细致的搜索，则可以使用"高级搜索"。对文件的位置范围、修改日期、大小以及名称、作者等进行设定，从而细化搜索条件，得到更加精确的搜索结果。例如，添加"修改日期"
条件进行搜索，结果如右下图所示。

添加"修改日期"条件搜索后，还可以继续添加"大小"条
件进行搜索，以缩小搜索范围。若不需要对整个计算机中的文件
进行搜索，还可以仅对当前磁盘或文件夹下的文件进行搜索。方
法非常简单，只要在相应目录下的文件窗口中的搜索框中进行搜
索即可。

NO. 15　移动存储设备与电脑中的数据交换

这里的移动存储设备主要是指 U 盘、移动硬盘、mp3、
mp4、mp5、数码相机、手机等。在日常使用中，经常需要将这
类移动存储设备中的文件或文件夹复制到电脑上，或者是将电脑
上的文件或文件夹复制或移动到存储设备中，以方便文件资源的
转移或使用。

① 移动存储设备与电脑的连接与断开

常用的移动存储设备中，U 盘是使用最多的。大部分 U 盘和
移动硬盘一样，是通过 USB 接口与电脑连接的，如左下图所示。

U 盘的 USB 接口插入电脑的相应插槽，电脑会自动识别或安
相应驱动程序，并在"计算机"窗口中显示为"可移动磁盘"，
右下图所示。

把移动存储设备和电脑正确连接之后，就可以像管理其他磁
一样，对可移动磁盘进行各种操作，如前面讲过的新建文件夹、
制或移动文件以及删除文件等。值得注意的是，当移动存储设
使用完毕之后，应该按照正确的方法断开连接，拔出设备。

断开移动设备与电脑的连接，应先单击任务栏通知区域中
图标，在弹出的菜单中选择"弹出可移动磁盘"命令，如左
图所示。稍等片刻，会弹出消息框提示可以安全拔出移动存
设备了。此时，如果是 U 盘，就可以直接从电脑上拔出；如
是移动硬盘等设备也可以直接断开数据线连接了，如右下图
示。

在断开移动存储设备与电脑的连接之前，需要将所有关于移动存储设备的窗口全部关闭，如文件窗口或者"计算机"窗口。如果没有关闭的话，电脑会提示无法停止该设备。

2 将移动存储设备中的文件或文件夹复制到电脑

将 U 盘或移动存储设备与电脑连接好之后，就可以在电脑移动存储设备之间移动或复制文件或文件夹了。例如，从移动储设备复制文件到电脑，具体操作方法如下。

Step01：将移动设备连接到电脑，此时，在任务栏的通知区域会显示硬件连接的标记，如左下图所示。

Step02：打开"计算机"窗口，双击可移动磁盘盘符，打开可动磁盘，如右下图所示。

Step03：选中要复制的文件（夹），单击"组织"按钮，在弹的下拉菜单中单击"复制"命令，如左下图所示。

Step04：通过导航栏或地址栏从当前窗口跳转到存放复制文件目标位置，如右下图所示。

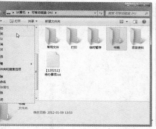

ep05：在窗口中单击鼠标右键，单击"粘贴"命令，此时将弹
出提示对话框，提示正在从可移动磁盘复制文件到该窗
口中，如下图所示。

将电脑中的文件或文件夹复制到移动存储设备中

要将电脑中的文件或文件夹复制到移动存储设备中，除了比
前面介绍的方法外，还可以使用"发送到"命令来实现。通过"发
到"命令可以快速实现向连接到电脑的移动存储设备复制文件
功能。具体方法如下。

右击要复制的文件，指向"发送到"命令，单击级联菜单中
"可移动磁盘"命令，如下图所示。同样，接下来会弹出复制

文件对话框，根据文件或文件夹的大小，复制文件需要等待的
间可长可短，在对话框中可以查看到复制进度。文件复制完成/
对话框将自动关闭。

主题二：简单，电脑系统就这样安装

新配置一台电脑或者电脑系统崩溃了，就需要对电脑
统进行安装。下面以目前主流的几种操作系统：Windows 7
Windows 8 和 Windows 10 为例讲解如何安装电脑系统。

NO. 1　安装前要设置好启动盘

要在新配置的电脑上安装操作系统，一般需要通过光驱或
盘来引导安装光盘或安装镜像，所以首先要将电脑的启动设备
置为光驱或 U 盘。下面主要介绍一下传统的启动设备设置方法
Step01：开机后，当电脑显示黑底白字自检画面时，按 Delete
　　　　进入 BIOS 主菜单，如左下图所示。

Step02: 移动光标到 Boot 选项，使用 ↓ 键将光标移动到 1st Boot Device 选项，按 + 键将其设置为 "Removable Dev."，如右下图所示。

 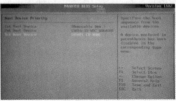

高手点拨——启动设备的选择

　　如果从光驱启动，则启动设备应选择 "CD-ROM" 或 "DVD-ROM" 等；如果要从 U 盘启动，则应选择 "Removable Devices"；如果要从硬盘设备启动，则应选择 "Hard Drive"。注意，各个版本对于启动设备的称呼略有不同，如 "Removable Devices" 设备，在有的 BIOS 里叫做 "Flash Drive"。

Step03: 按 F10 键，在弹出的对话框中选择 OK 选项，并按下 Enter 键保存当前设置并重启电脑即可。

高手点拨——如何使用开机快捷菜单快速选择启动设备

　　不少主板都有开机快捷菜单（Boot MENU）可用，临时选择启动设备很方便。要调出开机快捷菜单只需在自检画面提示时按下相应的键，然后使用方向键选择想设置为第一开机启动设备，再按下 Enter 键即可。操作如下图所示。

Windows PE 是 Windows 的高度精简版本，可以运行一些基本的程序，它的用途就是维护电脑上的操作系统。Windows PE 可以存放在光盘、U 盘或移动硬盘中，无需硬盘就可以独立运行。

用 Windows PE 系统安装操作系统需要先将普通 U 盘制作成可启动 U 盘，然后将 Windows PE 安装到 U 盘上，同时还有一些常用的工具软件也被复制到 U 盘中。这样的 U 盘就叫作 Windows PE 启动 U 盘，是一种方便的系统维护工具。具体操作方法如下。

Step01：下载并安装"大白菜超级启动制作工具"。将要制作成启动盘的 U 盘插入电脑上的 USB 接口，然后运行程序。

Step02：在程序界面单击"一键制作启动 U 盘"按钮；将弹出备份 U 盘数据的警告提示对话框，确认后单击"确定"按钮，如左下图所示。

Step03：程序将自动开始创建启动盘，经过一段时间的等待后，将弹出创建完成提示对话框，确认后可进行 U 盘启动情况的测试，如右下图所示。

Step04：测试成功后，重启电脑，将系统启动设备设置为从 U 盘启动。

tep05： 出现启动界面后，可以根据电脑的新旧情况选择相应的 Windows PE 系统启动选项。启动后即可在 Windows 环境下进行系统的安装，如下图所示。

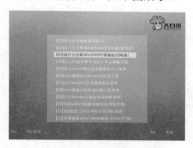

NO.3 如何安装 Windows 7 操作系统

要在新配置的电脑上安装 Windows 7，需要插入带安装镜像的盘或将安装光盘放入光驱，再将电脑设置为从 U 盘或光驱启动。

tep01： 出现安装画面后，先设置安装语言、时间与货币格式以及键盘和输入方式，单击"下一步"按钮，如左下图所示。

tep02： 单击"现在安装"按钮，如右下图所示。

Step03: 阅读完软件许可条款，勾选"我接受许可条款"复选框
单击"下一步"按钮，如左下图所示。

Step04: 选择安装类型，这里单击"自定义（高级）"选项，如
右下图所示。

Step05: 单击"新建"选项，在"大小"文本框中设置第一个主
分区（即 C 盘）的大小，单击"应用"按钮，如左下图
所示。

Step06: 在空白硬盘上新建一个分区后，同时会自动生成一个
100MB 的系统保留分区，如右下图所示。

高手点拨——系统保留分区

　　系统保留分区用于存放启动文件以及预留给 BitLocker 驱动器加密，这不仅节省了设置 BitLocker 驱动器的时间，同时减少了用户以后要测试 BitLocker 时所带来的麻烦。另外，如果是在一块空白硬盘上安装 Windows 7 操作系统，则可以省去上面删除分区的步骤，直接新建分区即可。

tep07： 选择要安装操作系统的分区，单击"下一步"按钮，如左下图所示。

tep08： 安装程序将自动进行"复制 Windows 文件""展开 Windows 文件""安装功能""安装更新"等，如右下图所示。

ep09： 整个安装过程耗时 20~30 分钟，并且系统会自动重新启动，如左下图所示。

ep10： 重启后安装程序将会继续自动运行，如右下图所示。

Step11：过一段时间后，安装程序将再次重启，这时将进行使用
前的一些准备和检查工作，如左下图所示。

Step12：重启后，输入用户名和计算机名称，单击"下一步"按钮
如右下图所示。

Step13：输入密码及密码提示（也可以不输入），单击"下一步
按钮，如左下图所示。

Step14：输入产品密钥，单击"下一步"按钮，如右下图所示。

tep15: 然后需要选择系统自动更新的方式，单击"以后询问我"选项，如左下图所示。

tep16: 设置时区、日期和时间，单击"下一步"按钮，如右下图所示。

高手点拨——暂时不更新的原因

现在的系统安全软件一般都自带了智能系统补丁的功能，无须使用系统自带的更新功能，所以这里推荐选择"以后询问我"方式。

Step17: 安装完成后，即可进入系统桌面，如下图所示。

NO. 4　如何安装 Windows 8 操作系统

Windows 8 的安装流程与 Windows 7 大致相同，其具体操作方法如下。

Step01: 出现安装画面后，先设置要安装的语言、时间和货币格式以及键盘和输入方法（也可不设置），单击"下一步"按钮，如左下图所示。

Step02: 单击"现在安装"按钮，如右下图所示。

tep03: 输入产品密钥（即注册码），单击"下一步"按钮，如左下图所示。

tep04: 单击"自定义：仅安装 Windows（高级）"按钮，如右下图所示。

tep05: 选择要安装的分区，单击"下一步"按钮，如左下图所示。

tep06: 等待安装程序自动进行安装，如右下图所示。

tep07: 输入电脑名称，单击"下一步"按钮，如左下图所示。

Step08: 单击"使用快捷设置"按钮，如右下图所示。

Step09: 创建一个登录用户，输入用户名、密码及密码提示，单击"完成"按钮，如左下图所示。

Step10: 等待片刻后，即可进入 Windows 8 的磁贴式桌面，如右下图所示。

NO.5　如何安装 Windows 10 操作系统

Windows 10 是微软公司最新一代跨平台及设备应用的操作系统，其安装方法与 Windows 8 大同小异，具体步骤如下。

Step01: 出现安装画面后，先设置要安装的语言、时间和货币格式以及键盘和输入方法（也可不设置），单击"下一步"按钮，如左下图所示。

Step02：单击"现在安装"按钮，如右下图所示。

Step03：输入产品密钥（即注册码），单击"下一步"按钮，如左下图所示。

Step04：选择要安装的系统版本，单击"下一步"按钮，如右下图所示。

Step05：单击"自定义：仅安装 Windows（高级）"按钮，如左下图所示。

Step06：选择要安装的分区，单击"下一步"按钮，如右下图所示。

Step07：等待安装程序自动进行安装，如左下图所示。

Step08：期间电脑会自动重启几次，如右下图所示。

Step09：单击"使用快捷设置"按钮，如左下图所示。

Step10：询问当前设备归属，一般个人用户安装都选择"我拥有
　　　　它"，企业用户可选择"我的组织"，如右下图所示。

Step11： 询问你的微软账户，
该功能可自动同步个
性化设置（如壁纸、
使用习惯等），输入
用户名及密码，单击
"登录"按钮即可，
如右图所示。

高手点拨——没有账户或看不见"个性化设置"界面

　　如果没有账户，可以单击"创建一个"超链接直接申
请一个。

　　有部分用户可能看不见"个性化设置"界面，多是由于
其电脑的无线网无法被 Windows 10 驱动，这种情况可以等系
统安装好后，安装网卡驱动，然后通过多用户选项手动设置。

Step12： 接下来是自动配置阶段，如左下图所示。

Step10： 等待片刻后，即可进入 Windows 10 的桌面，如右下图
所示。

正在进行最后的配置准备

正在设置应用

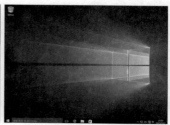

主题三：别怕，电脑常见故障排除

电脑故障虽然多种多样，但解决起来也有一定的规律可循。接下来就介绍电脑维修的基本原则及流程，以便读者在遇到故障时，可以有条不紊地进行排查。

NO. 1　电脑故障维修的基本原则

要识别电脑故障，一定要清楚所出现故障的具体现象，以便有效地进行判断。一般来说，在维修电脑时应遵循以下基本原则。

1 先软件后硬件

电脑发生故障后，一定要先排除软件方面的原因（如系统注册表损坏、BIOS 参数设置不当、硬盘主引导扇区损坏等）后再考虑硬件原因，否则很容易走弯路。因为实际上大部分的问题都是由软件设置或操作不当导致的，真正由电脑硬件导致的问题其实并不多。

2 先外设后主机

外设就是挂接在电脑上非机箱内的部件。由于外设部件原因引发的故障往往比较容易发现和排除，所以可先根据系统报错信息检查键盘、鼠标、显示器、打印机等外部设备的各种连线和本身工作状况。在排除外设部件方面的原因后，再来考虑主机箱内的各板卡。

3 先电源后部件

电源是电脑主机的动力源泉，因此它的作用是很关键的，而且只要一开机此部件就在工作。电源功率不足、输出电压电流不正常等都会导致各种故障的发生。因此，应该在先排除电源的问题后再考虑其他部件。

④ 先简单后复杂

目前的电脑硬件并不像我们想象中那么脆弱、那么容易损坏。因此在遇到硬件故障时，应该从最简单的原因开始检查。比如各种线缆的连接情况是否正常、各种插卡是否接触不良、电源线是否连接到位等，如下图所示。

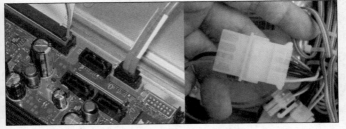

在电脑出现故障时，应进行以下几点检查：

◆ 先检查主机的外部环境情况（故障现象、电源、连接、温度等）。

◆ 然后检查主机的内部环境（灰尘、连接、器件的颜色、部件的形状、指示灯的状态等）。

◆ 观察电脑的软硬件配置（安装了何种硬件）。

◆ 资源的使用情况（使用何种操作系统，安装了什么应用软件）。

◆ 硬件设备的驱动程序版本等。

NO. 2 电脑开机黑屏故障排除

下面将介绍一些常见的电脑开机黑屏故障及其解决方法，让读者熟悉此类故障的解决流程。

1 电脑开机后无显示，但电源指示灯长亮

电脑开机后显示屏没有反应，主机电源指示灯长亮，不能启动。在检查此类故障时应先检查显示器信号线连接问题，再检查配件问题，具体步骤如下。

Step01：检查显示器的信号线是否接触良好。

Step02：拔下主机电源线，然后打开机箱，检查内存、显卡等是否接触不良。

Step03：如果内存、显卡等安装牢固，接下来用替换法检查内存，然后开机测试，发现故障消失，由此可认为是原来的内存有问题，更换一条新内存故障即可排除。

2 新装的电脑开机黑屏

在新装的电脑中出现此类故障一般都是硬件间存在兼容性问题或硬件没有安装好，接触不良造成的。应先检查显示器信号线连接问题，再检查配件问题，具体步骤如下。

Step01：检查显示器信号线是否接触良好。拔下主机电源线，然后打开机箱，检查内存、显卡等是否接触不良。

Step02：用最小系统法检查电脑，发现故障依旧，可以排除硬盘和光驱设备。

Step03：用替换法检查内存和显卡等设备，发现更换显卡后，电脑开机正常。再检查原来的显卡，发现原来显卡上有一个外接供电线没有安装，如下图所示。

Step04：将原先显卡重新安装到电脑中，然后将显卡的供电线插好，再开机测试，故障消失。

③ 电脑非法关机后不能启动

电脑非法关机后，不能启动，指示灯亮有报警声。根据故障现象分析，可能是非法关机造成的故障。由于电脑开机有 BIOS 报警声，可根据报警声查找故障。应先仔细听 BIOS 发出的报警声，然后查看 BIOS 的类型，再根据 BIOS 报警声对照 BIOS 报警故障表查找故障。其具体解决步骤如下。

Step01：开机听到电脑发出一长九短连续报警声。

Step02：关闭电脑，拔下电源线，打开机箱，查看主板 BIOS 芯片，发现 BIOS 为 Award BIOS。

Step03：对照 BIOS 报警故障表，此报警声是 FLASH RAM 或 EPROM 错误，即 BIOS 程序损坏。

Step04：将主板上的 BIOS 放电（可以通过跳线放电），将 BIOS 程序恢复到出厂默认值，然后重新接好电源线开机测试，报警声消失，故障排除。

高手点拨——根据报警声查找故障

如果主板有报警声，一般都先根据报警声查找故障。但有时 BIOS 报警声对应的并不是故障部件本身，还需要进一步排查。

4 清洁电脑后，开机黑屏，并伴随不断的报警声

更换电脑 CPU 的风扇后，顺便将主机箱中的灰尘清理了一下，开机就有报警声。

Step01：开机听到电脑发出一长三短报警声。

Step02：打开机箱，查看主板 BIOS 芯片，发现 BIOS 为 AMI BIOS。对照 BIOS 报警故障表，此报警声是内存错误。

Step03：将内存拔下，然后用橡皮擦一遍内存金手指，重新插好后，重新接好电源线开机测试，报警声消失，故障排除。

高手点拨——检查是否有未插好的配件

清洁电脑前，应拔下主机电源线，消除身上静电。清洁后最好仔细检查一下内存、显卡等部件是否插好，防止由于清洁导致接触不良问题发生。

NO. 3 在启动操作系统时死机

启动操作系统时发生死机的原因主要有以下几种：

- 系统文件丢失或损坏；
- 感染病毒；

◆ 初始化文件遭破坏；

◆ 非正常关闭计算机；

◆ 硬盘有坏道。

启动操作系统时发生死机的解决方法如下：

tep01：如启动时提示系统文件找不到，则可能是系统文件丢失或损坏导致死机。从其他相同操作系统的电脑上复制丢失的文件到故障电脑中即可。

tep02：如启动时出现蓝屏，提示系统无法找到指定文件，则为硬盘坏道造成系统文件无法读取所致。用启动盘启动电脑，运行磁盘扫描程序，检测并修复硬盘坏道即可。

tep03：如果上述情况都没有，先用杀毒软件查杀病毒，再重新启动电脑，看是否恢复正常。

tep04：如果故障依旧，则使用"安全模式"启动系统，然后再重新启动，看是否死机。

tep05：还不奏效的话，再恢复 Windows 注册表（如系统不能启动，则用启动盘启动）。

tep06：如故障仍未排除，打开"开始"→"运行"对话框，输入"SFC"并回车，启动"系统文件检查器"程序开始检查。如查出错误，屏幕会提示具体损坏文件的名称和路径。运行系统光盘，选择"还原文件"，被损坏或丢失的文件就会还原。

tep07：实在不行的话，就只有重新安装操作系统了。

NO. 4　电脑在运行应用程序时死机

计算机在运行某些应用程序或游戏时出现死机的原因主要有

以下几点。

- ◆ 病毒感染；
- ◆ 动态链接库文件（DLL）丢失；
- ◆ 硬盘剩余空间太少或碎片太多；
- ◆ 软件升级不当；
- ◆ 非法卸载软件或误操作；
- ◆ 启动程序太多；
- ◆ 硬件资源冲突；
- ◆ CPU 等配件散热不良；
- ◆ 电压不稳等。

在应用程序运行过程中发生死机的解决方法如下。

Step01：首先用杀毒软件全面查杀病毒，再重新启动电脑。

Step02：终止暂时不用的程序。如果升级了某个软件造成死机，将该软件卸载再重新安装即可。

Step03：如果因非法卸载软件或误操作导致死机，尝试恢复 Windows 注册表来修复损坏的文件。

Step04：如果硬盘空间太少，请删掉不用的文件并进行磁盘碎片整理。

Step05：如果电脑总是在运行一段时间后死机或运行大的游戏程序时死机，则可能是 CPU 等设备散热不良引起，应及时改善散热环境（如更换 CPU 风扇、涂抹散热硅胶等）。

Step06：用测试工具软件检测是否由于硬件的品质和质量不好造成的死机，如是则更换硬件设备。

Step07：检测所用市电是否稳定，如不稳定，配置稳压器即可。

用户插入一个全新的 USB 移动存储设备，当系统提示该设备可以正常使用后，没有出现"自动播放"窗口。这是由于 Windows7 对未使用过的 USB 设备的默认操作是识别，而不自动运行。解决该故障的操作方法如下。

Step01：右击开始菜单按钮，在弹出的快捷菜单中单击"打开 Windows 资源管理器"命令，如左下图所示。

Step02：打开"库"窗口，单击"组织"按钮，在弹出的下拉菜单中单击"文件和搜索选项"命令，如右下图所示。

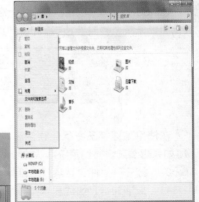

Step03：弹出"文件夹选项"对话框，切换到"查看"选项卡，在"高级设置"列表框中，取消选中"隐藏计算机文件夹中的空驱动器"复选框，单击"确定"按钮，如下图所示。

系统窗口中的菜单栏无法隐藏

Windows 7 操作系统中，一般情况下菜单栏默认不显示；如果需要显示菜单栏只要按下 Alt 键即可，如下图所示。

在使用某些第三方优化软件后，Windows 7 菜单栏会无法隐藏。如果想要其恢复到系统默认的隐藏状态，可使用如下方法解决。

Step01：打开"文件夹选项"对话框，在"高级设置"列表框中，取消勾选"始终显示菜单"复选框，单击"确定"按钮，如左下图所示。

Step02：如果故障现象依旧存在，则单击开始菜单按钮，在"搜索程序和文件"对话框中输入"gpedit.msc"命令，单击相应的搜索结果选项，如右下图所示。

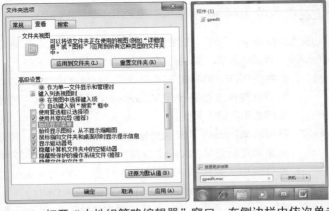

Step03: 打开"本地组策略编辑器"窗口,在侧边栏中依次单击
相应图标展开"用户配置→管理模板→ Windows 组件
→ Windows 资源管理器"节点,在右侧窗格中双击"在
Windows 资源管理器中显示菜单栏"选项,如下图所示。

Step04: 在弹出窗口中选中"已禁用"单选按钮,单击"确定"按钮。
Step05: 设置完毕后,退出组策略编辑器重启电脑即可。

安装 Windows 7 时，在复制安装文件后进入"正在启动 Windows"界面时死机。解决此类故障，具体的操作方法如下。

Step01：先要在 BIOS 中将 ACPI 选项禁用。如果这种方法无效，可以在继续安装前使用 Windows 7 系统安装盘中的修复模式引导进入系统。

Step02：然后从 Windows 7 安装光盘中提取 Winload.exe，提取出来后复制到 Windows7 安装目录下名为 System32 的文件夹中（如果 Win7 被安装在 C 盘，Winload.exe 文件路径即为 C:\Windows\System32\Winload.exe）。

Step03：替换文件后，重新启动计算机继续安装 Windows 7 即可。

在 Windows 7 中用 USBKey 安装网络银行，并确认证书后，Internet Explorer 会出现无法显示该网页的提示，如下图所示。

该故障的原因是注册表的路径指向错误，解决方法如下。

Step01：按下【Win+R】组合键，调出"运行"对话框，输入"regedit"命令，单击"确定"按钮。

Step02: 打开"注册表编辑器"窗口，依次展开 HKEY_LOCAL_
MACHINE\SOFTWARE\Microsoft\Cryptography\
Defaults\Provider\ZGHD Cryptographic Service
Provider v1.0（不同的网银最后一位分支也不同）注
册表分支，双击右侧窗格中的"Image Path"选项，
在"编辑字符串"对话框中，输入"%SystemRoot%\
System32\GP_MINCSP.dll"作为新的键值，单击"确定"
按钮，如下图所示。

Step03: 关闭"注册表编辑器"窗口，重新启动操作系统，设置
即可生效。

NO. 9 光驱无法识别或打开很多光盘盘符

在 Windows 7 中，光驱无法识别或打开很多光盘盘符。该故
障是由于启用了 Windows 中的"为自动播放硬件事件提供通知"
功能所致，使得光驱只能加载自动运行程序或自动播放媒体文件，
禁用此功能即可解决问题。具体的操作方法如下。

Step01: 按下【Win+R】组合键，调出"运行"对话框，输入"Service msc"命令，单击"确定"按钮。

Step02: 打开"服务"窗口，右击"Shell Hardware Detection"（为自动播放硬件事件提供通知）选项，单击"停止"命令，如下图所示。

Step03: 关闭"服务"窗口，重新启动操作系统，设置即可生效。

NO.10　有时无缘无故自动断网

在 Windows 7 操作系统下用 QQ 聊天时会自动断网，使用迅雷时也会有这种问题。

Step01: 打开"控制面板"窗口，依次单击"系统和安全"→"系统"→"设备管理器"选项。

Step02: 弹出"设备管理器"窗口，双击列表中的物理网卡选项。

Step03: 在弹出对话框中选择"电源管理"选项卡，取消勾选"允许计算机关闭此设备以节约电源"复选框，单击"确定"按钮，如下图所示。

Step04：如果故障还没有解决的话，将网卡驱动更新到最新版本即可。

NO. 11　在截取屏幕图时出现花屏

Windows 7 本身显示没问题，但无论是用 Print Screen 键，还是其他截图工具，所截取的图中都会有一部分花屏。

这主要是 Windows 7 自带的显卡驱动程序不完善所造成的，解决方法是下载并安装最新版的显卡驱动。

NO. 12　用 ADSL 上网，网络标识图标出现异常

在 Windows7 中使用 ADSL 宽带拨号上网的时候，系统托盘区的网络标识图标出现异常，显示"Internet 访问，本地连接显示未识别"，但并不影响用户上网。解决此类问题具体操作如下。

Step01: 右击托盘区的网络图标，单击弹出快捷菜单中的"打开网络和共享中心"命令，如左下图所示。

Step02: 在弹出窗口中，单击"更改适配器设置"链接，如右下图所示。

Step03: 双击"本地连接"图标，弹出"本地连接 状态"对话框，单击"属性"按钮。

Step04: 弹出"本地连接 属性"对话框，取消勾选"Internet 协议版本 4（TCP/IPv4）"复选框，单击"确定"按钮，如右图所示。

Step05: 重新连接一下网络，问题即可得到解决。

在 Windows 7 操作系统中，部分磁盘分区图标的显示出现错误，主要表现为以下两种情况。

除了系统所在分区外的其他分区磁盘不显示卷标。

部分分区图标损坏。

Step01：打开 Windows 资源管理器窗口，单击"组织"按钮，单击"文件夹和搜索选项"命令。

Step02：弹出"文件夹选项"对话框，切换到"查看"选项卡下，在"高级设置"列表中选中"显示隐藏的文件、文件夹和驱动器"单选按钮，单击"确定"按钮，如下图所示。

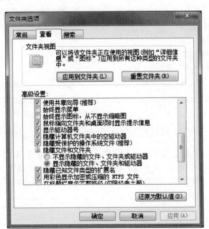

Step03: 在图标损坏分区下找到 autorun.inf 文件，将其删除后
新启动电脑即可。

NO.14 修复无声音方案的问题

在 Windows 7 个性化窗口的声音选项组中，声音方案中包
"无声"，但却无法正常使用。

Step01: 打开"注册表编辑器"窗口，依次展开"HEKY
CURRENT_ USER/AppEVents/Schemes/Names/.Non
注册表分支，双击右侧窗格中默认的 REG_SZ 选项。

Step02: 在弹出对话框中输入"@mmsys. cpl,-800"作为新的
值数据，单击"确定"按钮即可，如下图所示。

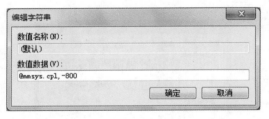

高手点拨——不要选择"自动（延迟启动）"选项

在"启动类型"下拉列表中还有一项"自动（延迟启动）"
选项，建议不要选择，因为该选项有可能造成打印机服务
不能及时加载，在用户需要打印时有可能无法响应。

电脑系统运行一段时间后性能降低

使用 Windows 7 一段时间后，发现系统的性能有所降低。

Windows 7 操作系统之所以出现"系统性能降低"的问题，根源在于多媒体类计划程序（MMCSS），可以将其删除来提升性能，具体操作方法如下。

Step01: 打开"注册表编辑器"窗口，依次展开"HKEY_LOCAL_MACHINE\SYSTEM\CurrentControlSet\ServiCES\Audiosrv"注册表分支，双击右侧窗格中"DependOnService"选项。

Step02: 弹出"编辑多字符串"对话框，选中"MMCSS"字段并将其删除，单击"确定"按钮即可。

无法使用打印机打印文档

Windows 7 下无法使用打印机，最大的可能就是禁用了打印机服务，此时只要在"服务"管理窗口中确定"Print Spooler"服务的启动类型为"自动"即可，具体操作方法如下。

Step01: 打开"服务"窗口，双击右侧窗格中的"Print Spooler"选项。

Step02: 在弹出的对话框中打开"启动类型"下拉列表框，从中选择下拉列表框，从中选择"自动"选项，单击"确定"按钮，如下图所示。

NO. 17 添加网络打印机失败

Windows 7 系统下按照 XP 的方式添加打印机总是会出现
"Windows 无法连接到打印机，拒绝访问"或 "Windows 无法
连接到打印机，本地后台打印程序服务没有运行"的提示。此类
问题解决方法如下。

Step01： 首先按下【Win+R】快捷键打开"运行"窗口，接着在
　　　　 该窗口中输入 gpedit.msc，按【Enter】键即可打开本
　　　　 地计算机策略窗口。

Step02： 在本地计算机策略中依次展开"计算机配置 \Windows
　　　　 设置 \ 安全设置 \ 本地策略 \ 安全选项"节点。

Step03： 最后在安全选项中找到"网络安全"。LAN 管理器身份
　　　　 验证级别的默认设置是"没有定义"，将它更改为"仅
　　　　 发送 NTLM 响应"即可。

一台 Windows 7 系统的电脑利用路由器上网时，几乎每次开机都要经过如下图所示诊断操作，才能连接到网络。

这是 Windows 7 网络连接设置的问题，先检查是否有过优化或清理系统操作。

某些优化软件或清理系统操作可能会禁止系统相关服务，导致不必要的问题。建议尝试还原操作。

按【Win+R】快捷键，在弹出对话框中输入 services.msc 命令，打开系统"服务"窗口，找到 WLAN AutoConfig 服务，双击，在弹出的对话框中单击"启动"按钮，并将启动类型更改为"自动"即可。